코스모스 & 미스테리

백 창 훈 지음

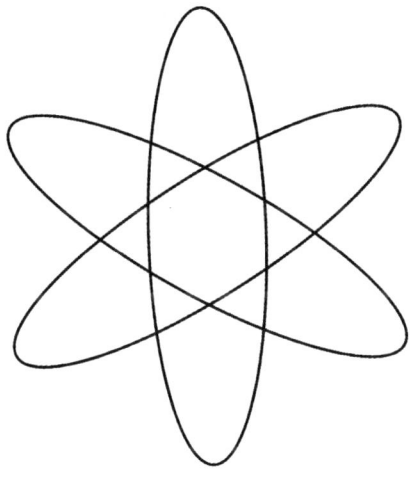

우주의 생로병사에 관한 이야기
제1부 : 서양의 우주론
제2부 : 동양의 우주론

전파과학사

이 책의 특징

　저자는 대학교수이거나 박사학위를 가진 유명한 학자가 아니며, 공대 출신의 평범한 엔지니어에 불과하다. 그렇지만 이 글을 쓰기 위해 참고자료를 수집하는데 8년, 정리하는데 2년 거의 10년 동안 틈틈이 연구한 결과 아직까지 그 누구도 쉽게 설명하지 못한 우주론을 서양과 동양으로 구분하여 생로병사로 요약하였다.

　예컨대, 우리가 초등학교 때부터 배워온 중력의 법칙에 의한 밤낮의 변화, 사계의 변화, 물질의 음전기 ＋ 양전기, 만물의 쇠퇴소멸, 더 나아가 우주의 생성, 만물의 생성 등 우주 대자연의 현상들에 대하여 서양의 현대물리학자들은 어떻게 설명을 했고, 동양의 옛 성현들은 어떻게 설명했느냐 하는 것이다.

　우주의 생로병사는 가설에 불과하지만 오늘날 자연의 현상을 관찰하고 연구한 과학자료들을 근거로 하여 볼 때, 우주와 우주만물은 힘에 의하여 생성되었고 힘에 의하여 지탱되다가 결국은 힘에 의하여 소멸된다는 것을 현대물리학은 말해주고 있다.

　우리가 살고있는 우주 대자연의 현상 중에는 우주의 생성이나 만물의 생성처럼 과학적으로 밝혀진 것도 있지만 아직까지 밝혀지지 않은 미스테리도 많이 존재한다.

　이를테면 만물 중에 우리 인간은 왜 남녀 쌍으로 생겨났는지, 동물식물은 왜 암수 쌍으로 생겨났는지, 모든 생물의 핵심물질인 유전자 DNA의 구조는 왜 쌍으로 구성되어있는지, 만물의 근본물질인 원자 이하 모든 소립자들도 왜 쌍으로 생겨났는지 등이 밝혀지지 않은 미스터리로 남아있다.

3

미스터리 중에 하나인 유전자 DNA의 비밀은 머지않아 규명될 것이라 하는데, 이것의 비밀이 밝혀질 경우 우리 인간은 늙지도 죽지도 않고 영원히 살아갈 수 있는 꿈같은 세상에서 살게 될 것이라 한다.

　저자는 우주만물의 근본은 - 음과 + 양 쌍으로 구성되어 있고, 이것들은 우주의 생성인 대폭발에서 생겨났으며, 또한 태극에서 생겨났다는 것을 발견하게 된 것이 바로 이 글을 쓰게 된 중요한 아이디어가 된 것이다.

　대폭발은 서양의 우주생성 태극은 동양의 우주생성을 의미한다.

머리말 ──────────────────────────────

 우리가 살고 있는 이 광대한 우주는 언제 어떻게 하여 생겨났는 가! 인간을 비롯한 우주만물은 어떻게 하여 생겨났으며 어떻게 살다 가 어떻게 죽어 가는가! 그리고 우주와 인간은 서로 어떤 연관이 있 는가!

 누구나 한 번쯤은 생각해 보았을 우주의 신비에 대하여 그동안 수 많은 사람들이 연구를 해왔는데, 이것은 지금으로부터 약 5000년 전 동양의 옛 성현들에 의하여 이미 설명되었고, 그 5000년이 지난 오늘날 서양의 현대물리학자들에 의하여 과학적으로 설명되었다.

 그러나 우연인지 필연인지는 알 수 없으나 5000년 전이든 오늘날 이든 똑같이 - 음과 + 양이라는 기본적인 문자부호를 이용하여 설명 했다는 점이다.

 이 - 음과 + 양이라는 문자부호는 우리가 초등학교 때부터 접해온 것으로 - 음과 - 음, + 양과 + 양은 서로 반발배척하고, - 음과 + 양만이 결합하여 우주만물이 생겨났다. 원자도, 분자도, 세포도, DNA도, 인간 그 자체도, 그리고 지구도, 태양도, 이 세상 모든 것 은 미시적인 것이나 거시적인 것이나 - 음과 + 양이 결합되어 생겨 났으며 또한 생겨난 우주만물은 끊임없이 움직이고 변화하면서 생멸 을 거듭하고 있는 것이다.

 지구의 운동변화에 따라 해는 동쪽에서 떠올라 서쪽으로 지면서 밤낮의 변화가 일어나고, 계절은 봄에 시작되어 여름 가을 겨울로 바뀌면서 사계의 변화가 일어나며, 춘하추동 계절 따라 잎도 피고 지고 꽃도 피고 지듯이, 인생도 소년에 시작되어 청년 중년 노년으로 바뀌면서 생로병사의 길을 가고 있는 것이다.

따라서 이 책의 중심적 화두인 우주의 생로병사와 인간의 생로병사 문제는 -음과 +양이라는 기본적 문자를 사용하여 누구나 다 쉽고 재미있게 읽을 수 있도록 자연과학적 일반상식적으로 풀어나가게 된다.

우주의 근본이 무엇이냐 하는 문제를 -음과 +양이라는 공통적 문자부호를 사용하여 과학적 체계적으로 설명한 책은 본서가 처음이라 생각한다. 따라서 물리화학 자연과학 생물학을 배우는 중고등학생, 대학생을 비롯하여 명리역학이나 한방의학 풍수지리학을 연구하는 사람들에게는 한 권의 참고서가 될 것이고, 일반인들에게는 흥미있는 상식서가 될 것이다.

저자는 이 글을 쓰기 위해 약 10년 전부터 틈틈이 연구를 해왔는데, 물리화학이나 자연과학, 생물학뿐만 아니라 TV 과학 프로그램, 신문잡지의 과학기사 등 많은 문헌들의 핵심 내용은 동일한 것이었기 때문에 이 모든 것을 종합하여 참고문헌으로 삼았다.

이 글이 세상에 나올 때까지 우여곡절도 있었지만 음으로 양으로 도움을 준 사람들에게 감사의 말을 전한다.

차 례 ————————————————————————

제 2 부 동양의 우주론

제 **I** 부

서
양
의

우
주
론

서양의 과학은 기원전 6세기 경 과학의 발상지 그리스에서 시작하여 중세 근대 현대에 이르기까지 발달되어 왔는데, 17세기에서 19세기까지 거의 3세기 동안 전세계의 과학사상을 지배해 왔던 고전물리와 20세기 초에 나타난 현대물리학으로 나누어진다.

　고전물리와 현대물리학은 우리가 평소에 궁금하게 생각했던 우주의 생성을 비롯하여 만물의 생성과 변화에 대하여 설명해 준다. 따라서 우주의 생로병사에 관한 이야기는 우주의 탄생인 우주의 기원에서부터 시작된다.

　그러나 우주의 기원이 과학적으로 밝혀지기 시작한 것은 20세기에 들어와 현대물리학의 상대성이론과 양자이론이 발표된 직후부터라 한다. 그 전까지는 주로 밤낮의 변화, 사계의 변화, 만물의 영고성쇠 등 우리가 직접 느낄 수 있는 자연의 변화현상을 관찰하고 연구하였을 뿐 우주는 어떻게 생겨났고, 만물은 어떻게 생겨났는지, 우주의 근본적인 문제는 알지 못했다.

　따라서 21세기를 바라보는 오늘에 이르기까지 서양의 과학은 어떤 과정을 거쳐서 발달되어 왔는지를 먼저 알아보아야 한다. 또한 제2부 동양의 우주론에서는 생소한 문자와 표현들이 등장하기 때문에 서양과학의 중요한 원리와 법칙들을 먼저 알아야 만이 동양의 우주론을 쉽게 이해할 수 있게 된다.

제 1 장

과학의 역사

- 서양의 과학은 어떤 과정을 거쳐 발전되어 왔는가 -

　현대과학이 생겨나기 전에 아주 오랜 옛날 사람들은 이 세상 모든 것이 신(神)에 의하여 만들어졌고, 신에 의하여 조종되는 것이라 생각했다. 밤낮의 변화, 사계의 변화를 비롯하여 일식, 월식, 지진, 화산폭발, 천둥, 번개, 허리케인과 같은 무시무시한 자연의 현상들은 그 누구도 본 적이 없는 신에 의하여 조종된다는 생각이 수 천년 동안이나 계속되었던 것이다.

　신의 노여움을 사지 않기 위해서는 오로지 신을 달래는 수밖에 없다는 생각으로 기도나 주문 같은 것을 외워보았지만 아무런 소용이 없었으며, 자연은 여전히 수수께끼에 쌓여 있었다는 것이다.

　그러나 지금으로부터 약 2,500년 전, 그리스의 이오니아지방 사람들이 드디어 눈을 뜨게 되었다. 우주 대자연은 신에 의하여 조종되는 것이 아니며, 자연에는 따르지 않으면 안될 규칙성과 내면의 질서가 있다는 것이다. 즉 자연에는 원리나 법칙 같은 것이 있어서 그것들에 의하여 세계를 이해할 수 있으며 그 비밀을 알아낼 수 있다는 것이다.

　이처럼 획기적이고 혁명적인 사고방식을 가진 사람들이 돌연히 나타났는데, 그것이 바로 인류역사상 최초로 과학을 발견한 고대 그리스의 이오니아지방 사람들이었다.

그리스에는 그리스 최초의 과학자 탈레스를 비롯하여 피타고라스, 히포크라테스, 플라톤, 아르키메테스, 아리스토텔레스 등 우리들의 귀에 익은 수많은 철학자 과학자들이 있었는데, 지동설을 최초로 주장한 사람도 코페르니쿠스가 아니라 기원전 280년경에 활약했던 아리스타르코스라는 사람이었다고 한다. 그는 이미 행성의 위치를 확실하게 완성하여 그려냈음에도 불구하고 코페르니쿠스에 이르는 1,800년 동안 그 누구도 행성의 정확한 배치를 알지 못했다는 것이다.

　그런가 하면 최초로 원자의 존재를 주장한 사람은 히포크라테스의 친구였던 데모크리토스라는 사람이었는데, 원자라는 말은 더 이상 자를 수 없다는 뜻이라 한다(atom).

　그리스의 과학은 탈레스 아낙시만드로스, 아낙시메네스, 그리고 헤라클레이토스, 피타고라스, 히포크라테스 그리고 소크라테스, 플라톤, 아리스토텔레스(BC 384~322)로 이어지면서 발전하였으며, 특히 고대의 과학적 지식은 아리스토텔레스에 의하여 체계화 된 것이다. 그러나 이들은 자연을 관찰하여 논리적인 가설을 세우고 추론까지 하였으나 실제로 실험이나 관측을 통하여 확인하거나 증명하려는 노력이 없었다는 것이 그 특징이었다.

　그리스의 과학자 중에 특히 주목할만한 것은 동양의 음양오행설과 비슷한 말을 한 사람들이 있었다는 점이다. 아리스토텔레스는 우주만물이 불(火), 물(水), 흙(土), 공기(氣體) 등 네 가지의 원소로 구성되어 있다 하였고, 헤라클레이토스는 우주만물이 끊임없이 변화하고 있는 것이라 하였다.

　아리스토텔레스에 의하여 체계화된 그리스의 과학은 중세를 거쳐 근대에까지 이르게 되는데, 5세기에서 중세인 15세기 르네상스시대까지는 새로운 발견이나 발명을 하고자 하는 적극성이 없었기 때문에 과학은 잠자고 있었다.

그러나 그리스시대 이후 근 2,000년 동안이나 잠자고 있는 과학을 일깨워주는 사건이 일어났는데, 그것은 1517년에 일어난 르네상스와 종교개혁이었다. 그리고 로마제국의 쇠퇴와 스페인제국의 등장도 근대과학을 이루는데 직접적인 촉진제가 되었다.

근대과학은 이슬람에서 시작되어 이탈리아에서 완성되었는데, 그 당시 스페인이 이슬람을 점령함으로써 그리스과학자들의 문헌들이 번역되어 이슬람에 보급되었고, 이슬람의 과학은 영국을 거쳐 이탈리아에 전달된 것이다.

근대과학의 특징은 과거 아리스토텔레스 시대와는 달리 실험과 경험과 수학적인 이론의 결합이었다. 근대과학은 코페르니쿠스, 갈릴레이, 베이컨, 데카르트 등 지적인 훈련을 쌓은 학자들과 기술적 훈련을 쌓은 기술자들의 융합으로 인하여 완성되었는데, 16세기 말까지만 해도 그들은 각각 따로 활약했다는 것이다. 그러나 그후 17세기에 들어와서 양자의 타협이 이루어져 근대과학의 기틀이 마련된 것이다.

근대과학자 중에 특히 중요한 첫 번째의 과학자는 폴란드의 천문학자 코페르니쿠스(1473~1543)라는 사람이었다. 그는 1514년에 과거 아리스토텔레스가 주장했던 지구중심의 천동설을 부정하고 태양중심의 지동설을 주장하였다. 그의 주장은 약 100년이 지난 후에 독일의 케플러(1579~1630), 이탈리아의 갈릴레이, 영국의 뉴턴에 의하여 사실로 입증되었다.

갈릴레이는 실험에서 얻은 지식을 수학과 결부시킨 이탈리아 최초의 과학자이다. 1609년에 그가 처음으로 발명한 망원경을 통하여 목성을 관찰해 본 결과 목성의 위성이 목성 주위를 돌고있더라는 것이다. 이것은 모든 천체가 지구를 중심으로 하여 돌고있다는 아리스토텔레스의 말이 틀렸다는 것을 과학적으로 증명해주는 것이다.

같은 시기에 케플러는 코페르니쿠스의 이론을 약간 수정하여 행성들은 원형이 아니라 타원형으로 돌고있다는 것을 제안하였고, 이것은 오랜 시간이 지난 후에 뉴턴에 의하여 또한 사실로 증명되었다.

오늘날 물리학의 커다란 계보를 추적해 본다면 갈릴레이(1564~1642) - 뉴턴(1642~1727) - 아인슈타인(1879~1953)으로 이어지는데, 코페르니쿠스 케플러 갈릴레이의 연구와 제안들은 바로 뉴턴에 전승된 것이다.

1687년에 뉴턴은 그 유명한 자연철학의 수학적 원리라는 책을 통하여 만유인력의 법칙과 물체의 운동법칙을 발표함으로서 천체들의 운동과 물체의 운동을 정확하게 계산할 수 있게 되었다.

그 이후 18세기에 영국에서 일어난 산업혁명은 자본주의시대를 열어놓았는데, 그것은 결코 우연이 아니라 뉴턴을 비롯하여 베이컨, 길버트 등 많은 학자들이 현대과학을 이루는데 큰 기여를 하였기 때문이다. 처음에 경공업중심으로 일어난 산업혁명은 프랑스, 독일, 미국으로 이어지면서 전파되어 나간 것이다.

역시 18세기에 프랑스의 라부아제는 원소개념을 확립하여 근대화학사에 커다란 업적을 남겼으며 원소개념의 명확한 규정과 33종류의 원소 표는 근대화학사에 가장 획기적인 것으로 기록되었다.

오늘날은 100가지 종류 이상의 원소가 발견되었는데, 이것들 역시 - 음과 + 양으로 분류된다.

19세기 중엽 이후에는 생명의 기원을 비롯하여 생물에 대한 연구가 활발하게 진행되었는데, 특히 라마르크, 다윈, 멘델 등에 의하여 생물의 진화사상이 전세계의 사상계에 크나큰 영향을 미치게 되었다.

드디어 20세기에 들어와서는 과학이 수많은 분야로 다양해졌고, 각 분야별로 획기적이고 폭발적인 지식의 축적이 이루어지게 되었으니 20세기의 과학에 가장 혁명적인 사건은 현대물리학의 탄생과 원자시대의 개막이라 할 수 있다.

20세기 초반에 나타난 이 현대물리학으로 말미암아 과학은 이제 새로운 전기를 맞이하게 되는데, 그것은 순전히 아인슈타인 때문이었다. 그가 1900년대 초에 발표한 상대성이론은 그 전까지 지속되었던 뉴턴의 고전적인 時空의 개념을 완전히 바꾸어놓았다. 절대적이었던 시공의 개념은 상대적인 시공의 개념으로 바뀌었고, 분리하여 취급되었던 시공의 개념은 동시성을 띤 시공연속체의 개념으로 바뀜에 따라 뉴턴의 기계론적 우주관을 과학적 진리로 믿었던 모든 사람들에게 크나큰 충격을 주었다.

상대성이론과 더불어 또 하나 현대물리학의 중심이 되는 양자이론은 고전물리학의 엄밀성과 기계론적 결정적 세계상을 확률적 세계상으로 바꾸어 놓았으며, 고전물리학의 철칙이었던 인과율마저 부정하고 말았다.

오늘날 인간이 이룩한 과학의 업적은 바로 이 상대성이론과 양자이론의 완성이었다.

상대성이론은 우주의 탄생과 미래의 운명에 대하여 생각할 수 있게 해주었고, 양자이론은 우주의 근본이요, 기본성분인 힘과 물질의 정체를 밝히는데 도움을 줌으로써 원자력에너지를 비롯한 현재의 모든 산업기술의 바탕이 된 것이다.

이 양자이론의 탄생으로 말미암아 원자의 세계를 구체적으로 설명할 수 있게 되었고, 원자분자로 구성된 DNA의 세계를 관찰함으로써 DNA의 구조와 기능을 보다 자세히 알 수 있게 되었을 뿐만 아니라 현대물리학의 분야를 획기적으로 확대하여 인류에게 새로운 원자핵 에너지원을 가져다주었다. 또한 TV나 컴퓨터 등 전자제품에 필수적으로 사용되는 트렌지스터와 집적회로의 성질에 대해서도 설명할 수 있게 되었고 생물학 화학의 기반이 되기도 하였다.

그런가 하면 레이저 전자현미경, 고온초전도체, 전자공학과 기계공학이 결합된 메커트로닉스 등 산업기술의 바탕이 되었으며, 또한 특수반도체를 사용한 스텔스전폭기, 페트리어트미사일, 토마호크미사일 등 걸프전쟁에서 그 진가를 인정받은 하이테크 무기들은 20세기의 현대전에 새로운 스타로 등장하기도 하였다.

이것은 1956년과 1972년 두 차례에 걸쳐 노벨물리학상을 받은 미국의 존바딘의 업적이었다. 그는 1946년에 종래의 진공관을 대신하는 트렌지스트를 만들었는데, 이것이 바로 현대전자 기술혁명의 원점이 된 것이다.

결론적으로 현대의 전자기술은 양자 이론적인 효과를 응용한 것인데, 그 대표적인 작품이 바로 반도체이다. 양자효과란 입자라 생각했던 전자가 파동성을 동시에 지니고 있기 때문에 나타나는 새로운 현상을 의미한다.

현재는 손톱 만한 크기의 반도체 칩에다 수만 개가 들어가는 초대규모 집적회로를 만들기 위해 한국, 미국, 일본 등 세계 각국은 치열한 경쟁을 벌이고 있는데, 이것이 성공하면 지금의 슈퍼컴퓨터를 호두알 크기로 축소할 수도 있을 것이라 한다.

세계는 지금 본격적인 정보화사회의 도래에 대비하여 양자효과를 이용한 반도체소자 개발에 심혈을 기울이고 있으며, 본격적인 정보화사회에서는 빛을 이용한 대용량의 정보처리와 마이크로웨이브를 이용한 무선통신(이동 통신)이 전성기를 맞이할 전망이라 한다. 이를 위해서는 양자효과를 이용한 레이저소자의 단파장화 저전력화, 고출력화, 전자소자의 고속화가 선행되어야 한다는 것이다.

이와 같이 과학의 발달은 고대 그리스에서 중세 근대를 거쳐 21세기를 바라보는 오늘에까지 이르게 되는데, 현대물리학은 미처 1세기도 되지 않는 짧은 역사에 실로 엄청난 발전을 하게 된 것이다.

그러면 20세기 전까지 불변의 과학적 진리로 믿어왔던 뉴턴의 고전물리학이란 무엇을 의미하며, 고전물리학에 종말을 가져다 준 현대물리학의 상대성이론, 양자이론이란 구체적으로 무엇을 의미하는가.

그리고 현대물리학의 상대성이론 양자이론 고전물리학의 역학이론 전자기이론 열역학 등 일련의 중요한 법칙들과 이론들은 동양의 우주론과 어떤 연관이 있는가

우주가 생겨났기에 만물이 생겨난 것이고, 만물이 생겨났기에 만물은 변화쇠퇴 소멸하듯이, 우주의 생로병사는 그 누구도 부정할 수 없는 우주대자연의 기본적 원리인데, 이 원리를 설명하기 위해 서양의 현대물리학자들과 동양의 옛 성현들은 각각 다른 문자와 다른 표현으로 설명하였다.

고전물리와 현대물리학에서 다루어진 일련의 중요한 원리와 법칙들은 동양의 우주론을 과학적으로 이해시켜 주는데 있어서 결정적인 역할을 하게 될 것이다.

제 2 장

고전물리와 현대물리학

물리학이란 과학적인 실험을 통하여 자연의 현상이 어떻게 일어나는가를 관찰하고 연구하는 학문이다.

우주대자연은 시간과 공간, 힘과 물질로 구성되어 있는데, 시간과 공간 속에서 물질이 어떻게 운동을 하고 어떤 현상이 일어나는가를 관찰하는 것이 중요한 핵심이 된다. 따라서 관찰의 대상은 시간과 공간, 힘과 물질이다.

그렇다면 이것들은 상호 어떤 작용을 하고 어떤 결과를 가져다주는가. 이 문제에 대하여 설명해 주는 것이 바로 고전물리학의 역학이론이요, 현대물리학의 상대성이론 양자이론이다.

1. 고전물리학

– 역학이론 · 전자기이론

17세기에서 19세기까지 거의 3세기 동안 전 세계의 과학사상을 지배해오면서 그때까지 의심할 바 없는 불변의 과학적 진리로 추앙받아온 뉴턴 역학의 기계론적 우주모델을 일컬어 고전물리학이라 한다.

뉴턴 역학의 중심이 되는 것은 물체의 운동법칙과 만유인력의 법칙인데, 이것은 1687년에 뉴턴의 저서 「자연철학의 수학적 원리」를 통하여 발표되었다.

뉴턴의 역학이론에 따르면 물체의 운동 천체들의 운동, 그 외 자연의 모든 물리적 역학적 현상은 절대불변의 시간과 절대불변의 공간 속에서 일어나는데, 반드시 그 어떤 원인에 의하여 일어나며 또한 반드시 그 결과가 주어진다는 것이다.

예컨대 천체들이 운동을 하고 있는 원인은 중력 때문인데, 우리가 어느 한 시각에 태양과 행성들의 위치와 속도를 알았다면 우리는 중력의 법칙을 이용하여 임의의 다른 시각에 태양계의 상태를 계산할 수 있는 것이다.

17세기 초 프랑스의 위대한 수학자이며 천문학자인 라플라스 역시 중력의 법칙을 이용하여 조수의 흐름, 유성들의 운동, 행성들의 운동에 대하여 설명하였고, 뉴턴 그 자신도 그의 법칙을 유성들의 운동에 적용시켜 태양계의 근본적인 특징에 대하여 설명할 수 있었다.

중력의 법칙을 바탕으로 한 뉴턴의 역학이론이 천문학에서 커다란 성공을 거둠에 따라 학자들은 유동체, 탄성체, 그리고 열 이론에 이르기까지 뉴턴 역학을 확대 적용시켜 역시 성공을 거두었다.

그리하여 19세기 초 거의 모든 학자들은 인간을 포함한 우주대자연은 합리적인 인과율에 한치도 어긋남 없이 뉴턴 역학의 운동법칙에 따라 질서정연하게 작동하는 거대한 기계와 같은 것이라 생각하게 되었고, 물리학은 이제 완성된 것이라 하였다.

그러면 자연의 기본적 구성요소인 시간과 공간 힘과 물질의 개념에 대하여 고전물리학은 어떻게 설명하고 있는가.

1) 물 질

삼라만상 천지만물은 물질로 구성되어 있다.

기원전 그리스의 데모크리토스가 원자설을 주장한 이후 오늘에 이르기까지 물질의 궁극적인 기본성분이 과연 무엇인지 학자들은 꾸준히 연구를 해왔다. 그 결과 물질은 원자로 구성되어 있고, 원자는 -음인 전자와 + 양인 핵으로 구성되어 있으며, 핵은 양성자와 중성자로 구성되어 있고, 양성자 중성자는 쿼크로 구성되어 있음을 밝혀냈다.

그렇다면 물질에 대하여 고전물리학은 어떻게 설명하고 있는가.

시간과 공간 속에서 운동을 하고 있는 요소들은 물질적 입자들인데, 그 질량과 형태는 언제나 변함없이 보존되어 있으며, 본질적으로 수동적인 성질을 띠고 있는 것이라 설명한다. 즉 물질은 자기 스스로는 움직일 수 없으며 그 질량과 형태 역시 언제나 변함이 없는데, 이것을 질량불변의 법칙이라 한다.

이 세상 모든 것은 그 작은 원자 하나 하나가 결합되어 만들어진 것인데, 고전물리학에서 말하는 물질이란 지구나 태양처럼 우리가 눈으로 볼 수 있는 거시적인 물체와 지구상에 존재하는 물체(고체)들을 의미한다.

2) 힘

모든 물질계를 지배하고 자연의 모든 물리화학적·역학적 현상을 일으키는 주체 그것이 바로 힘이다. 따라서 모든 물질은 힘에 의하여 만들어졌고 힘에 의하여 운동을 한다.

자연계에 존재하는 힘은 중력, 강력, 약력, 전자기력 등 네 가지가 있다. 중력은 거시적인 물체들에 작용되는 힘이고, 강력과 약력, 전자기력은 원자 이하의 미시적인 물질에 작용되는 힘이다. 이 힘을 에너지 또는 氣라 하는데, 기의 본질이 무엇이냐 하는 것은 현대물리학의 입자이론에서 밝혀진다.

3) 시 간

물리적 세계에서 일어나는 자연의 모든 변화현상은 시간으로 표시된다. 밤낮의 변화현상도 시간으로 표시되며, 우주여행을 하고 돌아오는 것도 시간으로 표시하며, 그 외 모든 물체들의 운동상태 역시 시간으로 표시된다.

시간이란, 물질적 세계와는 아무런 관계도 없이 그 자신의 본성에 의하여 과거, 현재, 미래를 향하여 일정하게 저절로 흘러간다.

뉴턴이나 아리스토텔레스는 이 절대적인 시간의 존재를 그대로 믿었었고, 두 사건 사이의 시간 간격은 정상적인 시계를 사용하는 한 누가 측정하든 간에 똑 같다고 하였다.

예컨대 ABC 세 사람이 각자 정상적인 시계를 하나씩 가지고 있다 하자.

A는 자기 집에 머물러 있으면서 1년이라는 시간을 보냈고, 그 사이 B는 자동차나 비행기를 타고 여기저기를 돌아다녔다. 그리고 C는 우주선을 타고 저 멀리 우주여행을 하고 돌아왔다.

이들이 한 곳에 모여 각자의 시계를 보았을 때, 똑같이 1년이라는 시간이 흘러갔다는 것을 표시할 것이다. 왜냐하면 그들이 어디에서 무슨 일을 했든 간에, 즉 그들의 운동상태나 위치에 관계없이 시간은 언제나 일정한 속도로 흘러갔을 것이기 때문이다.

이와 같이 A든 B든 C든 그들이 어디에서 무얼 했는지에 관계없이 그 누구에게나 일정한 속도로 흘러가는 절대적인 시간 속에서 살고있다는 사실에 대하여 아무도 의심하지 않을 것이다.

뉴턴은 바로 이 절대시간(절대불변의 시간)의 개념 위에 물리학을 세웠던 것이다.

4) 공 간

크든 작든 이세상 모든 것은 공간 속에 존재한다.

선은 1차원, 면은 2차원, 부피는 3차원이다. 가로, 세로, 높이로 구성된 이 3차원의 세계를 일컬어 공간이라 한다. 그리고 공간 속의 위치는 3개의 숫자로 나타낸다.

가령 방안의 한 점이란 한쪽 벽에서 3m, 또 다른 벽 쪽에서 2m, 바닥에서 2m 높이의 위치에 존재한다고 한다. 그러나 우주공간의 천체들은 그 주변에 있는 또 다른 천체들을 기준으로 하여 따지게 된다.

예컨대, 지구나 달은 태양으로부터의 거리 태양과 달(또는 지구)을 잇는 직선, 그리고 태양 가까운 별자리를 잇는 직선 사이의 각도 등으로 그 위치를 나타낸다.

이 공간 역시 시간처럼 외부세계의 그 무엇에도 영향을 받지 않고 언제나 변함이 없는 절대적인 존재이다. 방안에 놓여있는 1m짜리 야구방망이는 그 누가 보더라도 언제나 변함없는 1m일 것이다.

뉴턴은 바로 이 절대공간의 개념 위에 또한 물리학을 세웠다.

이와 같이 고전물리학적인 물질과 시간과 공간의 개념은 절대로 변함이 없는 절대적인 존재이며, 또한 이것들은 서로 독립된 존재로서 따로 따로 분리하여 취급되었다는 것이 그 특징이다.

5) 운 동

  절대시간 절대공간 속에서 물체가 어떤 힘에 의하여 움직이게 되는 현상을 일컬어 물체의 운동이라 한다.

  옛날에는 물체들이 어떤 힘이나 충격을 받을 때에만 운동을 하고 그렇지 않을 경우에는 언제나 정지해 있을 것이라는 아리스토텔레스의 말을 그대로 믿었다. 따라서 무거운 물체가 가벼운 물체보다 빨리 떨어질 것이라 생각했다.

  갈릴레이는 실제로 이에 대해 확인을 해보려고 경사진 판자면에 무게가 다른 여러 개의 공을 굴려본 결과 공의 속도는 무게와는 관계없이 똑같은 비율로 늘어났다는 것이다. 즉, 공의 속도는 1초 후에 1m, 2초 후에는 2m, 3초 후에는 초속 3m 이런 식으로 공의 무게와는 관계없이 속도가 늘어났다는 것이다. 일설에 의하면 피사의 사탑에서 무게가 다른 두 개의 물체를 낙하시켜 실험을 했다고도 한다.

  어쨌든 이 같은 실험을 뉴턴은 그의 운동법칙의 바탕으로 삼게되었는데, 굴러내리는 공은 언제나 같은 힘(중력)을 받으며 이 힘의 효과는 물체를 가속시킨다는 것이다. 그러나 물체에 아무런 힘이 작용되지 않을 때에는 언제나 같은 속도로 직선운동을 하게될 것이라는 생각을 하였다.

  이것은 그의 저서 「자연철학의 수학적 원리」에서 최초로 발표되었다. 뉴턴 역학의 운동법칙은 이렇게 하여 탄생되었으며, 뉴턴의 위대한 발견중의 하나인 만유인력의 법칙도 바로 여기에서 발표된 것이다.

6) 인과율

인과란 문자 그대로 원인과 결과를 의미한다.

절대시간, 절대공간 속에서 일어나는 자연의 모든 물리적 역학적 현상은 필연적으로 그 어떤 원인에 의하여 일어나는 것이며, 또한 필연적으로 일정한 결과가 주어진다.

예컨대 달이나 지구는 중력 때문에 운동을 하고 포탄이나 야구공 역시 중력 때문에 포물선을 그리며 낙하하는데, 어느 한순간의 운동 상태를 알기만 한다면 이 물체들의 미래상태는 완전히 결정되어 확실하게 예측할 수가 있다.

이와 같이 모든 사건은 반드시 어떤 원인이 있어서 일어나는 것이며, 또한 반드시 그 결과가 주어진다는 것이다. 이 인과율이 바로 고전물리학의 생명이며 철칙이다.

7) 고전물리학의 중심적인 이론

(1) 역학 이론(만물은 어떻게 운동을 하는가)

뉴턴 역학의 기계론적 우주모델을 고전물리학이라 한다.

뉴턴 역학의 중요한 법칙 두 가지는 물체의 운동법칙과 만유인력의 법칙인데, 이것은 절대시간 절대공간 속에서 물체가 어떻게 운동을 하고 그 결과는 어떻게 나타나는가에 대한 법칙이다.

첫째 : 물체의 운동법칙

물체의 운동에는 세 가지의 법칙이 있다. 첫째는 물체에 外力이 작용되지 않으면 정지해 있던 물체는 계속 정지해 있고 운동하던 물체는 같은 방향 같은 속도로 계속해서 운동을 한다는 물체의 제1운동법칙(관성의 법칙)이다.

다음은 물체에 힘이 작용되면 가속도가 생기는데, 그 비율은 힘의 크기에 비례하고 물체의 질량에 반비례한다는 제2운동법칙(가속도의 법칙), 즉 질량이 클수록 가속도는 작아진다는 법칙이다.

예컨대 자동차엔진의 힘이 강할수록 가속도는 커지고 같은 엔진이라도 차가 무거울수록 가속도는 작아지는 것이다. 질량을 가진 어떤 물체에 중력 전자기력 등의 힘이 작용되었을 때 일어나는 물체의 가속도와 물체의 위치는 이 제2법칙으로 알 수 있다.

마지막으로 제3법칙(반작용의 법칙)은 두 물체 A와 B가 서로 힘을 미치고 있을 때 A가 B에 미치는 힘과 B가 A에 미치는 힘은 그 크기가 같은데 힘의 방향은 서로 반대라는 법칙이다.

둘째 : 만유 인력의 법칙(중력의 법칙)

인류역사상 가장 위대한 발견 중의 하나가 바로 중력의 법칙이다.

17세기에 영국의 뉴턴에 의하여 발견된 이 중력의 법칙으로 모든 물체들의 운동을 아주 훌륭하게 설명해 주었다.

만유인력이란, 문자 그대로 만물은 서로 끌어당기는 힘이 있다는 것인데, 힘의 강약은 물체의 거리와 물체의 질량으로 따지게 된다. 즉, 두 물체의 사이가 멀면 중력이 약해지고 가까우면 강해지며, 또한 물체의 질량이 작으면 중력이 약해지고 크면 강해진다.

다시 말해 모든 물체 사이에는 거리의 제곱에 반비례하는 힘이 작용되고 두 질량의 곱에 비례하는 힘이 작용된다. 즉 두 물체 사이의 거리가 2배일 때 인력은 1/4로 약해지고, 3배이면 1/9, 10배이면 1/100로 약해진다.

예컨대 태양에서 가장 가까운 거리에 있는 수성은 중력을 크게 받기 때문에 회전속도가 빠르고 해왕성, 명왕성 같은 것은 멀리 떨어져 있기 때문에 서서히 회전한다. 그런가하면 두 물체 중에 어느 한쪽의 질량이 2배가 되면 중력도 2배로 커지게 된다.

이와 같이 힘을 바탕으로 한 뉴턴 역학의 운동법칙과 만유인력의 법칙에 의하여 물체의 운동을 지배하는 보편적인 일반원리가 밝혀졌는데, 이 법칙들에 의하여 물체의 미래의 위치와 속도를 예측할 수 있게 되었고 또한 과거로 추적 계산할 수도 있게 된 것이다.

그러나 중요한 것은 만유인력의 법칙에 따라 일어나는 지구의 자전과 공전이며, 자전공전에 따라 일어나는 밤낮의 변화와 사계의 변화 현상이다. 이 같은 현상은 오늘날 누구나 다 아는 사실이지만, 동양의 옛 성현들은 그저 일어나는 변화현상에 대해서만 설명하였을 뿐 왜 이 같은 현상이 일어나는가에 대한 과학적 근본적 설명은 하지 못했다.

(2) 열역학 이론(이 세상 모든 것은 왜 쇠퇴하고 소멸하는가)

사람들은 뜨거운 것이 열이라고만 인식하여 오다가 본격적으로 연구를 시작한 것은 17세기 말 쯤 열기관이 알려진 후라 한다.

모든 물질 속에는 염소라는 아주 미세한 물질이 들어있는데, 그것이 바로 열의 본질이라는 생각을 하였으나, 그후 열이라는 것은 원자분자들의 복합적인 진동에 의하여 발생하는 에너지의 한 형태라는 것이 알려짐에 따라 열이론까지 역학의 범주에 포함시키게 되었다.

예컨대 물의 온도가 올라가면 물분자를 결합하고 있는 힘이 약해져서 분자들은 흩어져 공중으로 날아가게 되는데, 그것이 바로 물이 수증기로 변하는 현상이다. 반대로 물이 냉각되어 열 운동이 약해지면 물분자들은 얼음이라는 새로운 형태로 변화한다.

이와 유사한 여러 형태의 열 현상마저 뉴턴 역학의 범주에 포함시켰는데 열역학의 중요한 법칙 두 가지는 다음과 같다.

첫째 : 열역학 제1법칙(에너지 보존의 법칙)

에너지가 자연적으로는 생겨나지도 않고 없어지지도 않는다는 이른바 에너지보존의 법칙을 의미한다. 즉 에너지의 형태는 변화될 수 있으나 그 총량은 언제나 변함이 없다는 것이다.

둘째 : 열역학 제2법칙(에너지쇠퇴의 법칙)

에너지의 질적인 쇠퇴현상에 대한 법칙을 열역학 제2법칙이라 한다.

인간이든 지구든 태양이든 식물이든 동물이든 광물이든 우주만물은 시간이 흐름에 따라 물질을 구성하고 있는 요소들의 배열이 점점 무질서해지는 방향으로 진행되고 있다. 무질서의 증가를 엔트로피(Entropy)의 증가라 하며 가용에너지에서 사용 불가능한 에너지로 줄어드는 것을 의미하는데, 이것은 결국 에너지의 쇠퇴를 의미하는 것이다.

이 엔트로피 증가현상은 다음과 같이 다양한 예를 들어 볼 수 있다. 가령 잉크 한 방울이 물에 떨어졌다고 하자. 처음에는 질서 있는 상태를 유지하지만 잉크는 점점 물에 섞여져서 무질서한 상태로 변해간다. 또한 중간이 칸막이로 된 상자 속에 한 쪽에는 산소가 있고 또 한 쪽에는 질소로 채워져 있을 때 칸막이를 떼어내면 산소와 질소는 모두 섞여 무질서한 상태가 된다. 깨끗한 대기에 각종 공해물질이 배출되어 섞여지는 것도 이와 같은 것이다.

그런가하면 수소의 핵 융합반응에 의한 태양의 생로병사 과정도, 인생의 생로병사 과정도 역시 엔트로피의 증가, 즉 에너지의 쇠퇴를 의미하는 것이다. 또한 산림의 훼손 석탄 석유 등 지하자원의 고갈은 가용에너지가 줄어드는 것을 의미하고, 자동차나 공장에서 배출되는 각종 공해물질은 대기나 강, 바다를 오염시킨다.

우리 인류는 18세기 산업혁명 이후 고속화 산업화로 치달으며 찬

란한 현대문명을 이룩하였지만, 그 대가로 수억 년 동안 축적되어온 석탄, 석유 등 지하자원을 고갈시켜 엔트로피의 증가를 가져왔기 때문에 오존층파괴, 기상 이변, 생태계 교란, 식량 위기 등을 유발시켰다.

결과적으로 볼 때 이 엔트로피의 증가 현상은 우리가 살고있는 우주대자연은 시간이 흐름에 따라 점점 쇠퇴하고 소멸한다는 것을 말해주고 있는 것이다.

(3) 전자기 이론(- 음과 + 양이라는 문자부호는 언제부터 사용되었는가)

지금으로부터 수천 년 전 동양의 옛 성현들에 의하여 우주의 원리가 처음으로 설명되면서부터 陰과 陽이라는 두 글자가 사용되었는데, 오늘날 물리학의 전자기이론과 입자이론에서도 똑같이 - 음과 + 양이라는 부호가 사용될 줄이야 그 누가 알았겠는가!

우주의 근본물질인 원자 이하 모든 소립자들은 입자와 반입자로 구성되어 있고, 입자와 반입자는 각각 - 음과 + 양의 전하를 지니고 있는데, 천지만물은 - 음과 + 양이 결합되어 생겨났다는 사실은 수천 년 전에 이미 설명된 것이다.

즉 우주의 근본이며 기본성분이 바로 음과 양인데, 천지만물은 음양의 결합에 의하여 생성되었고 움직인다는 것이다. 그로부터 수천 년이 지난 오늘날 - 음과 + 양이라는 문자부호가 쓰이기 시작한 것은 18세기에 들어와 전자기현상이 나타나면서부터이다.

이 전자기현상은 우리 주변에서도 얼마든지 볼 수 있는데, 어떤 물질을 마찰시키면 그 표면에 전자기력이 발생하여 다른 물질을 끌어당기기도 하고 밀어내기도 하는 현상이 일어난다. 즉 - 음과 - 음, + 양과 + 양은 서로 반발배척하고, - 음과 + 양은 서로 끌어당겨 결합한다. 이 힘은 앞의 중력과는 전혀 다른 성질의 힘인데, 이 분야의 연구가 본격적으로 시작된 것은 1785년 쿨롬이라는 사람이 -

음과 + 양 두 전하 사이에서 작용되는 힘에 관한 법칙을 발표하면서부터이다.

그후 1826년에는 옴이라는 사람이 도체에 흐르는 전류에 관한 법칙을 발표하였고, 1865년에 영국의 맥스웰(1831~1897)은 페르데이(1791~1867)의 실험을 바탕으로 하여 역학의 범주에 포함되지 않는 전혀 새로운 전자기이론을 완성시켰다.

페르데이는 구리로 된 코일과 자석을 이용하여 전기에너지를 만들었는데, 이 기본적인 실험으로 전기공학을 탄생시켰고 오늘날 발전기와 전기모터의 원리가 되는 전자기유도법칙을 탄생시켰다. 이것이 결국은 맥스웰로 하여금 전자기이론을 완성케 한 바탕이 된 것이다.

그리하여 중력과는 전혀 성질이 다른 이 새로운 힘의 개념을 力場으로 대체함으로써 뉴턴 역학을 최초로 넘어서게 되었다.

17세기에서 19세기 중엽에 이르기까지 뉴턴 역학의 기계론적 자연관이 전세계의 과학사상을 지배해 왔기 때문에 그 당시 많은 사람들이 뉴턴의 역학이론으로 이 전자기현상을 설명해 보려고 노력했지만 결국은 실패하고 말았다.

場이라 불리는 이 새로운 개념의 전자기이론이 등장함에 따라 빛이 파동의 형태로 공간을 통과하는 전 자기場에 불과하다는 사실이 밝혀졌고, 이를 계기로 빛에 대한 연구는 본격적으로 시작된 것이다.

전자기력을 바탕으로 한 전자기이론과 중력을 바탕으로 한 역학이론 이 두 개의 이론이 바로 고전물리학의 주축이요, 중심적인 이론이다.

(4) 광학(빛이란 무엇인가)

전혀 새로운 성질의 힘에 대하여 설명한 맥스웰의 전자기이론이 등장함에 따라 뉴턴 역학은 이제 서서히 비판을 받기 시작하였는데,

이 광학은 뉴턴 역학에 완전히 쐐기를 박고 말았다.

뉴턴의 역학이론은, 우리가 눈으로 볼 수 있는 비교적 크고 느리게 움직이는 물체들의 운동에는 아주 훌륭하게 통용되는 것이었으나 엄청나게 빠른 속도로 움직이는 물체들에는 아무런 쓸모가 없다는 것을 이제부터 알 수 있다.

光學이란, 문자 그대로 빛에 관하여 설명해주는 학문으로써 거울이나 렌즈를 이용한 망원경, 현미경, 확대경 등 빛의 반사와 굴절에 근거한 기하광학이 여기에 해당되며, 빛의 속도와 빛의 본질에 대한 문제도 여기에서 다루어진다.

빛의 속도와 빛의 본질에 관한 연구결과는 마침내 상대성이론과 양자이론을 탄생케 한 바탕이 되었고, 고전물리학에 종말을 가져다 준 원인이 된 것이다.

(5) 흑체복사(빛의 본질은 무엇인가)

흑체복사도 역시 문자 그대로 검은 물체를 태우면 여러 가지의 파장을 지닌 빛의 입자가 방출된다. 즉 가열된 고온의 물체에서는 적외선 자외선 가시광선 등 여러 가지의 에너지가 방출된다.

그러나 이것들은 연속적으로 방출되는 것이 아니라 에너지의 덩어리로만 방출된다는 사실을 1900년에 독일의 이론물리학자 플랑크(1858~1947)가 발견한 것이다. 이것들을 분석해보니 더 이상 쪼갤 수 없는 아주 미세한 에너지의 덩어리가 수 없이 모여있는 상태라는 것이다.

아인슈타인은 이것을 光陽子라 하였고, 이것들이 함께 빛의 속도로 공간을 날아가는 것이라 하였다. 이 사실은 그 후에 여러 나라 학자들에 의하여 더욱 발전되어 결국은 양자이론을 탄생케 한 바탕이 된 것이다.

1918년에 플랑크는 이 흑체복사의 스펙트럼과 열역학에 관한 연구결과 양자론으로 노벨 물리학상을 받았다.

그러면 고전물리학에 종말을 가져다준 현대물리학의 상대성이론이란 구체적으로 무엇을 의미하며, 양자이론이란 또한 무엇을 의미하는가.

2 현대물리학
- 상대성이론 · 양자 이론

물리학이란 자연현상이 어떻게 일어나는가를 과학적 실험을 통하여 관찰하고 연구하는 학문이다.

자연에는 수많은 현상들이 일어나고 있지만 그 중에서도 물체의 속도에 의하여 일어나는 현상이 가장 중요하게 다루어지는 현상 중의 하나이다.

고전물리학은 크고 느린 속도로 움직이는 물체들에 대하여 설명하였기 때문에 하나도 이상할 것이 없었지만, 현대물리학은 엄청나게 작고 엄청나게 빠른 속도로 움직이는 물체에 대하여 설명하기 때문에 우리들의 합리적인 논리로서는 도저히 이해할 수 없는 아주 신비스러운 세계로 느껴지게 된다.

그러나 눈에 보이지 않는다 하여 어찌 그 실체를 부정할 것인가. 그렇게 작고 그렇게나 빠른 속도로 움직이는 물체들의 세계에서 일어나는 현상은 상대성이론과 양자이론으로 설명되므로 이를 현대물리학의 중심이요, 주축이 되는 이론이라 한다.

그렇다면 현대물리학은 처음에 어떻게 하여 탄생되었는가. 현대물리학은 어느 날 갑자기 나타난 것이 아니라 본래 고전물리학에 그 바탕을 두고 있었다.

즉 고전물리학의 전자기이론을 비롯하여 광학 흑체복사 등에 의하여 현대물리학은 탄생된 것이다. 이것들은 모두 빛의 속도와 빛의 본질에 대하여 구체적으로 설명해주는 바탕이 되었다. 빛의 속도에 대한 연구결과는 상대성이론을 탄생케 하였고, 빛의 본질에 대한 연구결과는 양자이론을 탄생케 한 것이다.

이와 같이 빛의 속도에 관한 연구결과로 탄생된 상대성이론은 그전까지 지속되었던 고전적인 시공의 개념을 완전히 바꾸어 놓고 말았다. 절대적으로 간주되었던 시공의 개념은 상대적인 시공의 개념으로 바뀌었고, 따로 분리하여 독립된 존재로 취급되었던 시공의 개념은 서로 연결된 시공 연속체의 개념으로 바뀐 것이다. 또한 빛의 본질에 대한 연구결과로 탄생된 양자이론은 그전까지 단순하게 생각되었던 물질의 개념과 고전물리학의 철칙 이었던 인과율마저 부정하고 말았다.

이것은 자연을 관찰하는데 있어서 고전물리학과는 달리 관찰자의 입장, 즉 주관적 관찰에 의하여 얻은 결론이었다. 따라서 고전물리학은 객관적으로 기술하였고, 현대물리학은 주관적으로 기술하였다.

결과적으로 주관적 관찰이냐, 객관적 관찰이냐에 따라 관찰의 대상인 시간과 공간 힘과 물질 그리고 물질의 운동과 인과율에 관한 개념이 완전히 달라지는 것이다.

1) 상대성이론(빛의 속도로 여행을 하면 어떤 현상이 일어나는가)

시간 공간 운동에 관한 이론을 상대성이론이라 한다. 즉 시간과 공간 속에서 물체가 어떻게 운동을 하고 어떤 결과가 주어지느냐 하는 문제에 대하여 설명해주는 이론이 바로 상대성이론이다.

상대성이론은 특수상대성이론과 일반상대성 이론 두 개가 있는데, 특수상대성이론은 빛의 속도를 바탕으로 하였고, 일반상대성 이론은 중력을 바탕으로 하여 탄생되었다.

속도는 빛처럼 빠른 것이 있고, 자동차나 비행기처럼 느린 것도 있다. 따라서 느린 속도로 움직이는 물체들에는 고전물리학의 역학이론이 적용되고, 빛처럼 빠르게 운동하는 물체들에는 현대물리학의 상대성이론이 적용되는데, 그 운동결과 역시 전혀 다르게 나타난다. 시속 30km의 느린 속도로 달리는 자동차와 초속 30만km의 속도로 달리는 빛의 속도는 똑같은 이론으로 설명할 수 없기 때문이다.

가령, 어떤 사람이 시속 30km로 달리는 자동차 위에서 진행방향으로 역시 30km의 속도로 야구공을 하나 던졌다 하자. 이때 지상에 서있는 사람이 관측하는 공의 속도는 땅에 대한 자동차의 속도에 공의 속도를 더해주면 된다.

$$30km + 30km = 60km$$

이 60km가 지상에 있는 사람이 관측하는 공의 속도이다.

그러나 이번에는 공이 아닌 빛을 던졌다고 하자(헤드라이트). 이 경우에는 완전히 문제가 달라진다. 앞의 경우처럼 자동차의 속도에 빛의 속도를 더해주면 될 것이라 생각하겠지만 빛의 속도는 자동차의 속도와 관계없이 언제나 초속 30만km의 일정한 속도로 달리기 때문에 빛의 속도는 자동차의 속도에 더해질 수 없는 것이다. 즉 자동차가 달리든 정지해 있든 헤드라이트 빛의 속도는 언제나 똑같은 것이다.

결론적으로 공의 속도와 빛의 속도는 동일한 이론으로 설명할 수 없기 때문에 공의 속도는 뉴턴의 역학이론이 적용되고 빛의 속도에는 아인슈타인의 상대성이론이 적용되어야 하는 것이다.

그러면 먼저 특수상대성이론이란 무엇을 의미하는가.

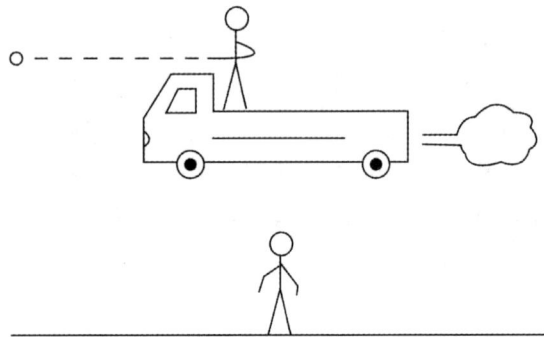

그림 1 적용되는 경우

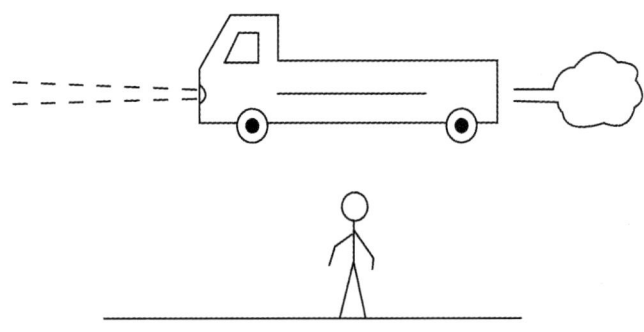

그림 2 적용이 안 되는 경우

(1) 특수상대성이론의 탄생배경

- 시간 · 공간 · 운동속도

첫째 : 광속불변의 원리

자연현상을 관찰하는 데 있어서 가장 중요한 것 중의 하나는 물체의 운동속도이다.

우리가 1세기 전까지만 해도 먼 여행을 하기 위해서는 걸어다니거나 말을 타고 다녀야만 했다. 그러나 보다 멀리, 보다 빠르게 달리고 싶은 것이 인간의 욕망이기에 자동차를 만들어냈고, 비행기를 만들어냈다. 그러나 보다 빠른 것은 또 무엇인가에 대하여 생각해 본 결과 그것은 音速이라는 것이다.

비오는 날 번갯불이 번쩍이고 난 다음 조금 있다가 천둥소리가 들리는 것처럼, 프랑스의 물리학자 메르센(1588~1648)이 대포를 이용하여 대포의 불빛이 먼저 번쩍이고 난 다음 대포소리가 들릴 때까지의 시간 간격을 측정해 본 결과 음속은 시속 1200km(초속 340m)라는 것을 알아냈다.

그러면 음속보다 빠른 것은 또 무엇인가.

회초리를 휘두르면 날카로운 소리가 난다. 이것은 회초리가 음속보다 빨리 움직이기 때문이다. 이 같은 원리를 이용하여 음속보다 빠른 것을 만들어냈는데, 그것은 초음속 제트기를 비롯하여 로켓이나 우주선 같은 것이 여기에 해당된다. 제트기가 굉음을 내면서 날아가는 것은 음속보다 빠르게 운동을 하기 때문이다.

이와 같이 초음속 물체들이 만들어져 소리의 벽을 무너뜨리고 말았으니 소리보다 빠른 초음속 물체들은 당연한 것이 되고 말았다.

오늘날 인간이 만든 것 중에 가장 빠른 것은 1977년 미국에서 발사된 보이져1 · 2호이다. 그러나 이것 또한 제아무리 빠르다하여도 지구에서 가장 가까운 항성까지 가는데는 무려 4만 년 이상 걸린다.

그렇기 때문에 멀고 먼 우주여행을 하고 돌아오기 위해서는 보다 빨리 날아가지 않으면 안된다.

그렇다면 보다 빠른 것은 또 무엇인가. 그것은 바로 빛이다. 이 빛의 속도에 대한 연구는 이미 중세부터 시작되었는데, 데카르트는 광속이 무한하다하였고, 갈릴레이는 유한하다고 생각하여 여러 차례에 걸쳐 실험을 해보았지만 결국 실패하고 말았다.

갈릴레이의 실험이 실패로 끝난 몇 년 후, 갈릴레이가 만들어 사용했던 바로 그 망원경을 통하여 덴마크의 천문학자 뢰머(1644~1710)가 1676년에 목성의 위성에서 반사되어 나오는 빛을 측정하였는데, 그것은 초속 22만km이었다고 한다.

그후 1728년에는 영국의 천문학자 제임스 브레들리(1643~1760)가 역시 천문학적인 방법으로 측정하였고, 1849년에는 프랑스의 피조(1819~1896)가 회전하는 톱니바퀴와 양초의 불빛을 이용하여 측정했으며, 1865년에는 영국의 맥스웰(1831~1897)에 의하여 빛의 전달에 대한 올바른 이론이 처음으로 밝혀짐에 따라 물리학에 일대 전기를 맞이하게 되었다.

그의 전자기이론에 따르면 빛은 파동의 형태로 공간을 통과하는 전자기장에 불과하다는 것이다. 예컨대 전파, 광파, X선, r선 등은 모두 다 진동의 주파수만 다를 뿐, 진동하는 전자기장이며 빛도 전자기 스펙트럼에 불과하다는 것이다.

이 전자기장에는 파동과 같은 변동이 일어나는데, 그것은 마치 연못에 일어난 물결처럼 언제나 일정한 속도로 전달되는 것이다.

그렇다면 빛의 속도는 무엇을 기준으로 한 속도인가.

해변의 파도나 연못의 물결은 물의 진동으로 전해지고 소리는 공기의 진동으로 전해지듯이 빛도 어떤 특수한 매질에 의하여 전해질 것이다. 학자들은 그 특수매질을 에테르(Ether)라 가정하였다.

1887년 이 가설을 확인하기 위해 미국의 마이켈슨(1852~1931)

과 몰리라는 두 명의 물리학자가 매우 정밀한 실험장치를 만들어 실험을 했는데, 지구의 운동방향으로 측정해 본 빛의 속도나 이에 수직인 방향으로 측정해 본 빛의 속도나 정확하게 똑같은 값이 나왔다는 것이다.

즉, 에테르는 존재하지도 않을뿐더러 빛은 자기 스스로 공간을 통과하는데 언제나 초속 30만km의 속도로 달린다는 것이다. 다시 말해 빛의 속도는 光源의 운동속도나 관측자의 운동속도에 관계없이 언제나 일정하다는 것이다. 이것을 광속불변의 원리라 한다. 특수상대성이론은 바로 이 광속불변의 원리를 바탕으로 하여 탄생된 것이다.

언제나 빛의 속도는 일정하듯이 특수상대성이론은 두 물체간의 상대속도가 일정하거나 아니면 전혀 움직이지 않고 정지해 있는 상태의 물체 또는 계(系)만을 다룬 것이다. 이것을 등속도 상대운동을 하는 관성 좌표계에서 만이 성립하는 이론이라 하기도 한다.

그러나 상대성이론은 이 같은 특수한 경우 외에도 또 하나의 원리가 추가되어 탄생된 것이다.

둘째 : 상대성원리

모든 물체들의 운동은 절대적이 아니라 상대적이라 하여 상대성원리라는 말을 하게 되었다.

가령 시속 60km의 속도로 자동차가 달리고 있다고 하자. 이 자동차의 운동속도는 처음부터 지구를 기준으로 한 속도이다. 즉 자동차의 속도는 지구에 대한 속도이다.

그러나 한정된 지구가 아닌 무한한 저 우주공간에서는 정지해 있는 기준점이 없기 때문에 주변에 있는 물체들을 기준 점으로 하여 따지게 된다.

예컨대, 내가 타고 있는 우주선은 지구에 대하여 시속 5000km의 속도로 우주공간을 날아가고 있다. 그러나 우주는 너무나 광대하기 때문에 내가 움직이고 있는지 정지해 있는지 분간할 수가 없다. 이때 어떤 우주선이 내 곁을 지나가면서 '당신의 우주선은 움직이지 않는다.'라고 말한다면 아마 '그럴 리가 없다'라고 말할 것이다. 그러나 실제로 내가 움직이고 있다는 것을 무엇으로 증명할 것인가.

나의 우주선에 속도측정기라도 부착되어 있었다면 그가 나에 대하여 시속 1000 km나 빠른 속도로 움직이고 있다는 것을 알 수 있을 것이다. 즉, 상대방은 지구에 대하여 시속 6000km의 속도로 항진하고 있음을 알게 될 것이다. 그런가 하면 나와 상대방의 속도가 지구에 대하여 그보다 조금 빠르거나 늦다해도 틀린 말이 아닐 것이며, 내가 지구에 대하여 반대방향으로 항진하거나 상대방은 지구에 대하여 완전히 정지해 있는 상태라 하여도 그것은 틀린 말이 아닐 것이다. 이 무한한 우주에는 속도나 방향을 분간하기 위해 움직이지 않고 정지해 있는 물체가 없는 한 누가 움직이고 있으며, 누가 정지해 있는지 절대로 알 수 없기 때문이다.

바로 여기에서 아인슈타인이 주목했던 것은 모든 물체들의 운동은 상대적인 것, 즉 속도에 대하여 말할 때에는 나아닌 다른 물체를 기준으로 하여 따져야된다는 것이다. 다시 말해 우주공간에는 속도를 측정하기 위한 움직이지 않고 정지해 있는 기준점이 없기 때문에 그 무엇 무엇에 대한 속도라 해야 된다는 것이다.

천체와 천체 사이, 우주선과 우주선 사이, 그리고 우주선과 천체 사이도 그와 같으므로 상대방이 하는 말이 우주선의 속도를 1000 km이하로 줄이든지 그 이상으로 높이라 하였을 때 나는 무엇에 대한 속도인지를 물어보아야 한다. 상대방의 우주선에 대해서인지, 아니면 오리온좌나 안드로메다좌에 대해서인지를 물어보아야 한다.

우주의 중심이 어디쯤인지 아무도 알 수 없을 뿐만 아니라 우주 내에서는 기준점이 될만한 정지해 있는 물체는 단 하나도 없다. 중력의 법칙에 따라 모든 물체(천체)들은 움직이고 있기 때문이다. 그러므로 무한한 우주공간에서는 다른 물체의 운동을 기준으로 하는 수밖에 없는 것이다. 즉 어느 한 물체의 운동은 다른 물체의 운동을 기준으로 하여 측정할 수밖에 없다.

이것을 상대운동이라 하고 상대성원리란 말은 바로 여기에서 생겨난 것이다.

(2) 특수상대성이론의 결과

우리는 지금까지 지구라는 한정된 곳에서 비교적 크고 느리게 운동하는 물체들의 세계에 젖어 살아왔기 때문에 시간은 그 누구에게나 일정한 속도로 흘러가는 것이었고, 공간 역시 그 무엇에도 영향을 받지 않으며, 물질 또한 그 형태와 질량은 언제나 변함없이 일정한 것이었다. 즉 시간, 공간, 물질은 절대불변의 절대적인 존재이며 또한 시간, 공간, 물질은 각각 분리되어 독립된 존재이기 때문에 이것들은 서로 아무런 관계도 없다는 것이다.

그러나 광속의 세계에서는 완전히 문제가 달라진다. 그 세계에서는 모든 것이 변화하기 때문이다.

상대성이론의 결과는 우리들의 합리적인 논리로는 도저히 이해할 수 없고 우리들의 일상생활과도 너무나 다르기 때문에 아인슈타인은 이것을 인정받기까지 실로 많은 노력을 하였다. 그렇다면 상대성이론의 결과는 구체적으로 어떻게 나타났는가.

시간, 공간, 물질은 모든 관찰자에게 똑같이 평가되는 것이 아니라 각각의 관찰자에게 어떤 느낌을 주느냐 하는 주관적 체험에 의하여 평가되는 것이다.

첫째 : 시간의 상대성(속도와 시간)

속도는 시간에 어떤 영향을 주는가. 지금 A와 B 두 사람은 각각의 우주선을 타고 우주공간을 날아가고 있다. 이때 A B 두 우주선의 상대속도가 크면 클수록 시간 차이도 역시 커진다. 상대속도가 점점 커지면서 마침내 빛의 속도에 접근하면 A와 B의 시간 차이는 현저하게 나타난다. 그러나 상대운동을 하지 않고 똑같은 속도로 달린다면 시간 역시 똑같은 속도로 흘러간다.

예컨대, 쌍둥이 중 형은 지구에 머물러 있고, 동생은 빛에 가까운 속도로 우주여행을 하고 돌아왔다 하자. 이때 지구에 있던 형은 보통의 나이로 늙어서 노인이 되었고, 돌아온 동생은 젊은 그대로의 모습을 보여준다. 소위 쌍둥이의 역설로 널리 알려진 이 사건을 놓고 볼 때 모든 관측자들에게 언제나 일정한 속도로 흘러간다고 생각했던 시간이 관측자의 운동속도에 따라 다르게 흘러간다는 것을 아인슈타인은 증명하였다.

다시 말해 빛의 속도가 똑같다는 사실이 시간에 어떤 영향을 미치는가에 대하여 고찰해 본 결과 운동하는 계(系)의 시간은 정지해 있는 계의 시간보다 느리게 간다는 것이다.

둘째 : 동시 각의 상대성(속도와 시간)

시간은 관측자의 운동속도에 따라 다르게 측정된다.

하나의 사건을 놓고 볼 때 어떤 사람은 동시에 일어난 것이라 판단할 수도 있고, 또 어떤 사람은 나중에 일어났다고 판단할 수도 있으며, 또 어떤 사람은 먼저 일어났다고 주장할 수도 있다. 즉, 하나의 사건은 관찰자에 따라 전후 순서가 있다. 그냥 보통속도에서는 그 차이를 알 수 없으나 빛의 속도로 움직일 때에는 그 차이가 두드러지게 나타난다.

지금 여기에 초고속열차가 하나 있다. 관측자 A는 차 안에 있고, B는 차 밖에 있다. 이때 차 안의 전등불이 켜졌다면, 그 불빛은 일정한 속도로 나아가 차의 앞쪽과 뒤쪽의 벽에 동시에 부딪치는 것을

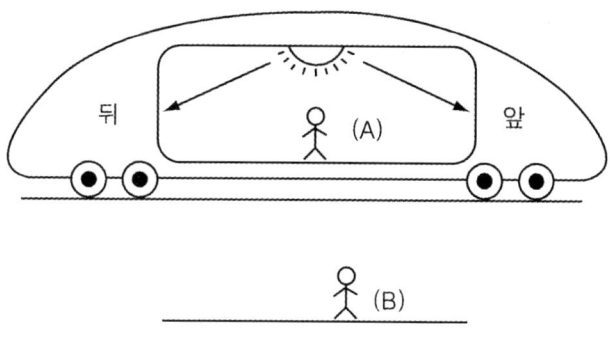

그림 3 정지상태

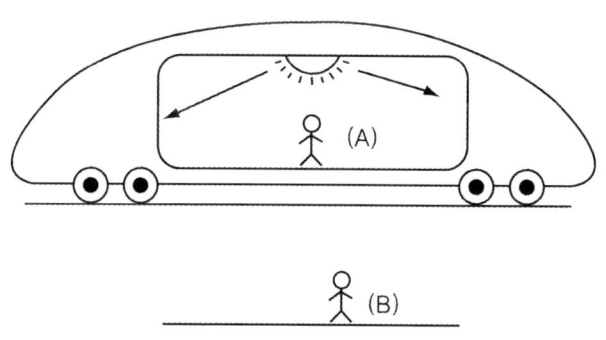

그림 4 광속으로 움직이는 상태

볼 수 있다. AB 두 관측자는 이 사실에 대하여 아무도 이의를 제기하지 않을 것이다.

그러나 이 열차가 빛의 속도로 달리면서 차안에 전등불이 켜졌다면 차 속의 A는 차와 함께 움직이므로 차가 정지해 있을 때처럼 불빛은 똑같은 속도로 나아가 차 안의 앞과 뒤쪽 벽에 동시에 부딪치는 것을 볼 수 있다. 그러나 차 밖의 관찰자 B가 볼 때에는 뒤쪽에 먼저 부딪치고 난 다음에 앞쪽 벽에 부딪치는 것을 볼 수 있을 것이다.

이와 같이 A가 볼 때에는 동시에 일어난 사건이 B가 볼 때에는 동시가 아닌 것이다. 고전물리학적인 측면에서 볼 때 한 사람에게 동시인 사건은 그 누구에게도 동시라야 한다. 그러나 그것은 인간의 제한된 생각일 뿐 실재하는 자연의 비밀은 그렇지 않다는 것을 말해주고 있다.

셋째 : 공간의 상대성(속도와 공간)

속도는 공간에 어떤 영향을 주는가. 빛의 속도로 운동을 하면 시간처럼 공간도 역시 줄어든다.

가령 여기 1m의 야구방망이가 하나 있다고 하자. 이것은 언제나 절대불변이라는 것이 우리들의 일반상식이다. 그러나 이것이 움직이고 있을 때에는 문제가 달라진다.

지금 A와 B 두 사람은 각각의 우주선을 타고 우주공간을 날아가고 있다. 그러나 이 두 사람의 상대속도는 거의 빛의 속도로 멀어져가고 있다. 이때 빛의 속도로 달리고 있는 사람의 야구방망이는 진행방향으로 줄어든다. 이 사건을 좀더 깊이 생각해보면 공간전체가 진행방향으로 줄어든다는 것을 알 수 있다. 공간이 줄어들기 때문에 야구방망이의 길이도 줄어들게 되는 것이다.

이와 같이 길이로 표현되는 공간 역시 관측자의 운동상태에 따라 다르게 나타나는 상대적인 존재임을 특수상대성이론은 말해주고 있는 것이다.

넷째 : 질량의 상대성(속도와 질량)

속도는 질량에 어떤 영향을 주는가. 빛의 속도로 운동을 하면 시간과 공간은 줄어들지만 물질의 질량은 도리어 늘어난다. 즉 운동속도에 따라 질량은 증가한다.

AB 두 사람이 서로 상대운동을 하고 있을 때 A가 B의 질량을 측정한다면 B의 질량은 증가하는 것처럼 보인다. B의 속도가 빨라질수록 질량은 더욱 커진다. 그러나 AB 두 사람이 상대운동을 하지 않고 똑같은 속도로 달릴 때에는 질량도 똑같이 나타난다. 이 같은 사실은 독일의 물리학자 카우프만과 조메르펠트, 그리고 1950년대 이후에는 미국 캘리포니아공대에서 소립자들을 거의 빛의 속도로 가속시켜본 결과 질량이 늘어났다는 것을 증명하였다.

다섯째 : 에너지와 질량의 동등성($E=mc^2$)

에너지와 질량은 동등하다. 왜냐하면 시간이나 공간처럼 물질 역시 운동속도에 따라 변화하는데, 거의 빛의 속도로 운동을 하면 매우 적은 질량에서도 엄청난 양의 에너지가 발생한다. 즉 질량과 에너지는 비례관계에 있고, 그 비례상수는 광속의 제곱이라는 것을 아인슈타인은 $E=mc^2$이라는 방정식으로 증명하였다.

E는 에너지 m은 질량 c는 광속이다. 이 방정식의 의미는 에너지와 질량은 서로 변환될 수 있으며 본질적으로 동등하다는 것이다. 그리고 이 방정식의 또 하나의 의미는 그 어떤 물체도 빛보다 빠르게 달릴 수 없다는 것이다. 그 이유는 운동으로 인하여 발생한 에너지는 질량에 그대로 더해지기 때문이다.

다시 말해 빛의 속도로 운동을 하면 물질의 질량은 한없이 증가됨으로 물체의 속도를 증가시키기가 어려워진다. 질량이 자꾸만 커지는데 어떻게 속도를 낼 수 있겠는가? 그러므로 질량을 가진 물체는 빛의 속도로 운동할 수 없으며, 원래부터 질량이 없는 빛이나 전파는 빛의 속도로 달릴 수가 있다.

이와 같이 속도에 의한 질량증가는 입자가속기를 통한 여러 나라

학자들에 의하여 실험적으로 확인되었고, 또한 질량에서 에너지가 방출된다는 사실도 여러 나라 학자들에 의하여 증명되었다.

영국의 물리학자 콕크르프트와 월터의 실험에 의하여 리튬원자핵에 양성자를 충돌시켜 리튬핵이 두 개로 분열되면서 많은 양의 에너지가 방출된다는 것을 확인하였다.

그 후에도 여러 차례에 걸쳐 실험을 하였는데, 마지막이자 결정적인 실험은 1945년 7월 16일 뉴멕시코에서 인류역사상 처음으로 실행한 원자탄 실험이었다. 그후 1952년 11월 1일 태평양 마샬군도에서 엄청난 실험이 있었는데, 그것이 바로 수소폭탄이었다.

원자탄은 핵분열이고 수소탄은 핵융합인데, 핵분열이든 융합이든 질량이 줄어들고 줄어든 만큼 엄청난 에너지가 일시에 발생하는 것이다.

그러나 태양의 핵융합은 서서히 진행되고 있는 반면, 수소폭탄의 핵융합은 1/10000초라 하는 지극히 짧은 순간에 이루어진다. 오늘날 인류의 멸망을 초래할지도 모를 아주 무서운 존재로 등장하였지만 역설적으로 평화와 안정을 도모하는 수단이 되고 있다.

참고 : 물리학적 용어로 $E=mc^2$의 E와 중력·전자기력·강력·약력 등 우주의 기본적 네 가지 종류의 힘을 에너지라 하는데, 이 두 종류의 에너지는 본질적으로 다르다.

(3) 일반상대성이론의 탄생배경
- 시간 · 공간 · 중력

1905년 아인슈타인이 특수상대성이론을 발표할 때 이미 일반상대성 이론도 예상하고 있었다.

특수상대성이론은 빛의 속도가 모든 관측자에게 동일하고 물체의 속도가 빛의 속도에 가까워질 때 일어나는 현상을 아주 훌륭하게 설명해주었다. 그러나 특수상대성이론은 물체 사이의 거리에 의존하는 뉴턴의 중력이론과는 모순된다.

중력이론은 한쪽 물체를 움직이면 다른 물체에 미치는 힘이 순간 적으로 변화하는 것을 의미한다. 즉 중력의 효과는 특수상대성이론 이 요구하는 빛의 속도에 제한되지 않고 무한히 큰 속도로 달린다.

아인슈타인은 이같은 중력의 효과를 포함하는 데까지 확대하여 특 수상대성이론에 모순되지 않는 새로운 중력이론을 만들었는데, 그것 이 바로 1916년에 발표한 일반상대성 이론이었다.

알다시피 중력의 효과는 두 가지로 나타난다. 그 하나는 물체의 가속도에 의하여 느껴지는 중력의 효과와 또 하나는 물체의 질량에 의하여 느껴지는 중력의 효과이다.

아인슈타인은 이 두 개의 중력효과는 잘 구분할 수 없을 것이라 생각했는데, 그것이 바로 일반상대성 이론을 탄생케 한 중요한 원인 이 된 것이다.

이 두 개의 중력효과는 결국 동일하다는 것이 밝혀졌는데, 이것을 등가원리라 한다.

우리가 만약 초고층 건물에 있는 엘리베이터를 타고 위 또는 아래 로 내려간다고 하자. 위로 올라갈 때에는 엘리베이터의 속도가 점점 가속되면서 우리의 몸은 아래쪽으로 짓눌려져 몸이 무거워지는 것을 느끼게 되고, 아래로 내려갈 때에는 우리의 몸은 점점 가벼워져 공 중으로 떠오르게 된다. 그러나 가속되지 않고 일정한 속도로 오르내 리면 이 같은 효과는 나타나지 않는다.

한편 이 엘리베이터를 질량이 큰 목성이나 질량이 작은 수성이나 달 같은데 가져다 놓았다 하자. 이때 질량이 큰 목성에서는 중력이 크게 작용되므로 우리의 몸은 무겁게 느껴지고 수성이나 달에서는 중력이 약하게 작용되므로 가볍게 느껴진다. 이 사실을 두고 엘리베 이터에 있는 사람들은 자신들이 목성이나 달에 와 있는 줄도 모르고 여전히 엘리베이터가 위, 또는 아래로 가속운동을 하고 있기 때문에 일어나는 현상으로 판단할 것이다.

이와 같이 임의의 다른 장소에서 일어난 두 개의 사건을 놓고 볼 때 우리는 가속운동에 의한 중력의 효과와 물체의 질량에 의하여 작용되는 중력의 효과는 결국 동일한 것임을 알 수 있는데, 이것을 등가원리라 하는 것이다.

우주선이나 자동차의 가속운동에서 느껴지는 중력의 효과와 우주선과 행성들 사이에서 느껴지는 중력의 효과도 그와 같은 것이다.

결론적으로 특수상대성이론은 등속운동을 하는 관성 좌표계에서만이 성립하는 제한된 이론이지만, 일반상대성 이론은 가속운동을 하는 비관성 좌표계에서도 성립하는 이론이다. 즉 특수상대성이론은 전자기현상을 완벽하게 만들어준 이론이며, 일반상대성 이론은 중력현상을 설명해주는 이론이다. 특수상대성이론은 빛의 속도를 바탕으로 하였듯이 운동속도와 밀접한 관계가 있고, 일반상대성 이론은 중력을 바탕으로 하였듯이 중력과 밀접한 관계가 있다. 따라서 일반상대성 이론은 중력과 관계되는 우주론과 밀접한 관계가 있는 것이다.

(4) 일반상대성 이론의 결과

특수상대성이론은 운동속도에 의하여, 일반상대성 이론은 중력에 의하여 시간과 공간에 변화가 일어나며, 또한 행성의 궤도에도 변화가 일어난다. 한 걸음 더 나아가서 엄청나게 강한 중력의 효과를 나타내는 black hole이나 big bang 또는 우주의 종말에 관해서도 설명해준다.

첫째 : 궤도의 변화(중력과 궤도)
중력은 행성들의 궤도에 어떤 영향을 주는가.
태양계의 모든 행성들은 중력의 법칙에 의하여 회전하고 있다. 따라서 태양 가까이 있는 수성은 중력의 효과를 가장 크게 받으므로 가장 빠르게 회전하고, 태양에서 가장 멀리 떨어져 있는 해왕성 명왕성은 가장 느리게 회전하고 있다.

그런데 중요한 것은 태양의 중력 때문에 수성의 궤도에 변화가 일어난다는 것이다. 지극히 미소한 차이지만 수성이 초과회전 한다는 사실이 일반상대성이론의 계산법에 의하여 밝혀졌고, 천왕성 해왕성 명왕성 역시 서로의 중력에 의하여 궤도변화가 일어난다는 것이다.

둘째 : 시간의 변화(중력과 시간)

중력은 시간에 어떤 영향을 주는가. 중력은 끌어당기는 힘이 너무나 강하기 때문에 가는 시간을 지연시킨다.

중력은 중력의 법칙에 따라 물체의 질량이 클수록 강하게 작용된다. 그러므로 목성이나 태양처럼 질량이 큰 물체들의 주변에서는 강한 중력 때문에 시간이 더욱 느려진다. 실재로 태양에서의 1초는 지구의 1.000002초에 해당된다는 것을 아인슈타인은 발견하였다.

지구에서도 위치에 따라 시간 차이가 나는데, 높은 곳의 시계와 낮은 곳의 시계는 중력의 강약에 의하여 시간 차이가 난다는 것을 원자시계를 비롯한 최신식 여러 실험에서 확인되었다.

결론적으로 중력장에 있는 사람은 무중력상태에 있는 사람보다 느리게 늙는다는 것을 말해주고 있다.

셋째 : 공간의 변화(중력과 공간)

중력은 공간에 어떤 영향을 주는가. 공간 역시 중력의 영향을 받아 공간이 구부러지며, 구부러지는 곡률은 물체의 질량에 따라 좌우된다.

멀리 떨어져 있는 별에서 직선으로 달려오는 빛이 태양 가까이에서 구부러진다는 사실이 1919년에 일어난 계기 일식 때 영국의 원

정대가 서부아프리카에서 찍은 사진촬영에 의하여 밝혀졌고, 1980
년대 이후에는 MIT공대에서 레이저빔을 태양근처에 반사하여 이
같은 사실을 확인하였으며, 그밖에 최신식 방법에 의하여 재확인되
었다.

넷째 : 시공연속체(시간공간의 밀접성)

고전물리학에 따르면 시간 공간 물질은 그 무엇에도 영향을 받지
않을뿐더러 이것들은 따로 분리되어 있는 존재이기 때문에 서로 아
무런 관계가 없다는 것이었다.

그러나 일반상대성 이론에 의하면 시간과 공간의 전체구조는 물질
의 분포에 뒤얽혀 서로 연결되어 시공 연속체를 이룬다는 것이다.

우리가 어디 약속을 할 때에 시간과 공간을 한데 묶어 몇 시에 어
디 어디에서 만나자고 말하듯이 시간과 공간은 한데 묶여져 시공 4
차원의 세계가 이루어지며 우리는 이 4차원의 세계에서 살고 있는
것이다.

본질적으로 시간은 1차원 공간은 3차원이다. 가로 세로 높이로
구성된 3차원의 공간에 시간의 좌표축을 상상하여 시공연속체로 시
간과 공간이 함께 나타나는 것이다. 거의 빛의 속도로 움직일 수만
있다면 이 4차원의 세계를 실감할 수 있겠지만, 우리는 언제나 느린
속도로 움직이는 세계에 젖어 살아왔기 때문에 4차원의 세계를 이
해할 수가 없는 것이다.

다섯째 : 일반상대성 이론과 우주론

우주의 생로병사를 이해하려면 뉴턴의 이론을 초월하여 아인슈타
인의 일반상대성이론을 알아야 한다. 일반상대성이론은 중력과 연관
되는 우주론과 밀접한 관계가 있기 때문이다.

엄청나게 강한 중력효과를 나타내는 black hole과 big bang이론

은 뉴턴의 중력이론과는 본질적으로 다르게 설명되므로 우주의 생성에서 종말에 이르기까지 일반상대성이론은 우주의 본질이 무엇인가를 밝혀주게 될 것이다.

상대성이론이 발표되기 전까지만 해도 시간과 공간 힘과 물질은 우주에서 일어나고 있는 사건들과 아무런 관계도 없으며, 아무런 영향을 주지도 않고 받지도 않으면서 그저 영원히 지속될 뿐이라 생각했다.

그러나 일반상대성이론에서는 전혀 문제가 달라진다. 시간과 공간은 중력의 영향을 받기도 하고 행성들의 운동이나 힘의 작용에도 영향을 주어 팽창력보다 중력이 강해져서 언제인가 우주는 다시 수축하게 될 것이라 한다.

시공간에 대한 이 새로운 이해는 우리들의 우주관을 완전히 바꾸어 놓고 말았다. 과거에서 미래로 언제나 변함없이 영원히 존속하는 우주라 생각했던 우리들의 고전적인 우주관을 바꾸지 않을 수 없게 되었다.

이제 우리가 살고 있는 이 우주는 유한한 과거에 생성되었고, 한정된 미래에 종말이 올지도 모를 역동적인 우주라는 개념으로 바뀌게 된 것이다.

우리가 지금까지 알아본 상대성이론의 세계와 고전물리학의 세계는 우리들이 직접 보고 느낄 수 있는 거시적 세계에서 일어나는 자연의 현상에 대하여 설명해 주었지만, 다음 양자이론의 세계는 우리들의 눈에 보이지 않는 미시적 세계, 즉 우주의 근본적 문제에 대하여 설명해 준다.

특히 양자이론에서 다루어지는 소립자 원자의 세계는 제2부의 핵심인 음과 양의 본질적인 문제에 대하여 과학적으로 설명해 줄 것이다.

제2부에서 구체적으로 설명하겠지만 음양의 의미를 쉽게 이해하려면 음양의 본질 음양의 특성, 음양의 상징적인 의미를 동시에 알아야 한다.

(참고) ┌ 陰陽의 본질 → 陰(물질 = 입자와 반입자) (음성물질 -O, 양성물질 +H · 陽(힘 = 인력과 척력)
       └ 陰陽의 특성과 상징 → ┌ 陰(약하다 · 수동적 · 밤 · 가을, 겨울 · 차다 · 어둡다 · 여자 · 난자)등
                              └ 陽(강하다 · 능동적 · 낮 · 봄, 여름 · 뜨겁다 · 밝다 · 남자 · 정자)등

그 외 대칭적 존재는 모두다 음과 양으로 표현된다.

그러면 이제부터 - 음과 + 양은 어떻게 생겨나고, 음양의 결합 음양의 변화는 어떻게 이루어지는지 그 오묘하고 신비스러운 - 음과 + 양의 세계를 찾아 여행을 떠나보기로 한다.

2) 양자이론(양자역학)

- 음양의 세계와 입자의 세계

우주의 근본은 힘과 물질이다. 모든 물질입자들은 왜 - 음과 + 양한 쌍으로 구성되어 있는가

오늘날 물리학자들은 우주의 탐구방법을 두 개의 기본적 부분이론으로 나누어 거시적 세계와 미시적 세계로 설명하고 있다.

거시적 세계는 달이나 별을 비롯하여 우주 전역에 걸쳐 우리가 관측할 수 있는 크기에 이르기까지를 기술하고, 미시적 세계는 우리가 눈으로 볼 수 없는 지극히 작은 물질에 대하여 기술한다.

거시적 세계는 중력을 바탕으로 한 뉴턴의 역학이론과 아인슈타인의 상대성이론으로 설명할 수 있었고, 미시적 세계는 바로 이 양자이론으로 설명된다. 그렇다면 양자이론이란 구체적으로 무엇을 의미

하는가.

1900년에 독일의 이론물리학자 플랑크가 흑체복사에 대한 문제를 해결하기 위해 양자론을 제안한 이후 프랑스의 드브로이, 독일의 하이젠베르크, 오스트리아의 슈뢰딩거, 영국의 디락, 덴마크의 닐스 보어 등 전세계 여러 나라 물리학자들에 의하여 학문적 체계를 갖춘 획기적인 이론이 등장하게 되었는데, 그것이 바로 양자이론이었다.

(1) 양자이론의 탄생 배경

상대성이론은 빛의 속도에 관한 연구결과로 탄생되었고, 양자이론은 빛의 본질에 관한 연구결과로 탄생되었다.

빛의 본질이 무엇이냐에 대하여 데모크리토스와 뉴턴은 입자라 하였으나 호이겐스와 영은 파동이라 하였다. 이처럼 빛이 입자다 파동이다 하면서 서로 엇갈리는 주장을 해오다가 결국은 빛이 파동이라는 많은 증거가 실험적으로 입증되었고, 전자기이론을 완성시킨 영국의 맥스웰 역시 빛은 본질적으로 파장이 매우 짧은 전자기파(장)라는 것을 발표함에 따라 뉴턴 이후 근 200년을 끌어온 빛의 본성에 대한 문제는 일단 종결된 것으로 믿게 되었다.

그러나 20세기에 들어와서 빛이 금속에 닿았을 때 전자가 튀어나오는 이른바 광전현상에 대하여 전자기이론으로는 도저히 설명할 수 없다는 것이 알려짐에 따라 빛의 본성에 대한 이해는 또다시 벽에 부딪치고 말았다.

그러나 아인슈타인은 1905년에 이 광전현상(움직이는 입자)은 빛의 입자설에 의하여 설명할 수 있다는 것을 발견하고 빛의 입자설과 파동설을 조화시킨 전혀 새로운 광양자개념을 도입하였다. 그 후에 빛은 입자와 파동의 이중성을 동시에 지니고 있다는 사실이 밝혀졌고, 물질입자 역시 그와 같다는 사실이 밝혀졌다.

첫째 : 물질의 이중성

플랑크의 양자가설을 다시 정리해본다면, 빛이라는 것은 거시적으로 볼 때는 연속이지만 미시적으로 볼 때에는 입자라는 것이다.

이것은 뉴턴의 입자설과는 부합되지만 호이겐스의 파동설과는 상반된다. 그러나 1923년 프랑스의 물리학자 드브로이는(1892~1987) 전자 양성자 중성자 등 모든 소립자들 역시 빛처럼 입자와 파동의 이중성을 동시에 지니고 있다는 것을 제안하였는데, 이것이 바로 물질의 이중성이다.

TV나 컴퓨터처럼 전자제품에 필수적으로 사용되는 반도체소자는 바로 이 물질의 이중성(양자효과)을 응용한 작품들이다.

둘째 : 물질의 불확정성

이중성을 동시에 지니고 있는 소립자들의 세계에 가장 큰 문제는 관측에 대한 어려움이다.

달은 지구의 주위를 지구는 태양의 주위를 돌아가고 있다. 그리고 전자는 핵의 주위를 돌아가고 있다.

달이나 지구처럼 거시적인 물체들은 뉴턴의 역학이론을 사용하여 그 속도와 위치를 정확하게 측정할 수가 있다. 그래서 우리는 달나라에 갔다 올 수 있었다.

그러나 전자처럼 미시적인 물질입자들은 1초에 1조 번 이상 엄청나게 빠른 속도로 핵 주위를 돌고있기 때문에 그 속도와 위치를 정확하게 측정할 수가 없다.

이 같은 사실은 1926년 독일의 이론물리학자 하이젠베르크(1901~1976)가 불확정성원리라를 발표하면서부터 알려졌는데, 이것은 입자의 위치와 속도를 동시에 관측할 수 없다는 원리이다.

어느 한 입자의 미래의 위치와 속도를 측정하기 위해서는 현재의 위치와 속도를 정확하게 측정할 수 있어야 한다. 그러나 입자의 위

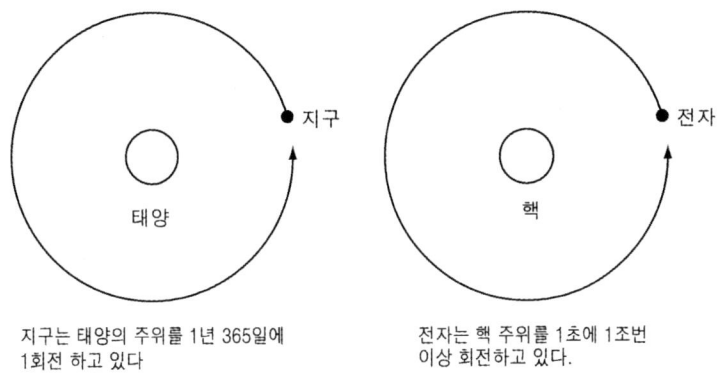

지구는 태양의 주위를 1년 365일에
1회전 하고 있다

전자는 핵 주위를 1초에 1조번
이상 회전하고 있다.

그림 5 지구의 회전속도   그림 6 전자의 회전속도

치를 측정하려면 그 속도는 부정확하게 되고, 속도를 측정하려면 그 위치는 보다 부정확하게 측정된다. 결과적으로 입자들은 각각 정확한 위치와 속도를 가지는 것이 아니라 위치와 속도가 결합된 양자상태를 가진다는 것이다.

거시적이고 느리게 운동하는 물체들에 적용되는 뉴턴의 역학이론은, 물리량의 연속적인 변화를 기술하는 결정론으로써 이느 한 순간의 물체의 운동상태를 알았다면 그 물체의 미래상태는 완전히 결정되어 정확하게 예측할 수 있는 것이다. 그러나 미시적이고 빠르게 운동하는 소립자들에 적용되는 현대물리학의 양자이론은 물리량의 불연속적인 변화를 기술하는 확률론으로써 다만 확률적인 예측만이 가능할 뿐이다.

오스트리아의 물리학자 슈뢰딩거에 의하면, 핵 주위를 무서운 속도로 회전하고 있는 전자의 속도와 위치는 정확하게 측정할 수 없고 확률적인 측정만이 가능하다는 것이다. 이와 같이 물질의 이중성과 물질의 불확정성 이 두 개의 특성을 결합시킨 체계가 바로 양자이론인데, 이것은 원자 이하 미시세계에 대하여 설명해 주는 현대물리학의 가장 중심적인 이론이다.

양자이론은 고전물리학의 기계론적 결정적 세계상을 확률적 세계상으로 바꾸어놓았고 고전물리학의 철칙이었던 인과율마저 부정하고 말았다. 또한 양자이론이 탄생됨에 따라 원자의 세계를 구체적으로 설명할 수 있게 되었고, 원자의 세계는 현대물리학의 분야를 획기적으로 확대하여 인류에게 새로운 원자핵 에너지원을 가져다주었다. 또한 전자제품에 필수적으로 사용되는 트렌지스트와 집적회로의 성질에 대하여 설명할 수도 있게 되었고, 생물학, 화학에 기반이 되기도 하였다. 그 외에도 전자현미경, 레이저, 초전도 등의 물리적 현상과 물질입자의 생성과 특성, 별의 붕괴 등 우주의 근본적인 문제는 이 양자이론으로 설명할 수 있게 되었다.

그러나 가장 중요한 것은 원자와 원자 이하 소립자들의 세계를 보다 구체적으로 설명할 수 있게 됨으로서 동양의 陰陽說을 과학적으로 이해시켜 주는데 결정적인 역할을 하게 되었다는 점이다.

(2) 원자의 세계

삼라만상 천지만물은 원자로 구성되어 있고, 원자는 - 음과 + 양으로 구성되어 있다.

원자는 화학 생물학의 기본단위가 되는데, 생물인 우리 인간도 약 10^{28}개의 원자로 구성되어 있고, 생물의 핵심물질인 DNA분자도 역시 원자로 구성되어 있다.

지금으로부터 약 2500년 전 그리스의 데모크리토스가 최초로 원자설을 주장한 이후, 20세기 초인 1910년대와 1930년대에 영국 케임브리지 대학의 교수들에 의하여 원자는 전자와 핵으로 구성되어 있고, 핵은 양성자와 중성자로 구성되어 있다는 것이 밝혀졌다.

그후 1950년대에는 물질을 보다 작게 쪼개어 볼 수 있는 기계가 만들어져 중간자 중입자 약입자(경입자) 광자 등 새로운 소립자들이 발견되었고, 1960년대에는 강입자를 구성하고 있는 쿼크라는 물질이 발견되었다. 그리고 1970년대에는 업실론이라는 것이 제안되어 지금까지 여러 수백 종류의 소립자들이 발견되었는데, 물질을 쪼개고 또 쪼개어 탐구하면 할수록 그 실체가 무엇인지 더욱 아리송해지고 있는 현실이기도 하다.

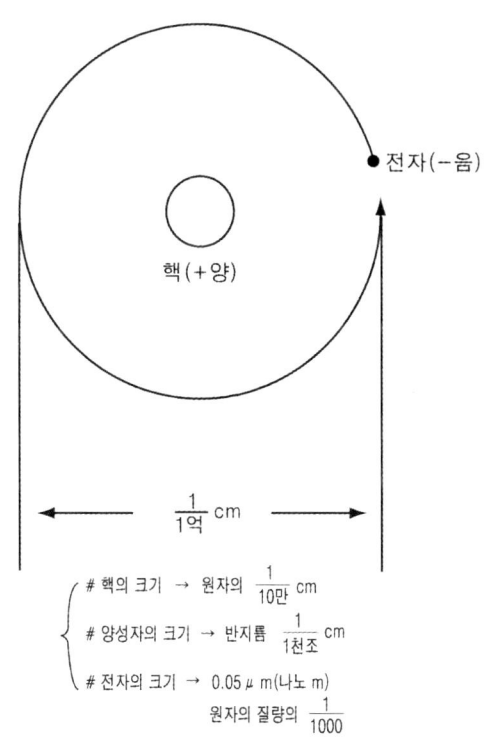

그림 7 원자의 크기

그렇다면 원자의 크기는 도대체 어느 정도나 될 것인가.

원자의 크기는 그 직경이 약 1/1억cm밖에 되지 않으며, 그 중앙에 자리잡고 있는 원자핵의 크기는 원자의 1/10만cm 핵 주위에 돌고 있는 전자의 크기는 원자질량의 1/1000도 안된다(반지름 0.05 μm).

이렇게 작은 물질을 우리 눈으로는 도저히 볼 수 없으며, 더욱 놀랍고 신비스러운 것은 그 작은 물질입자 속에도 어떤 힘과 질서와 규칙이 존재한다는 사실이다. 전세계 여러 나라 학자들에 의하여 밝혀진 이 원자의 구조는 현대물리학이 밝혀낸 실로 위대한 발견 중의 하나였다. 그러면 원자를 구성하고 있는 힘과 물질을 비롯하여 그것들의 특성에 대하여 알아보고, 원자(원소)의 종류와 원자들의 물리적 화학적 결합으로 인하여 어떤 현상이 일어나는가를 하나하나 살펴보기로 한다.

(3) 원자의 구조(물질의 본질은 무엇인가)

太極說에 의하면 우주의 근본이요 기본성분이 바로 음과 양인데, 천지만물은 음양이 결합되어 생겨났으며, 생겨난 만물은 역시 음과 양으로 나누어져 끊임없이 움직이고 변화한다는 것이다. 즉 음은 물질이요, 양은 힘인데 힘과 물질이 결합되어 천지만물이 만들어졌다는 것이다.

그와 같이 우주의 근본물질인 원자 역시 힘과 물질로 구성되어 있는데, 단순한 것이 아니라 여러 가지 종류의 힘과 물질로 구성되어 있다는 것을 알 수 있게 된다.

첫째 : 물 질

원자를 구성하고 있는 물질은 20세기에 들어와서 영국 케임브리지대학의 러더퍼드(1871~1937)와 제임스체드윅 그리고 존 톰슨에 의하여 처음으로 밝혀졌다.

먼저 존 톰슨이 전자를 발견하였고, 그후 1911년에 러더퍼드가 역시 전자와 핵을 발견하였는데, 핵은 양성자와 중성자로 구성되어 있다는 것이다. 그후 1932년에는 역시 케임브리지대학의 제임스체드윅이 중성자를 발견하여 이들은 노벨물리학상을 받았다.

그렇다면 핵 속의 양성자와 중성자는 또 무엇으로 되어 있는가.

1960년대 美켈리포니아공대의 머레이겔만 교수가 입자가속기를 통하여 거의 빛의 속도로 가속시켜 양성자와 양성자를 충돌시켜본 결과, 양성자는 실제로 보다 작은 물질로 구성되어 있다는 것을 발견하였다.

이렇게 새로이 발견된 물질입자를 일컬어 쿼크라 이름하였는데, 이것들 역시 단순한 존재가 아니라 여러 가지의 종류로 구성되어 있다는 사실이 밝혀졌다.

이것들은 너무나 미세한 존재이기 때문에 개별적으로는 나타나지 않고 세 개 또는 두 개가 결합된 집단으로만 나타난다. 또한 편의상 냄새와 색깔(6향 3색)로 따져 분류되었는데, 1970년대 이후에 다음과 같은 이름이 하나씩 만들어졌다.

처음에는 up quark(위), down quark(아래), strange quark(이상 야릇) 등 세 개의 이름이 만들어졌고, 다음에는 색깔이나 냄새로 따져 charmed quark(매혹), bottom quark(밑바닥), top quark(꼭대기) 등 여섯 개의 이름이 만들어졌다. top quark는 여태껏 발견되지 않았으나 1977년 bottom quark가 발견된 이래 17년만에 마지막으로 발견된 것이다.

미국 페르미연구소의 둘래가 6km나 되는 세계최대의 입자가속기를 통하여 양성자와 반양성자를 각기 9천억 볼트씩 가속하여 충돌시켜본 결과 부서진 파편 속에서 top quark의 존재가 마지막으로 포착된 것이다.

이리하여 양성자는 두 개의 up quark와 한 개의 down quark로 구성되어 있고, 중성자는 두 개의 down quark와 한 개의 up quark로 구성되어 있다는 것이 밝혀졌다. 그리고 쿼크는 적색 청색 녹색의 색깔을 가지기 때문에 개별적으로는 존재할 수 없고, 두 개 또는 세 개가 결합된 상태로 존재한다.

예컨대 양성자 중성자는 적색쿼크+청색쿼크+녹색쿼크=백색쿼크 그리고 중간자는 적색쿼크+반적색쿼크=백색쿼크 그리고 청색쿼크 +반청색쿼크+백석쿼크 그리고 녹색쿼크+반녹색쿼크=백색쿼크

이와 같이 양성자와 중성자는 각각 세 가지의 색깔을 가진 쿼크가 결합되어 만들어진 것이고 중간자는 두 개의 쿼크(쿼크와 반쿼크)가 결합되어 만들어졌는데 이 쿼크와 반쿼크가 충돌하면 서로 소멸되면서 전자 또는 다른 입자로 변하기 때문에 이것들은 매우 불안정한 입자들이다.

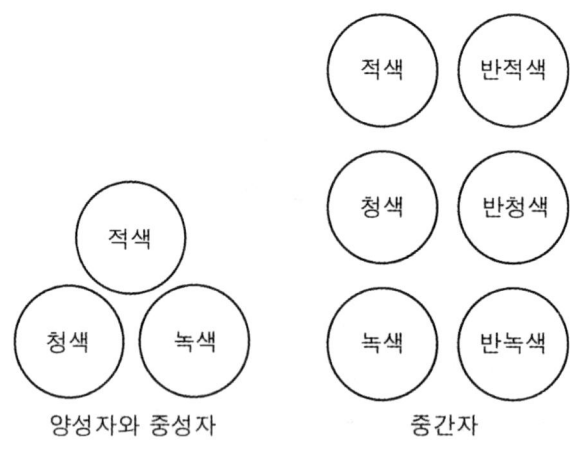

그림 8 중간자·양성자·중성자는 각각 색깔을 가진 쿼크들로 구성됨

이상에서 알 수 있는 바와 같이 원자는 전자와 핵으로 구성되어 있고 핵은 양성자와 중성자로 구성되어 있으며 양성자 중성자는 쿼크로 구성되어 있으며 쿼크 역시 여러 종류의 쿼크로 구성되어 있다는 것이 밝혀졌는데 편의상 이 모든 것을 무거운 것과 가벼운 것 강한 힘이 작용되는 것과 약한 힘이 작용되는 것으로 따져서 크게 두 종류로 분류된다.

원자의 질량은 거의 핵 속에 담겨져 있고 핵 속의 쿼크들은 무겁고 강한 힘을 받는다하여 강입자라 말하는데 이것은 1/3 또는 2/3의 -음과 +양의 전하를 가진다. 그리고 질량이 핵보다 훨씬 가볍고 약한 힘을 받는다하여 전자나 중성미자 같은 것을 경입자라고 말하는데 이것들은 -음전하를 가졌거나 전혀 전하가 없다.

물질입자

입자\단계	경입자(약력)	강입자(강력)	참 고 사 항
1단계	전자 { 전자(-1) / 중성미자 (0)	쿼크 { 위쿼크 (+2/3) / 아래쿼크 (-1/3)	3개의 쿼크가 결합하여 양성자와 중성자를 만듦.
2단계	뮤온 { 뮤온(-1) / 중성미자 (0)	쿼크 { 이상야릇 (-1/3) / 매혹(+2/3)	1단계 입자의 복제품. 두 개의 쿼크가 결합하여 중간자를 만듦. 중간자가 붕괴되면 뮤온과 뮤온 중성미자
3단계	타우 { 타우(-1) / 중성미자 (0)	쿼크 { 꼭대기 (+2/3) / 밑바닥 (-1/3)	1단계 입자의 복제품

모든 물질은 1단계 입자인 전자와 쿼크로 구성되어 있는데 양성자와 중성자는 1단계쿼크 세 개가 결합되어 만들어진 것이고 전자는 일정한 종류인 아원자만으로 구성되어 있다. 질량이나 전하가 똑같으며 기타 다른 속성도 같은 입자를 아원자라고 말한다.

경입자인 중성미자는 전자중성미자 뮤온중성미자 타우중성미자 등 세 가지 종류가 있다.

중성미자(뉴트리노)란 중성자가 붕괴되어 전자와 반 전자(양자)로 변할 대 함께 방출되는 입자이다. 이것은 질량이 거의 없기 때문에 빛의 속도로 우주공간을 날아가면서 지구도 태양도 인간도 그 모든 물체를 뚫고 지나가는 매우 불가사의한 존재이다. 이것은 질량이 거의 없기 때문에 오랫동안 발견되지 않고 있다가 1933년 스위스의 물리학자 파울리에 의하여 처음으로 발견되었고, 1944년 일본의 유가와히데끼에 의하여 뮤온과 뮤온중성미자가 발견되었다. 그는 양성자와 중성자를 묶어두는 입자 중간자(pion)를 발견하였는데, 중간자는 쿼크와 반쿼크가 결합되어 만들어진 것이고 양성자와 중성자가 고속으로 충돌할 때 중간자가 방출된다. 이것은 대단히 불안정하기 때문에 생겨나는 즉시 붕괴되어 보다 가벼운 입자로 변하는데, 그것이 바로 뮤온과 뮤온중성미자이다.

이것은 그전까지만 해도 1단계입자인 전자중성미자와 동일한 것으로 생각되었으나, 1962년 美 칼럼비아대학의 레온레드만 멜반슈바르츠 잭슈타인버그 등 3人의 물리학자들에 의하여 전자중성미자와 뮤온중성미자는 동일한 것이 아님을 실험적으로 입증하였다. 그후 타우중성미자가 발견되어 오늘날은 중성미자의 종류가 세 가지로 알려졌다.

이들의 연구결과로 자연계에 존재하는 네 가지의 힘 중에 약력의 존재가 밝혀졌는데, 전자 뮤온 타우 등의 경 입자들은 약력의 영향을 받는 것이다. 따라서 파이온도 뮤온도 약력에 의하여 붕괴된다.

이들은 1988년 중성미자에 관한 연구로 모두 노벨물리학상을 받았다.

우주의 생성과 물질의 기본적 구조를 밝히는데 중요한 역할을 하게 될 이 중성미자의 질량을 측정해 보려고 학자들은 총력을 기울이고 있다. 이것의 질량이 측정될 경우 현재 우주의 구조에 대한 기본적 이론이 크게 수정될 것이라 한다.

둘째 : 힘

원자는 힘과 물질로 구성되어 있다.

우주의 주체는 힘이라 했듯이 원자 역시 힘의 지배를 받게 된다.

지금까지 자연계에 존재하는 힘은 중력·전자기력·강력·약력 등 네 가지 종류의 힘이 발견되었다. 중력은 우주전역에 걸쳐 작용되는 거시적인 힘이고 전자기력·강력·약력 등은 원자 내부의 지극히 짧은 거리에서 작용되는 미시적인 힘이다.

이 힘은 어떤 때는 인력으로 또 어떤 때는 척력으로 작용하기 때문에 전체적으로는 상쇄되는 경향이 있다. 그래서 원자는 전체적으로 중성이다. 그렇다면 원자내부의 힘들은 각각 어떤 작용을 하게 되는가.

전자기력(전기력·자기력) : 이것은 전자와 핵 사이에 작용되는 힘인데, 자연계의 네 가지 힘 가운데 두 번째로 강하다.

전자는 -음핵은 +양전기를 띠고 있으며, 양성자와 쿼크 역시 +양전기를 띠고 있는데, 중성자와 중성미자는 전기가 없는 중성이다. 음양의 특성에 따라 -음과 -음, +양과 +양전기는 서로 반발배척하고 -음과 +양은 서로 끌어당기는 인력이 작용되므로 전자는 핵에 단단히 묶여져 핵 주위를 무서운 속도로 회전하고 있다.

태양이나 지구처럼 거시적인 물체들은 거의 같은 수의 -음과 +양전기를 가지기 때문에 이들 사이에 작용되는 힘은 상쇄되어 물체전체로서 전자기력은 없다. 그래서 태양이나 지구는 전자기력을 가지지 않고 원자나 분자처럼 각각의 입자들은 전자기력이 지배적이다.

강력(핵력) : 네 가지 힘 중에 가장 강력한 힘을 지니고 있다하여 강력이라 하기도 하고 핵 속에서 작용된다하여 핵력이라고도 한다. 이 힘은 핵 속의 양성자와 양성자 또는 중성자 사이에 작용되며 쿼크와 쿼크 사이에 작용된다. 따라서 핵 속의 모든 입자들은 강력에 의하여 단단히 묶여져 있는 것이다.

강력의 특성을 가장 잘 나타내는 것이 바로 양성자와 양성자의 결합이다.

陰陽의 법도에 따라 −음과 −음, +양과 +양은 절대로 결합할 수 없고 오로지 −음과 +양만이 결합된다. 그런데 어찌하여 +양성자와 +양성자가 결합되었단 말인가.

바로 여기에서 강력이 작용되었기 때문이다. 즉 반발배척하는 +양과 +양의 전자기력보다 속박하는 강력이 훨씬 강하기 때문에 양성자와 양성자는 억지로 묶여진 것이다. 그러나 높은 열에너지를 받게 되면 힘이 약해져서 입자들은 각각 붕괴되는 것이다.

태양과 지구 사이에는 중력이 작용되고, 핵과 전자 사이에는 전자기력이 작용되며, 핵 속의 모든 입자들 사이에는 강력이 작용되어 이것들을 단단히 묶어 우주의 모든 것을 만들어 놓았다. 만약 이 힘들이 처음부터 존재하지 않았거나 조금이라도 약했더라면 우주만물은 생겨날 수도 없고 자연의 법칙도 생겨날 수 없게 되는 것이다.

약력(붕괴력) : 앞의 세 가지 힘은 모두 다 인력이나 속박력을 지니고 있지만 약력은 유일하게도 다른 물질입자들을 붕괴하는 특성이 있다. 그래서 전자 타우 뮤온 같은 소립자들은 약력에 의하여 붕괴되고 방사능의 원인이 되고 있다. 이것은 광자 중력자 파이온 글루온 등 힘의 입자들에는 작용되지 않는다.

오늘날 물리학자들은 이 네 가지 종류의 힘을 전부 통일하는 이론을 찾는 것이 지상과제로 되어 있다. 1860년대에 영국의 맥스웰이 전기기력과 자기력을 통합한 전자기이론을 세웠고, 1960년대에는 역시 영국 런던의 임피리얼대학의 압두스살람과 美 하버드대학의 스티븐와인버그에 의하여 전자기력과 약력을 통일하는 이론이 제안되어 성공을 거두었으며, 최근에는 강력을 포함한 전자기력 약력 등 세 가지의 힘을 모두 통합하는 이른바 대 통일이론으로 발전하기에 이르렀다.

그러나 중력을 포함한 네 가지의 힘을 모두 통일하는 문제, 즉 중력을 바탕으로 한 상대성이론과 전자기력·강력·약력을 바탕으로 한 양자이론, 이 두 개의 이론을 통합하는 문제는 아직까지 물리학의 커다란 과제로 남아 있다.

그러면 필자가 가장 중요하게 다루고자 하는 힘의 본질에 대하여 양자이론은 어떻게 설명해줄 것인가.

(4) 힘의 본질(氣란 무엇인가)

모든 물질계를 지배하고 자연의 모든 물리화학적 역학적 현상을 일으키는 주체, 그것은 바로 힘이라 하였다. 즉 모든 물질을 만들어 냈고 모든 물질을 이합집산케 하였고, 또한 모든 물체들을 움직이게 하였으며 전 우주를 돌아가게 만든 것 그것이 바로 힘이다.

우리들의 눈에 보이지 않음에도 불구하고 분명히 존재하면서 우리들에게 크나큰 영향을 주고 있는 그 신비스러운 힘의 존재를 일컬어 우주의 氣라 한다.

그렇다면 이것이 과연 무엇으로 되어 있고 어디로부터 어떻게 생겨나 어떤 영향을 주고 있는가.

힘의 본질이 무엇이냐 하는 것을 알아보기 위해서는 양자이론에서 다루어진 입자의 개념을 이해해야 된다. 왜냐하면 힘이든 물질이든 이 세상 모든 것은 입자로 설명되기 때문이다.

알다시피 입자는 입자성과 파동성을 동시에 지니고 있으며, 빛도 그와 같은 특성을 지니고 있다. 이 같은 이중적인 특성에 의하여 우주의 모든 것은 입자로 설명되는 것이며, 또한 입자들은 스핀(spin 자전)이라는 특성을 지니고 있기 때문에 우주의 모든 입자는 스핀입자로 설명되는 것이다.

입자 ┌ 힘의 입자(힘을 만드는 입자) → 스핀 0·1·2의 입자
     └ 물질입자(물질을 만드는 입자) → 스핀 1/2, 3/2의 입자

이와 같이 스핀2의 입자는 천체와 천체 사이에 힘을 만드는 입자이고 스핀1의 입자는 원자내부의 입자들 사이에 힘을 만드는 입자들이다.

이 힘의 입자들은 양자 이론적인 측면에서 볼 때 빈 허공에서 그냥 생겨나는 것이 아니라 물질 그 자체, 즉 지구나 태양처럼 거시적인 물체이든 원자처럼 미시적인 물질이든 물질 그 자체에서 방출되어 빛의 속도로(파동) 나타난다는 것이다.

힘의 실체

힘＼실체	힘의원천	미치는 대상	힘을 만드는 입자
중　력	천　체	천체와 천체 사이	중력자(스핀 2의 입자)
전자기력	원　자	원자핵 - 전자 사이	광자(스핀 1의 입자)
강　력	원　자	양성자 - 중성자 사이	파이온(pion 입자)
		쿼크 - 쿼크 사이	글루온(gluon)스핀 1의 입자
약　력	원　자	힘의 입자를 제외한 모든 입자	W- W+ Z° 세개의 스핀 1의 입자

이것들은 눈에 보이지도 않고 질량도 없기 때문에 입자검출기에 검출되지도 않는다. 그래서 가상적 입자라 하지만 실제로 그 효과가 측정됨으로써 이것들이 존재한다는 사실을 분명히 알 수 있으며, 이 가상적 힘의 입자들이 물질과 물질 사이를 끊임없이 오고감으로 인하여 힘이 발생된다는 것이다. 이 힘의 입자들은 운반하는 힘의 크기와 작용하는 입자들의 종류에 따라 다음과 같이 네 가지로 분류된다.

첫째 : 중 력

중력은 중력자에 의하여 만들어진다. 중력자는 지구나 태양 그 자체에서 방출되어 지구와 태양 사이를 끊임없이 왕래함으로써 힘이 발생되는 것이다.

이 같은 현상을 입자이론에서는 태양으로부터 방출된 중력자는 지구에 흡수되고 지구로부터 방출된 중력자는 태양에 흡수됨으로써 일어나는 현상이라 한다. 즉 태양과 지구 사이에는 중력자가 끊임없이 교환됨으로써 중력이 발생하는데, 이것을 중력장이라고도 한다.

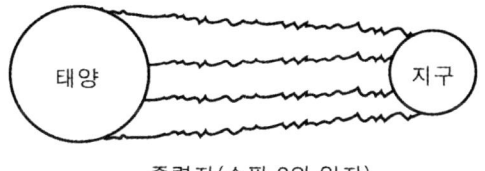

중력자(스핀 2의 입자)

그림 9 중력자의 작용

이렇게 생겨난 중력은 네 가지 힘 중에 가장 약하지만 거대한 천체들 사이에 작용되는 힘이 모두 합쳐지는 특성이 있기 때문에 많은 물질입자가 모여있을 때에는 다른 힘들을 능가하여 엄청나게 큰 힘을 나타내는 것이다. 모든 물질계를 지배하면서 우주의 역사를 추진해 나가는 이유가 바로 여기에 있는 것이다. 중력의 강약은 중력의 법칙에 따라 물체의 질량과 물체의 거리로 따지게 된다.

둘째 : 전자기력

지금부터 설명하게 될 전자기력 강력 약력 등은 원자내부의 지극히 짧은 거리에서 발생하는 힘이지만 발생원리는 앞의 중력과 동일하다.

따라서 전자기력은 광자에 의하여 만들어진다. 즉 전자와 핵 사이를 광자가 끊임없이 왕래함으로서 전자기력이 발생한다.

중력에 의한 인력 때문에 지구가 태양주위를 돌아가고 있듯이 전자기력에 의한 인력 때문에 전자가 핵 주위를 돌아가고 있는 것이다.

중력현상을 중력장이라고 말하였듯이 전자기력현상을 전자기장이라고 말하는데 중력장은 언제나 인력이라는 특성이 있지만 전자기장은 인력과 척력이 작용된다.

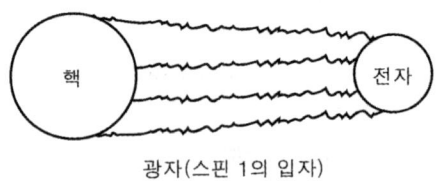

광자(스핀 1의 입자)

그림 10 광자의 작용

셋째 : 강력(핵력)

강력은 파이온과 글루온 두 가지 종류의 입자들에 의하여 만들어진다. 즉 양성자와 양성자 또는 중성자 사이에는 파이온이라 불리는(pion:중간자) 힘의 입자가 작용되고, 쿼크와 쿼크 사이에는 글루온이라 불리는(gluon) 힘의 입자가 작용되어 이것들을 단단히 묶어주는 역할을 하고 있는데, 이 강력의 발생원리도 역시 앞의 중력 전자기력의 발생원리와 똑같다.

넷째 : 약력(붕괴력)

약력은 W- W+ Z。라 불리는 세 개의 입자들에 의하여 만들어진다. 즉 W- W+ Z° 입자에 의하여 약력이 발생하는데, 이것은 유일하게도 다른 입자들을 붕괴하는 특성을 지니고 있다.

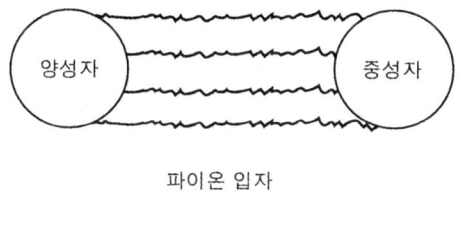

파이온 입자

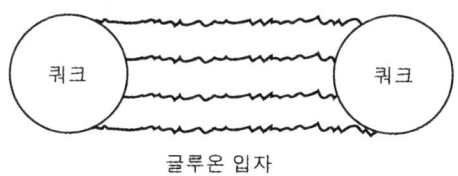

글루온 입자

그림 11 파이온(pion)과 글루온(gluon)의 작용

앞의 중간자(pion)는 일본의 유가와히데끼에 의하여 발견되었고, W- W+ Z°는 영국의 압두스살람과 미국의 스티븐 와인버그가 약력 전자기력을 통합하는 이론을 연구하다가 발견하였으며 1979년에 노벨 물리학상을 받았다.

이와 같이 힘이든 물질이든 이 세상 모든 것은 입자로 되어있는데 물질입자는 질량을 지니고 있으며, 힘의 입자는 비록 질량이 없는 빈 껍데기 입자이지만 이것이 존재한다는 사실을 분명히 알 수 있다. 이것들이 바로 힘을 발생시키는 원동력이요, 힘의 본질이라는 것을 양자이론은 말해주고 있다.

원자를 비롯한 이세상 모든 것은 이 힘과 물질이 결합하여 생겨난 것이다.

(5) 힘과 물질의 결합(음양의 결합)

우주의 근본이요, 기본성분인 힘과 물질을 일컬어 동양의 옛 성현들은 음과 양이라 말하였듯이 원자 역시 음양이 결합되어 만들어진 음양의 결합체이다. 즉 - 음전기를 띤 전자와 + 양전기를 띤 핵은 전기적인 힘에 의하여 결합 하나의 원자가 만들어진 것이다.

- 음전기를 띤 전자가 직선운동을 하면서 공간에 홀로 떠돌아다니다가 + 양전기를 띤 핵을 만나면 서로 결합하여 전자는 핵 주위를 무서운 속도로 돌아가기 시작한다. 그러나 전자가 전기적인 인력에 의하여 가속운동을 하면 제동복사 현상이 일어나 전자파를 발생시키면서 전자는 계속해서 에너지를 잃게 된다. 그리하여 전자는 마침내 안쪽으로 나선을 그리면서 핵과 충돌하고 만다. 그럼에도 불구하고 전자는 어찌하여 안정된 궤도를 유지하면서 계속해서 핵 주위를 돌아가고 있는가.

이 문제에 대하여 부분적인 해답을 제시해준 사람이 바로 덴마크의 닐스보어(1885~1962)였다.

그의 주장에 따르면(1918년) 전자는 마치 끝과 끝이 연결된 악기 줄처럼 파장이 일정한 영역에 제한될 때에는 제동복사에 의하여 에너지를 잃지 않는다는 것이다. 이 모델은 전자가 하나뿐인 수소원자의 구조를 아주 훌륭하게 설명해주었다. 그러나 전자가 여러 개인 복잡한 원자는 어떻게 설명할 것인가. 이 문제를 해결해준 것이 바로 양자이론이다.

양자이론에 따르면 핵 주위를 돌고 있는 전자는 파동인데, 그 파장은 전자의 속도에 의존하고 전자의 속도는 양자의 수에 따라 결정된다는 것이다. 양자수라는 것은 전자의 속도와 궤도의 위치와 형태를 나타내는 일련의 정수를 의미하는데 원자의 특성은 바로 이 양자의 수에 따라 규정된다는 것이다.

예를 들어 핵 주위를 돌고있는 전자들의 입체적 구조를 결정하려면 3개의 양자수가 필요하다.

첫째의 양자수는 전자궤도의 위치를 결정해주는데 양자수가 많아질수록 핵으로부터 전자의 평균거리는 멀어진다. 둘째의 양자수는 전자궤도의 형태(전자파의 형태)를 결정해주며, 셋째의 양자수는 전자의 회전속도와 방향을 결정해 준다.

그리고 각 궤도의 함수는 최고 두 개의 전자만 수용할 뿐 평행스핀을 가진 전자들은 동일한 궤도함수에 존재할 수가 없게 된다. 즉 물질입자들은 같은 궤도와 같은 속도를 가질 수가 없다. 이것이 바로 1925년 스위스의 파울 리가 발견한 배타원리이다.

배타원리에 따르면 두 개의 비슷한 물질입자(스핀 1/2입자)는 동일한 위치와 동일한 속도를 가질 수 없다는 것이다. 따라서 입자들은 서로 다른 속도를 가진다는 것이다.

이 원리에 따라 입자들은 서로 멀리 흩어지고 별들은 팽창하는데 별들은 배타원리에 의한 척력(팽창력)과 중력에 의한 인력 사이에 균형을 이루면서 일정한 거리를 유지하게 되는 것이다.

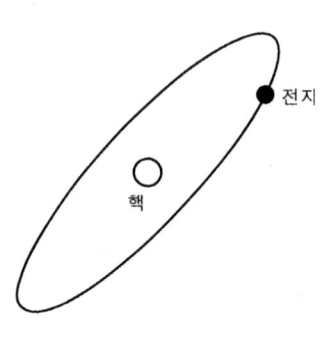

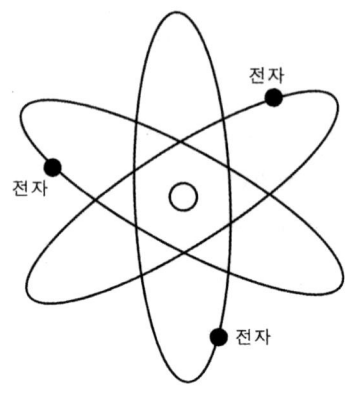

그림 12 수소원자   그림 13 전자가 여러 개인 원자

　배타원리는 물질입자들이 힘의 입자들에 의하여 힘의 영향을 받음에도 불구하고 왜 떨어져 내리지 않는가에 대하여 설명해 주는 결정적인 원리이다.

　만약에 우주가 배타원리 없이 만들어졌다면 쿼크들은 따로따로 구별되는 양성자와 중성자를 만들어내지 못할 것이고, 또한 전자와 따로 구별되는 원자핵을 만들어내지 못했을 것이다. 이들은 모두 인력에 의하여 떨어져 내릴 것이기 때문이다.

　그래서 전자의 궤도함수는 배타원리에 따라 최고 두 개의 전자만 수용할 뿐 전자들은 동일한 궤도(위치)에 존재할 수 없게 되는 것이다.

　이와 같이 전자가 홀로 공간에 떠돌아다닐 때에는 직선운동을 하면서 자유로이 행동하지만, 일단 핵과 만나 - 음 + 양의 결합이 이루어지면 전자가 지니고 있는 파동성 배타성 전하 스핀 등 여러 가지의 특성에 의하여 정교하고 복잡한 하나의 원자가 만들어지는 것이며, 또한 그 내부에서는 놀라운 질서와 규칙과 법칙이 이루어지는 것이다.

전자가 지니고 있는 이 같은 여러 가지의 특성 외에도 또 다른 특성이 존재한다는 사실이 밝혀짐에 따라 음양설을 과학적으로 설명해 주는데 있어서 매우 중요한 역할을 하게 되었다.

(6) 입자와 반입자(입자의 대칭성)

- 식물 동물은 왜 암수로 되어있고 인간은 왜 남녀로 생겨났는가.

자세히 관찰해 보노라면 이세상 모든 것은 서로 반대되는 대칭성을 보여주고 있다.

크게 볼 때 하늘과 땅이 그렇고, 또한 땅 위에 존재하는 생물이 그렇다. 동물과 식물은 암수로 되어 있고, 인간은 남과 여로 되어 있으며, 인간 그 자체는 정신과 육신, 외부적으로는 전과 후, 상부와 하부, 왼눈 오른 눈, 왼손 오른손, 왼발 오른발 내부적으로는 氣와 血, 좌뇌 우뇌, 또한 오장육부도 역시 木火陽 金水陰으로 나누어져 서로 대칭적인 구조를 지니고 있다.

그런가 하면 자연현상 역시 그와 같이 낮과 밤, 봄 여름 가을 겨울, 찬 것 뜨거운 것, 밝은 것 어두운 것, 또한 자연의 구성요소인 시간과 공간, 힘과 물질도 그와 같아 시간은 전과 후, 공간은 상하 동서남북, 힘은 인력과 척력, 물질은 물질과 반물질 등 이 세상 모든 것은 대칭적인 모습을 보여주고 있다.

이 대칭의 세계를 상징하는 문자가 바로 동양의 음과 양인데, 음양이 서로 조화를 이룬 것이 우주대자연이요, 천지만물이다.

그렇다면 이 모든 대칭성은 과연 어디로부터 비롯된 것인가. 이 문제에 대한 근본적인 해답은 우주의 기원과 양자이론에서 찾게된다. 양자이론은 우주의 시작과 더불어 맨 처음에 생겨난 소립자들의 세계에 대하여 설명해 주기 때문이다. 그럼으로 자연계의 근본대칭성은 소립자의 세계에서 찾는 것이다.

이 세상 모든 것은 물질로 구성되어 있고, 물질은 원자로 구성되어 있으며, 원자는 전자와 핵으로 구성되어 있고, 핵은 양성자와 중성자로 구성되어 있으며, 양성자 중성자는 쿼크로 구성되어 있다.

그런데 문제의 핵심은 이 소립자들이 모두다 제짝을 가지고 있다는 사실이다. 그리고 짝들은 서로 대칭성을 띤 - 음과 + 양의 전하를 가지고 있으면서, 어떤 때는 인력으로 또 어떤 때는 척력으로 작용되고 있는 것이다.

이것은 대단히 중요한 문제인데, 그 해답을 제시해준 사람이 바로 영국의 이론물리학자 폴디락(1902~1984)이다.

1928년에 디락은 전자를 포함하여 빛의 속도로 움직이는 소립자(스핀1/2의 물질입자)들을 보다 올바르게 이해하기 위해서는 전혀 새로운 이론이 필요하다고 생각되어 상대성이론과 양자이론을 결합한 이른바 상대론적 양자이론이라는 것을 제안하였다. 이것은 특수상대성이론과 양자이론에 어긋나지 않는 최초의 이론이었다.

알다시피 상대성이론과 양자이론은 모두 다 빛의 속도로 움직이는 물질에 대하여 설명해 준다는 공통점이 있는데, 전자를 포함하여 빛의 속도로 움직이는 모든 소립자들을 보다 확실하게 설명하기 위해서는 이 같은 통일된 이론이 필요했던 것이다. 그렇다고하여 이것이 상대성이론과 양자이론의 완전한 통일을 의미하는 것은 아니다.

디락이 제안한 이 새로운 이론에 의하여 그때까지 알려지지 않았던 전자의 운동상태를 보다 구체적으로 설명할 수 있었는데, 그의 상대론적 방정식에 따르면 전자는 도저히 이해할 수 없는 방식으로 회전하고 있다는 것이다. 즉 전자는 그 모습이 한 바퀴 돌면 나타나지 않고 두 바퀴 돌아야만 비로소 나타난다는 것이다.

그런데 이 이론에서 예측된 또 하나의 중요한 사건은 전자가 그의 짝이 되는 완전히 새로운 입자를 가진다는 것이다. 그렇다면 그 새로운 입자란 구체적으로 무엇을 의미하는가.

아인슈타인의 특수상대성이론 $E=mc^2$에 의하면 빛의 속도로 움직이는 소립자들은 에너지를 발생시키며, 발생된 에너지는 질량으로 나타난다는 것이었다. 이것은 특수상대이론의 가장 극적인 결과인데, 아인슈타인은 에너지로부터 생성된 물질이 어떤 물질인가에 대해서는 알지 못했다.

그러나 디락은 에너지에서 생성된 물질이 완전히 새로운 물질이라는 것을 그의 상대론적 양자이론을 통하여 예측하였는데, 그 새로운 물질은 + 양전하를 가진 특수한 물질이라는 것이다. 그때까지만 해도 + 양전기를 띤 물질은 오로지 양성자뿐이라 생각했기에 학자들은 그의 예언을 믿으려하지 않았다는 것이다.

그가 예언한 그 새로운 물질입자는 양성자가 아닌 전자와 똑같은 것인데, 그것이 지니고 있는 전하나 다른 주요성질은 전자와는 정반대라는 것이다. 즉 전자는 - 음전하를 가지고 있으니 그것은 + 양전하를 가지고 있는 것이었다.

이 특수한 입자는 전자와 반대되는 입자라 하여 반전자라 하였고, + 양전기를 지니고 있다하여 양자(양전자)라 하였다. 이 반전자는 전자의 짝이 되는 입자로서 전자와 반전자는 하나의 쌍을 이루는 것이다.

이와 같이 전자가 반전자를 가진다는 사실은 1930년대에 차오라는 물리학자에 의하여 증명되었고, 1933년에는 美켈리포니아공대의 칼 에더슨(1905~) 박사에 의하여 증명되었다. 그후 1955년에는 역시 美 켈리포니아공대의 에밀리오쎄그레(1905~) 박사에 의하여 전자뿐만 아니라 양성자도 반양성자를 지니고 있다는 사실이 밝혀졌는데, 양성자는 원래부터 + 양전기를 가지고 있으니 반양성자는 당연히 - 음전기를 가지고 있는 것이었다.

그리고 1960년대에는 역시 켈리포니아공대의 머레이겔만 교수가 중간자도 반중간자를 가지고 있다는 사실을 처음 발견한 것이다.

이리하여 전자는 반전자, 양성자는 반양성자, 중성자는 반중성자, 쿼크는 반쿼크, 중간자는 반중간자, 중성미자는 반중성미자, 그리고 빛의 입자인 光子와 힘의 입자인 중력자는 그들 자신이 반입자를 가지고 있다는 사실이 밝혀졌다. 또한 이것들은 질량은 같으나 서로 대칭성을 띤 - 음과 + 양의 전하를 가지고 있다는 사실이 밝혀졌다.

이와 같이 원자 이하 소립자들의 세계에 음과 양의 대칭성이 존재한다는 사실은 자연계 조직구조의 근본이라 할 수 있다.

이 같은 사실은 오늘날 실험에 의하여 입증되고 있는데, 참으로 묘하다 싶은 것은 에너지에서 생겨나는 입자들은 반드시 입자와 반입자 한 쌍으로 생겨나며, 입자와 반입자가 서로 부딪치면 또다시 한줄기의 에너지만 남기고 소멸된다는 것이다.

열역학 제1법칙에 따르면 에너지는 자연적으로는 생겨날 수 없는 것이라 하였다. 그러나 에너지는 입자와 반입자가 소멸되면서 생겨난다는 것을 양자이론은 분명히 밝혀주고 있는 것이다.

결론적으로 입자들은 에너지에서 생겨났다가 에너지로 되돌아가는 것이며, 그 에너지에서 또다시 입자와 반입자의 쌍이 생겨나는 것이니 생멸을 거듭하는 물질입자의 세계를 일컬어 色卽是空 空卽是色 (색즉시공 공즉시색)이라 할 수 있는 것이다.

無에서 有로, 有에서 無로, 그 無에서 또다시 有가 되는데, 그 有는 반듯이 陰과 陽 한 쌍이 된다는 사실은 우주대자연의 근본원리라고 말할 수 있다. 이 근본적 대칭원리를 과학적으로 밝혀낸 영국의 디락을 비롯하여 칼 에더슨 에밀리오쎄그레 머레이겔만 등은 모두 그 업적으로 노벨물리학상을 받았다.

그러나 물질입자들은 왜 - 음과 + 양 한 쌍으로 생겨나는지에 대해서는 현대 물리학으로도 설명할 수 없는 것이므로 창조자에게 물어보아야 한다.

이와 같이 현대물리학의 양자이론이 탄생됨에 따라 원자와 원자이하 소립자들의 특성에 대하여 보다 구체적으로 알 수 있게 되었고, 원자의 특성은 자연의 모든 물리화학적 생물학적 현상과 연관됨으로써 생물학·의학·공학·화학 등 모든 분야의 기반이 되었다. 특히 - 음과 + 양 사이에 작용되는 전자기력은 고체·기체·액체, 그리고 생명을 지닌 모든 유기체의 생물학적 화학적 작용과 연관이 되고 있는 것이다.

그러면 원자의 화학적 결합은 어떻게 이루어지며 원자의 종류는 얼마나 되는가.

(7) 원자(원소)의 종류

고체·기체·액체 등 이 세상 모든 물질은 원자로 구성되어 있고, 원자는 - 음과 + 양으로 구성되어 있다. 그러나 원자는 단순한 것이 아니라 수많은 종류로 나누어진다. 그 수많은 원자를 쉽게 구별하기 위해 편의상 번호와 부호(기호문자)를 하나씩 만들어 붙여주었는데, 그것을 원자(원소)번호라 하고 원소주기율이라 한다. 그렇다면 원자번호와 부호는 어떻게 만들어졌는가.

본시 원자는 - 음과 + 양의 전기를 띤 전자와 핵(양성자, 중성자)의 결합이기 때문에 전기적으로는 중성이다. 따라서 전자의 수와 양성자 중성자의 수는 언제나 똑같아야 한다. 이것들이 언제나 똑같음으로써 陰陽의 조화가 이루어지기 때문이다.

편의상 양성자의 수만 따져 원자번호가 정해지는데, 질량이 가장 가벼운 것에서 무거운 것에 이르기까지 순서대로 번호와 부호가 붙여진다.

예컨대 전자 1개, 양성자 1개, 중성자 1개인 물질은 가장 간단하고 가벼운 물질이기 때문에 원자번호 1번과 H(수소)라는 부호(문자)가 붙여지고, 그 다음 전자 2개, 양성자 2개, 중성자 2개는 원자번호 2번과 He(헬륨)이라는 부호가 붙여진다. 이런 방법에 의하여 만들어진 원소주기율표는 다음과 같다.

가장 가볍고 가장 간단한 물질은 원자번호 1번인 수소(H)이다.

1. H   2. He 3. Li   4. Be 5. B   6. C   7. N   8. O   9. F   10. Ne
11. Na 12. Mg 13. Al 14. Si 15. P   16. S   17. Cl 18. Ar 19. K   20. Ca
21. Sc 22. Ti 23. V   24. Cr 25. Mn 26. Fe 27. Co 28. Ni 29. Cu 30. Zn
31. Ga 32. Ge 33. As 34. Se 35. Br   36. Kr 37. Rb 38. Sr 39. Y   40. Zr
41. Nb 42. Mo 43. Tc 44. Ru 45. Rh   46. pd 47. Ag 48. Cd 49. In 50. Sn
51. Sb 52. Te 53. I   54. Xe 55. Cs 56. Ba 57. La 58. Ce 59. pr 60. Nd
61. pm 62. Sm 63. Eu 64. Gd 65. Tb   66. Dy 67. Ho 68. Er 69. Tm 70. Yb
71. Lu 72. Hf 73. Ta 74. W   75. Re 76. Ds 77. Ir 78. Pt 79 Au. 80. Hg
81. Ti 82. Pb 83. Bi 84. Po 85. At 86. Rm 87. Fr 88. Ra 89. Ac 90. Th
91. Pe 92. U 93. NP 94. Pu 95. Am 96. Cm 97. Bk 98. Cf 99. Es 100. Fm
101. Md 102. No 103. Lw

이와 같이 편의상 양성자의 수만 따져서 질량이 증가하는 순서에
따라 원소주기율표가 만들어졌는데, 가령 양성자 1개이면 H(수소)
2개이면 He(헬륨)이다.

이렇게 양성자의 수가 추가되는 동시에 그에 상응하는 전자와 중
성자도 1개씩 추가되어 언제나 새로운 성질의 화학원소가 만들어지
는 것이다.

만약에 수은에서 양성자 1개 중성자 3개를 떼어내면 수은은 금으
로 전환된다. 원자번호 92번 U(우라늄)까지는 자연적으로 생겨난
것이지만 그 이상인 물질은 인위적으로 만들어진 것이다. 잘 알려진
Pu(풀르토늄)이 그 예이다.

이와 같이 지구상에는 수많은 종류의 물질이 존재하는데, 중요한
것은 이것들 역시 −음과 +양으로 나누어진다는 사실이다. 이 −음
성물질과 +양성물질이 결합하여 한 단계 위의 물질인 분자를 만들

고 있는 것이다.

예컨대 산소, 수소, 탄소, 질소, 알곤과 같은 기체는 서로 - 음과 + 양의 결합을 이루어 H^2O CO_2 N_2 O_2처럼 분자형태로 존재하며 지구 역시 철 마그네슘, 알미늄, 규소, 산소와 같은 원자의 혼합물로 구성되어 있는 것이다. 그렇다면 원자의 결합은 어떻게 이루어지며 그 결과는 어떻게 나타나는가.

(8) 원자의 결합(陰陽의 결합)
　　- 물질은 어떻게 결합하고 어떻게 변화하는가

원자가 여러 가지의 특성을 지니게 된 원인은 전자의 작용 때문이었다. 원자가 견고한 이유도 전자가 전자기력에 의하여 핵과 단단히 결합되어 있기 때문이요, 원자의 화학적 성질도 전자에 의하여 결정되는 것이요, 원자와 원자의 연결작용도 전자에 의하여 이루어진 것이다. 즉 원자와 원자가 결합하여 분자를 만드는 것도 전자의 연결작용 때문이다.

첫째 : 이온결합

원자 그 자체는 중성이다. 전기적으로 중성인 원자(또는 분자)가 전자를 하나 이상 잃거나 얻어서 - 음 또는 + 양전하를 가지게 되는 것을 이온이라 한다. 즉, 원자가 안정된 상태를 유지하려면 전자를 떼어내거나 붙여주어야 한다.

원자의 이 같은 성질은 전기음성도로 묘사되는데, 어떤 원자가 다른 원자의 전자를 끌어당기는 힘을 전기 음성도라 한다.

예컨대 원자번호 17번인 Cl(염소)은 그 외부에 7개의 전자가 있는데, 8개의 전자가 있어야만 안정되므로 전자 하나를 더 얻으려는 성질이 강하게 작용된다. 반대로 원자번호 11번인 Na(나트륨)은 전자를 떼어내려는 경향이 강하기 때문에 전기음성도가 적다.

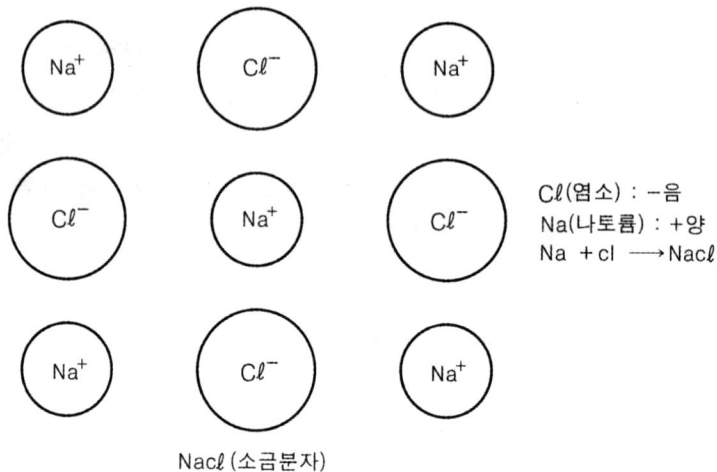

Cℓ(염소) : -음
Na(나토륨) : +양
Na + cl ──→ Nacℓ

Nacℓ (소금분자)

그림 14 이온결합

이와 같이 염소는 전기음성도가 커서 -음이온이 되기를 좋아하고, 나트륨은 전기음성도가 작아서 +양이온이 되기를 좋아한다. 염소처럼 전기음성도가 큰 물질과 나트륨처럼 전기음성도가 작은 물질이 만났을 때 전자를 서로 주거나 받으면서 결합이 이루어진다. 이때 -음과 +양 두 이온사이에 작용되는 정전기적인 힘이 바로 결합력이 되는 것이다.

염소와 나트륨 이 두 개의 물질이 결합하면 전혀 새로운 물질인 소금분자가 만들어진다.

둘째 : 수소결합

알다시피 산소와 수소가 결합하면 물분자가 된다.

산소(O)는 원자번호 8번이기 때문에 바깥에 8개의 전자가 있다. 그러나 지금은 6개 밖에 없으므로 두 자리가 비어있다. 여기에 수소

(H)원자 두 개가 와서 산소 원자와 공유결합을 이루고 있다.

이 물분자(H_2O)에서 볼 때 전기음성도는 산소가 수소보다 훨씬 크기 때문에, 다시 말해 전자를 끌어당기는 힘이 강하기 때문에 전자들은 산소 쪽으로 몰려있다. 즉, 두 개의 물분자가 수소를 사이에 두고 마치 결합을 한 것처럼 보인다.

이와 같이 수소를 사이에 두고 - 음과 + 양 두 양극성분자가 약하게 연결되어 있을 때 이 같은 현상을 일컬어 수소결합이라 하는 것이다.

여기에서 공유결합이란 두 개의 원자가 하나 또는 그 이상의 전자를 공유하면서 이루어지는 결합을 의미하는데, 이 공유결합이나 금속결합 그리고 다른 형태의 여러 가지의 결합도 역시 -음과 +양의 결합이기 때문에 구체적인 설명은 생략하기로 한다.

중요한 것은 이 세상 모든 물질은 陰陽의 결합이며, 결합과정에서 정확하게 陰陽의 조화가 이루어진다는 사실이다.

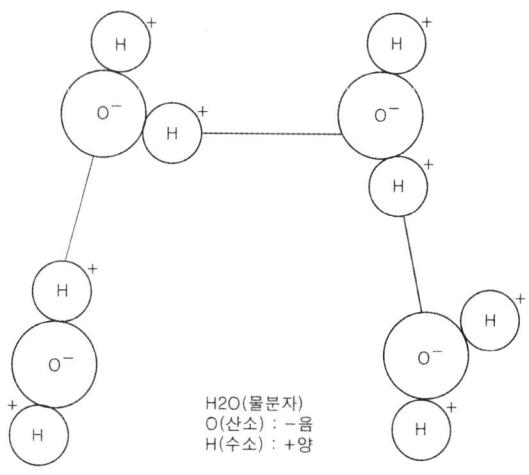

H2O(물분자)
O(산소) : -음
H(수소) : +양

그림 15 수소결합

셋째 : 화합물의 종류

원자들이 결합하여 분자를 만들고 분자들이 결합하여 모든 물질을 만들고 있다. 이렇게 만들어진 수많은 화합물은 편의상 유기화합물 무기화합물 두 개의 종류로 나누어진다.

유기물은 생명이 있고 무기물은 생명이 없는데, 유기물이냐 무기물이냐 하는 것은 탄소의 유무로 따지게 된다.

예컨대 지방 단백질 아미노산 포도당과 같은 물질은 탄소를 가지고 있기 때문에 생명체 내에서만이 합성되는 물질이다. 그러나 실험관에서 인공적으로도 얼마든지 합성된다는 것이 밝혀짐에 따라 유기물이냐 무기물이냐 하는 것은 단순히 탄소의 유무만 가지고 따지게 되는데 유기물은 탄소가 있고 무기물은 탄소가 없다.

(9) 물질의 변화

- 핵무기는 어떻게 만들어졌고, 북한은 핵무기를 보유하고 있는가.

물질은 원자의 변화 분자의 변화 두 가지의 변화로 이루어진다.

첫째 : 원자의 변화

원자는 자연적으로 변할 수도 있고 조작에 의하여 변할 수도 있다.

오랜 세월을 두고 원자핵이 자연적으로 붕괴되어 다른 원자로 바뀌어지는 것을 자연적 변화라 하며, 그 붕괴과정에서 핵이 절반으로 줄어드는데 까지 걸리는 시간을 반감기라 한다.

예컨대 우라늄(U) 238이 납 206으로 붕괴되는 시간은 약 45억 년이 걸린다.

이같은 특성을 이용하여 물질의 年代를 측정할 수 있는데, 지구의 연대를 측정하는 방법이 바로 방사성 동위원소를 이용하는 방법이다.

의료진단과 치료 지하에 묻혀있는 가스관의 이상유무를 확인하는 비파괴검사 역시 동일한 방법이 이용되고 있는 것이다.

몇 년 전에 실시했던 북한의 핵사찰 과정에서도 원자핵의 변화를 측정하는 방법이 사용되었는데, 핵사찰 전문가들의 말에 의하면 이라크의 핵무기개발 야심을 폭로했던 미국의 극비과학기술이 북한의 핵개발 추진의도를 밝히는데 결정적인 역할을 했다는 것이다.

IAEA는 미국이 개발한 이 비밀기술을 활용하여 극소량의 핵물질을 단서로 하여 핵개발 활동을 추적함으로써 이라크에 이어 북한의 이같은 의도를 밝혀냈다는 것이다.

북한의 핵사찰 때 입수한 소량의 핵폐기물 표본을 IAEA 과학자들이 분석해 본 결과, 북한공산집단은 1970년대에 이미 한 차례 이상 그리고 1987년 이후에만 최소한 세 차례 사용 후 핵연료를 재처리하여 플루토늄을 만들어낸 것으로 드러났다는 것이다.

IAEA가 사용한 기술은 플루토늄 생산과정에서 부산물로 생겨나는 인공방사선 원소인 아메리슘241의 양을 측정하는 방법으로써 플루토늄 동위원소가 붕괴되어 아메리슘241로 바뀌는 일정한 비율을 계산하면 플루토늄 생산이 언제 이루어졌는지를 측정할 수 있다는 것이다.

북한이 핵폐기물 샘플의 양도를 허용했을 때 그들은 이 같은 추적기술이 존재한다는 사실과 그로 인해 얼마나 많은 정보를 제공할 수 있는지를 전혀 알지 못했을 것이라 한다. 이 기술은 지난 1990년대에 이라크가 쿠웨이트를 침공하여 서방인질들을 이라크 투와이사 원자력발전소에 감금했을 때 이들 인질 옷에 묻어온 소량의 핵물질을 통해서 이라크가 핵무기를 개발하기 위한 목적으로 우라늄 농축장치인 칼루트론을 사용하고 있다는 사실을 밝혀냈던 기술이다. 자연적인 핵변화와는 달리 이것은 조작에 의한 핵변화인 것이다.

우라늄이나 플루토늄 원자핵을 우리가 인위적으로 조작 분열시켜 핵폭탄을 만들기도 하고 원자력발전소를 만들어 평화적으로 이용하고 있는 것이다.

둘째 : 분자의 변화

누구나 다 알고 있듯이 물질은 물리적 변화와 화학적 변화 두 가지의 변화가 있다.

물리적 변화는 물질의 겉모양은 변해도 물질의 본질은 변하지 않는다. 즉 분자개개의 구조는 변하지 않고 분자의 외부상태만 변화하는 것을 물리적 변화라 한다.

그러나 이와는 달리 물질의 본질이 모두 변화하는 것을 화학적 변화라 하며 분자 개개의 구조가 변화하는 것을 의미한다. 석유가 타면 이산화탄소가 되고, 음식물이 소화되면 영양분이 되고, 아연(Zn)을 염산(Hcl)에 넣으면 수소와 염화아연이 생성되고, 나트륨(Na)과 Cl(염소)가 결합하면 소금($NaCl$)이 되는데, 이 같은 현상을 화학반응이라 하고 표현방법을 화학반응식이라 한다.

예컨대 AB와 CD 두 개의 분자가 분해되어 B와 C가 서로 교환되는 화학반응식은 $AB+CD{\rightarrow}AC+BD$로 표시되는데, 만약 수소이온이 교환되면 흙이 산성으로 변하는 것이다.

지구표면의 암석은 주로 산소, 규소, 철, 마그네슘, 알미늄, 칼륨 …… 등으로 구성되어 있고 흙의 성분도 암석과 비슷한 규소, 철, 알미늄 등 알카리성 흙과 금속의 산화물이 대부분이다. 또한 동식물이 썩은 부식질도 흙의 성분이 된다.

모래 세사 점토 같은 것은 암석의 풍화작용에 의하여 아주 잘게 부서져 만들어진 것인데, 점토는 그 구조적인 특성 때문에 - 음전하를 가지고 있다.

음양의 법도에 따라 - 음전하를 가진 점토는 + 양전하를 가진 광물질($Mg++$마그네슘, $Ca++$칼슘, $K++$칼륨, $Na++$나트륨, $Co++$코발트)을 전기적인 인력으로 흡착하여 저장해 둔다. 그러나 이것들이 용탈되는 대신 수소($H+$)이온이 교환되면 흙은 산성으로 변화한다.

흙의 부식질은 서서히 분해되는 다당류와 단백질을 포함하고 있다.

-음인 점토는 +양의 광물질을 흡착하지만 부식질은 -음전하를 가지고 있는 물질(PO_4≡인산염, SC_4≡황산염, NO_3≡질산염)을 흡착하고 있다가 식물에 영향을 공급해주는데 -음전하를 띤 물질이 바로 식물의 영양분이 되는 것이다.

이와 같이 원자도 분자도 -음,+양의 결합이고 지구 표면의 흙이나 암석도 음양의 결합물이라는 것을 알 수 있으며, 또한 은하도 태양도 우리 인간도 이세상 모든 것은 역시 음양의 결합물이라는 것을 다음 장에서 알 수 있다.

제 3 장

우주의 기원

눈에 보이지 않는 힘을 비롯하여 원자와 원자 이하 모든 물질들은 언제 어떻게 하여 생겨났는가 그리고 힘과 물질은 상호 어떤 작용을 하고 어떤 결과를 가져다주는가.

이 문제에 대한 근본적 해답은 우주의 기원에서 찾게 된다.

1. 대폭발설(big bang)

 - 우주는 어떻게 생겨났고, 인간을 비롯한 우주만물은 어떻게 생겨났는가

우주의 생로병사

인류가 우주의 탄생에 대하여 과학적인 연구를 시작한 것은 20세기에 들어와서 현대물리학의 상대성이론과 양자이론이 발표된 직후부터라 한다.

1917년 아인슈타인은 그가 발표했던 일반상대성이론을 우주에 적용시켜 계산해 본 결과 우주는 팽창하는 것도 수축하는 것도 아닌 정적인 상태라는 것이었다.

그 몇 년이 지난 후 1922년 소련태생의 물리학자 프리드만은 아인슈타인의 계산이 잘못된 것임을 발견하고, 우주는 정적인 상태가

아니라 동적이라는 것이다. 즉 우주는 영원히 팽창하든가 아니면 팽창과 수축을 되풀이하는 이른바 진동우주라는 것이다. 프리드만이 예언했던 우주팽창론은 오래되지 않아 미국의 천문학자 허블에 의하여 사실로 입증된다.

1924년에 허블은 우리의 은하계가 유일한 것이 아니라 우주에는 수많은 은하계가 존재한다는 것을 발견하였고, 1929년에는 외부의 은하계가 우리 지구로부터 점점 멀어져가고 있다는 것을 발견하여, 우주가 팽창하고 있다는 것을 처음으로 입증하였다.

1956년에는 역시 소련태생으로서 프리드만의 제자였던 가모프 (1904~1968)는 허블의 이론과 중원자 융합이론을 근거로 하여 대폭발이론을 내놓았는데, 이것이 오늘날까지 거의 정설로 굳어져 있는 것이다. 그는 대폭발이론에서 주목할만한 예언을 하였는데, 그의 예언은 두 명의 물리학자에 의하여 또한 사실로 입증된다.

1964년 미국 Bell 전화사의 로버트 윌슨과 아노펜지아스라는 두 명의 물리 학자가 우주배경복사를 발견하였는데, 그것은 대폭발 때 발생한 열복사에너지(전자기파)가 아직까지도 우주공간에 떠돌아다니고 있다는 것을 증명해 주는 결정적인 단서가 되었다.

1970년대에 들어와서는 로즈펜로즈와 스티븐호킹이 우주의 기원은 대폭발일 수밖에 없다는 것을 다시 규명하였고, 1977년에는 독일의 바인버그(1933~)가 좀 색다른 이론을 제시하였는데, 대폭발은 한군데에서만 일어난 것이 아니라 모든 공간에서 거의 동시에 일어났다는 것이다.

그렇다면 대폭발의 증거로 제시된 우주팽창과 우주배경복사는 구체적으로 무엇을 의미하는가.

우주팽창은 우주공간이 과거에는 매우 작았다는 것을 의미하고 우주배경복사는 대폭발 때 발생한 열복사에너지를 의미한다.

공기를 압축하면 뜨거워지듯이 현재의 우주에서 과거의 우주로 거슬러 올라가면 갈수록 우주공간이 점점 작아지면서 뜨겁고 밀도 높은 상태로 변해간다. 그리하여 엄청난 양의 질량이 한 점에 응축되어 밀도와 공간의 곡률이 무한대인 상태가 된다. 우주는 바로 이 특이점에서 더 이상의 압력을 견디다 못해 결국은 폭발하였고, 팽창하였다.

팽창과 더불어 열이 점점 식어갔으며, 결국은 오늘날처럼 차갑고 밀도 낮은 상태로 전환되었다.

대폭발의 불덩이 속에서 방출되었던 우주배경복사는 r선에서 x선으로, x선에서 다시 자외선으로 이동되어 7가지 무지개색깔의 스펙트럼을 통하여 적외선의 전파로 흘러가고 있다. 이것들은 지금도 전파망원경이나 탐사위성에 의하여 검출되고 있는데, 현재는 몹시 냉각되어 절대온도(온도의 출발점:K로 표시)인 -273℃보다 불과 3℃밖에 높지 않는 -270℃(2.7K℃)까지 내려간 것이다.

이와 같이 우주팽창과 우주배경복사 문제를 종합하여 볼 때 우주는 결국 하나의 점(cosmic egg)에서 폭발하였다는 결론에 도달하게 되는데 이 대폭발 시나리오가 오늘날 거의 정설로 굳어져 있는 것이다.

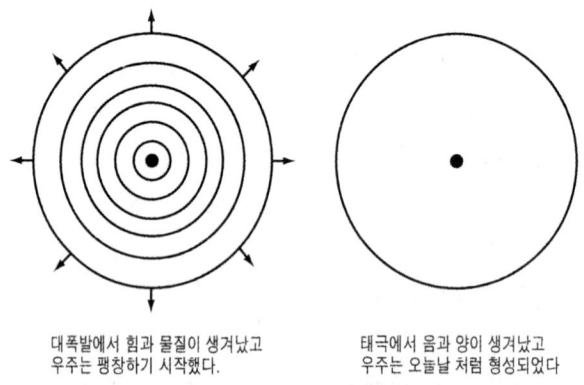

대폭발에서 힘과 물질이 생겨났고
우주는 팽창하기 시작했다.

태극에서 음과 양이 생겨났고
우주는 오늘날 처럼 형성되었다

그림 16 대폭발과 우주의 팽창

그렇다면 대폭발 때 생겨난 힘과 물질은 상호 어떤 작용을 하며 어떤 결과를 가져다주는가.

2. 힘과 물질의 결합(은하와 항성)

우주는 처음에 10^{35}초라 하는 지극히 짧은 순간에 폭발하였고 팽창하였다.

대폭발 0.001초 후에는 쿼크와 반쿼크 등 기본적인 물질들이 생성된다. 그리고 대폭발 1초 후에는 수조 도나 되는 뜨거운 열이 약 100억도로 내려간다. 이때 우주는 광자 반광자 전자 반전자 등 입자와 반입자가 생성되고 중성자 중성미자 약간의 양성자가 생성된다.

그리고 100초 후에는 온도가 약 10억 도로 내려간다. 이때 비로소 힘과 물질은 결합되기 시작한다. 지극히 높은 온도에서는 힘들이 자기능력을 발휘할 수 없기 때문에 우주의 냉각은 힘과 물질에 결정적인 영향을 주게 된다.

온도가 약 10억 도로 내려가면 양성사 1개, 중성자 1개가 강력(핵력)에 의하여 결합 좀더 무거운 원자핵을 만든다. 이 같은 현상은 대폭발 후 3분 동안에 걸쳐 일어난다.

그 3분이 지난 후에는 온도가 10억도 이하로 내려가는데, 1시간 후에는 2억5천만 도, 10~20 만년 후에는 6000 도, 50만년 후에는 약 4000 도까지 내려간다.

이와 같이 3분에서 20만년 동안에 걸쳐 에너지가 점점 약화되면서 온도는 불과 몇천 도까지 내려가는데, 이 같은 온도에서는 전자기력이 작용될 수 있기 때문에 원자핵과 전자는 전자기력에 의하여 결합, 최초로 수소원자를 만들어낸다.

그리고 20~30억 년이 지난 후에 우주공간에 널리 퍼져있던 수소 원자들이 작은 덩어리로 분산 여기 저기에서 따로 따로 뭉쳐지면서 밀도를 높이기 시작한다. 농도가 짙은 어느 구역에서는 중력으로 하여금 다량의 주변가스를 끌어들여 기체구름의 덩어리는 점점 커지기 시작한다. 중력에 의한 수축작용이 계속됨에 따라 최초로 회전하는 소용돌이형 은하가 만들어진다. 이때 회전하지 않는 구역은 타원형의 은하가 된다.

이같은 현상은 순전히 중력에 의한 인력과 각 운동량의 보존이라는 간단한 자연의 물리법칙이 우주 어디에서나 똑같이 작용되었기 때문이다.

그렇다면 은하 속에서는 또 어떤 현상이 일어나게 되는가.

은하 속의 수소원자들은 보다 작은 덩어리로 갈라져 이것들 역시 중력에 의하여 수축을 하게 된다.

수축을 하면 할수록 수소원자들은 매우 빠르게 부딪치면서 마찰을 한다. 수축과 마찰이 계속됨에 따라 내부온도는 초고온으로 올라간다. 수소가스로 형성된 기체구름의 온도가 초고온으로 높아지게 되면 수소원자들은 마침내 핵융합을 시작한다.

수소원자핵 두 개가 결합되어 헬륨 원자핵으로 바뀌어지는 과정을 핵융합이라 말한다. 핵융합과정에서 엄청난 빛과 열이 발생하는데 그것이 바로 제1세대 항성의 탄생이다.

그런데 학자들의 의문은 대폭발 3분에서 은하계가 형성될 때까지 약 20~30억년 사이에 우주는 무슨 일이 일어났는지 신비의 공백기간으로 남아 있었다는 것이다.

그러나 1964년 미국 Bell 전화사의 학자들에 의하여 대폭발 때 발생한 우주배경복사(열복사 에너지: 방사선)를 발견함으로서 대폭발이론의 체계를 비로소 세울 수 있었던 것이다.

그렇다면 우리가 살고 있는 이 우주공간에는 어느 정도의 은하가 존재할 것인가.

우주공간에는 나선형, 타원형, 막대형 등 크고 작은 여러 가지 형태의 은하계가 약 1000억 개 정도 존재하며, 또한 각각의 은하 속에는 약 1000~2000억 개의 별(항성)이 존재한다.

이를테면 우리가 속해있는 은하계의 크기는 그 직경이 약 10만 광년, 두께가 15000광년, 이 속에는 약 2000억 개의 별이 존재하는데, 우리의 태양은 은하의 중심부에서 약 30000광년 떨어진 변두리구역에 위치하고 있는 보통크기의 황색별에 지나지 않다는 것이 밝혀졌다.

또한 우리의 태양계는 은하의 중심부를 초속 250km로 회전하고 있는데 2억5천만년에 한 번씩 대회전을 한다고 말한다.

그런가 하면 우리의 은하계 속에는 수백 또는 수십 만 개로 이루어진 별의 집단(성단)이 약 200개나 발견되었다. 우리의 은하계와 같은 것이 수 백 개가 모여 은하단을 형성하며 은하단들이 모여서

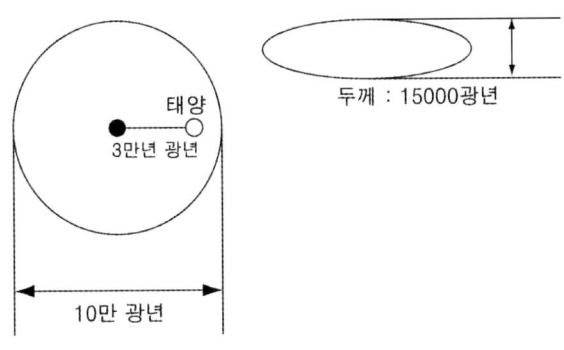

그림 17 우리의 은하계

대규모 초은하단을 형성한다. 우주에는 이 같은 은하들이 약 1000억 개나 존재한다고 말하지만 이것들을 모두 합친 물질의 밀도와 공기의 밀도를 비교해볼 때 우주는 거의 진공상태나 다름없다고 한다. 그럼에도 불구하고 그 수많은 은하들이 우리들로부터 점점 멀어져가고 있기 때문에 지금도 우주는 계속 커지고 있다.

은하가 우리들로부터 멀어져간다는 사실은 도플러효과(Doppler effect)에 의하여 밝혀졌는데, 소리나 빛의 파장변화를 도플러효과라 한다.

예컨대 달려오는 자동차가 경적을 울리면서 우리 앞을 지나간다고 하자. 이때 경적소리는 고주파에서 저주파로 변해간다. 자동차가 우리를 향해 달려올 때는 음파의 파장이 조여들면서 고주파가 되고, 반대로 자동차가 멀어질 때는 파장이 길어지면서 저주파로 변한다. 따라서 소리는 작아진다.

빛도 역시 파동의 형태로 흘러간다. 즉 7가지 무지개 색깔의 가시광선은 전자기파(전자기장)의 이동이다.

빛의 파동횟수는 매초 4002조~700조인데 이 파동횟수가 다르면 빛의 색깔은 다르게 나타난다. 높은 진동수는 푸른쪽 끝에 나타나고 가장 낮은 진동수는 스펙트럼의 붉은쪽 끝에 나타난다.

앞의 자동차처럼 별이 우리를 향해 오고 있을 때는 진동수가 높아지고 멀어질 때에는 진동수가 낮아진다. 따라서 별빛의 스펙트럼은 붉은 쪽으로 이동하게 되는데, 이 같은 현상을 일컬어 赤方偏移(적방편이)라 하며, 가까워질 때에는 푸른 쪽으로 이동하게 됨으로 靑色偏移(청색편이)라 한다.

허블이 다른 은하계의 거리와 별빛의 스펙트럼을 관측한 결과 멀어져가고 있는 별빛이 도플러효과에 의하여 적방편이를 나타낸다는 것을 발견하고, 은하계가 우리로부터 점점 멀어져가고 있음을 밝혀낸 것이다.

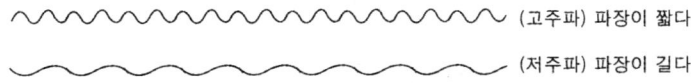

(고주파) 파장이 짧다

(저주파) 파장이 길다

그림 18 소리나 빛의 파장

그러나 이것이 대폭발의 유일한 증거가 아니라 우주배경복사의 발견이었다. 우주의 모든 방향에서 조용하고 약한 전파가 일제히 쏟아져 나와 과거에 있었던 대폭발의 메시지를 우리들에게 전해주고 있다.

이리하여 가모프와 프리드만이 제시했던 대폭발시나리오는 사실로 입증되었고, 대폭발에서 생겨난 힘과 물질로부터 은하와 항성이 만들어졌다는 것을 우리는 알 수 있게 되었다.

그렇다면 은하 속에서 만들어진 제1세대의 항성은 또 무슨 일을 하게 되는가.

3. 항성의 생로병사
- 힘과 물질의 이합집산 - 초신성이란 무엇이며, black hole이란 무엇인가

우리의 태양처럼 스스로 빛과 열을 발생하는 천체들을 항성 또는 별이라 한다.

별들의 고향은 은하의 세계이다. 별들은 은하에서 태어났기 때문이다. 그러나 태어남이 있으면 죽음이 있듯이 별들은 영원히 살아갈 수는 없다.

모든 물질계를 지배하고 자연의 모든 물리화학적 역학적 현상을 일으키는 주체, 그것은 바로 힘이라 하였듯이 별들의 생로병사는 힘

에 의하여 이루어진다. 즉 힘에 의한 수소원자들의 이합집산으로 말미암아 별들은 태어나기도 하고 죽기도 한다.

실제로 힘에 의한 물질의 이합집산은 대폭발 때부터 이미 시작되었으므로 우주의 역사는 대폭발에서부터 출발된 셈이다.

힘이란 대폭발 때 생겨난 중력 강력 약력 전자기력 등 자연계의 기본적 네 가지 종류의 힘을 의미한다.

중력은 우주전역에 걸쳐 지극히 먼 거리에서 작용되는 힘이고 전자기력 강력 약력은 원자내부의 지극히 짧은 거리에서 작용되는 힘이다.

중력 · 강력 · 전자기력은 물질을 끌어당겨 결합하기도 하고 수축하기도 하는 특성을 지니고 있다. 은하처럼 거시적인 물질의 집단은 중력에 의한 수축작용으로 만들어졌고, 원자처럼 미시적인 물질은 전자기력 강력에 의한 인력으로 만들어졌다.

그렇다면 항성은 어떻게 만들어졌는가. 항성은 중력에 의한 물질의 수축과 강력에 의한 물질의 결합으로(융합으로) 만들어진다.

먼저 항성을 만들기 위한 첫 단계의 작업에는 중력이 참여하게 된다.

은하 속의 수소원자들은 중력에 의한 수축작용으로 인하여 매우 빠르게 부딪치면서 마찰을 한다. 수축과 마찰이 계속되면 될수록 기체의 온도는 수천만 도로 올라간다. 바로 이때 강력이 작용되어 핵과 핵은 서로 융합되기 시작한다.

음양의 법도에 따라 -음과 -음, +양과 +양은 절대로 결합할 수 없고 오로지 -음과 +양만이 결합할 수 있다. 따라서 +양전하를 가진 핵과 핵은 결합할 수가 없다. 그럼에도 불구하고 어찌하여 +핵과 +핵이 결합되었는가.

그 해답이 바로 힘이다.

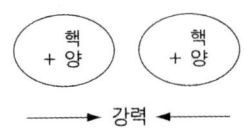

그림 19 핵융합

핵과 핵이 결합되기 위해서는 핵력(강력)이 작용될 수 있도록 핵과 핵을 매우 가까운 거리에 접근시켜 주어야 한다. 그래야 반발하는 ++전자기력을 이겨내고 결합하는 강력이 작용될 수 있기 때문이다. 그러나 그것은 초고온에서만이 가능한 일이다. 고온에서는 입자들이 매우 빠르게 움직이므로 반발하는 전기력이 생길 틈이 없어진다. 따라서 지극히 가까운 거리에 접근된 핵과 핵은 강력에 의하여 억지로 결합된다.

이와 같이 수소원자핵 두 개가 서로 융합되어 헬륨원자핵으로 바뀌어지는 과정에서 엄청난 빛과 열이 발생하는데, 그것이 바로 항성이요, 별이요, 태양이다.

핵융합반응에서 발생한 열은 기체의 압력을 높여주기 때문에 중력과 균형을 이루면서 더 이상의 수축은 하지 않고 안정된 상태로 우주공간에 오랫동안 머물게 되는 것이다. 그러나 항성은 영원히 불타며 살아갈 수는 없다. 핵융합에 필요한 수소원자는 일정한 양 밖에 없기 때문이다.

항성은 크기에 따라 일찍 죽는 것도 있고 오래 살다 죽는 것도 있다. 질량이 큰 것들은 질량이 작은 것보다 온도와 압력이 훨씬 높기 때문에 빨리 불탄다. 따라서 땔감인 수소 역시 빨리 소모되는 것이다.

수소가 거의 다 바닥나면 항성의 안정성에 이상이 발생한다.

항성은 모든 물질을 외부로 발산하는 격렬한 열 핵반응 에너지와 모든 물질을 내부로 끌어들이는 중력사이에 균형을 유지하면서 지금까지 안정된 상태로 지내왔다. 그러나 핵융합이 정지될 무렵이면 압력과 중력 사이에 균형이 깨어지기 대문에 내부로 끌어당기는 중력이 더 강해지면서 항성은 다시 수축하게 된다. 따라서 내부온도는 다시 올라가면서 제2의 핵융합이 시작된다.

첫 번째인 수소의 핵융합에서 수소는 거의 다 써버렸기 때문에 두 번째인 제2의 핵융합반응에서는 첫 번째인 수소의 핵융합에서 얻어진 헬륨의 핵융합이 시작된다.

헬륨원자핵 3개가 융합되어 탄소의 원자핵이 만들어지고, 헬륨원자핵 4개가 융합되어 산소원자핵이 만들어지며, 5개가 결합하여 네온, 6개가 결합하여 마그네슘, 7개가 결합하여 규소, 8개가 결합하여 유황 … 이렇게 헬륨원자핵이 계속하여 추가로 결합될 때마다 새로운 화학원소(원자)가 만들어지는 것이다.

이와 같이 두 번째인 제2의 헬륨원자핵 융합반응에서 발생한 에너지는 첫 번째인 제1의 수소원자 핵융합반응에서 발생한 에너지보다 훨씬 약하기 때문에 상대적으로 중력이 강해지면서 항성은 또다시 수축을 하게 된다.

그 후에 항성의 운명이 어떻게 될 것인가에 대해서는 1920년대 말에 처음으로 밝혀지게 되었다.

불꺼진 항성은 중력이 지배하므로 항성은 이제 최후의 수축을 하게 된다. 중력에 의한 수축이 계속됨에 따라 그 크기가 점점 줄어들면서 매우 밀도 높은 물질로 변해간다. 이때 항성의 질량이 태양의 약 두 배 이상인 것은 자체의 중력을 지탱할 수 없기 때문에 아주 무서운 최후를 맞이하게 된다. 그러나 질량이 태양의 두 배 이하인 것은 수축을 멈추고 백색 왜성이 되어 그 일생을 마치게 된다. 이때 별의 반경은 수 천km 밀도는 $1cm^3$당 수백 톤에 이른다. 이 별은 그 내부에 존재하는 전자들의 배타원리에 의한 척력으로 지탱하게 된다.

그리고 태양보다 2~3배의 질량을 가진 것들은 초신성이 되어 폭발한 후에 중성자별이 된다. 이때 별의 반경은 백색 왜성보다 훨씬 작은 10km이고 밀도는 콩알만한 크기에 무려 100만 톤이나 된다. 이 별은 역시 그 내부를 구성하는 중성자들의 배타원리에 의한 척력으로 지탱하게 된다. 그러나 문제는 초신성단계를 거친 후에도 별의 질량이 태양보다 훨씬 큰 것들은 그 엄청난 중력 때문에 black hole이 된다는 사실이다.

그렇다면 초신성이란 무엇이며, black hole이란 무엇을 의미하는가.

별들은 그 크기에 따라 일찍 죽는 것도 있고 오래 살다 죽는 것도 있다.

초신성은 태양보다 수십 배나 큰 별들이 마지막 죽어갈 때에 만들어진다. 태양의 핵융합과정에서 수소는 헬륨이 되고 헬륨은 탄소, 산소, 네온, 마그네슘, 규소 … 이렇게 점점 무거운 물질로 만들어지는데 규소원자핵은 양성자 14개, 중성자 14개, 모두 28개의 입자로 구성된다. 따라서 이 규소원자핵 두 개가 결합하면 56개의 입자를 가진 철원자가 된다.

별의 마지막 핵융합단계에서 만들어진 거대한 철의 핵은 밀도가 매우 높기 때문에 중력 또한 매우 강하다. 중력에 의한 수축이 계속됨에 따라 별은 더 이상의 압력을 견디다못해 결국은 폭발하고 마는데 이것이 바로 초신성폭발이다.

초신성이 폭발하면 제2단계의 핵융합에서 만들어진 산소, 탄소, 네온, 마그네슘, 규소, 철, 금, 은, 우라늄 그리고 얼마 남지 않은 수소와 헬륨 등 모든 물질을 우주공간에 날려보내고 다음 세대의 항성이나 행성을 만드는 재료가 될 뿐만 아니라 생명체를 만드는 재료가 되는 것이다.

은하 속에 존재하는 수많은 별들 중에 실제로 초신성이 되어 폭발하는 것은 천에 하나 정도이다. 1054년에 중국의 천문학자가 발견하였다는 기록이 있고, 은하계에서는 1572년에 티코에 의하여 발견되었으며, 1604년에는 케플러에 의하여 발견되었고, 그후 1987년에는 칠레의 컴파나스 천문대에서 발견되었다.

그러나 실제로 이 초신성폭발은 17만년 전에 일어난 사건이었다. 초속 30만km인 빛이 우리들에게 달려오는데는 그만큼의 세월이 걸렸기 때문이다. 우리 은하계에서 17만 광년 떨어진 大마젤란운에서 발생한 이 초신성폭발이 우리들에게 알려지는데는 17만 년의 세월이 걸린 것이다.

이 초신성에서 방출된 잔해물질을 분석해본 결과 그것은 지구에 존재하는 탄소, 질소 등 생명체를 만드는 유기물질과 동일한 것임이 밝혀졌다.

초신성이 폭발한 후에 남는 것은 앞에서 말한 중성자별이 되기도 하고 질량이 더욱 큰 것들은 black hole이 되어 그 일생을 마치게 되는 것이다.

누구나 다 알 수 있듯이 black hole은 그 엄청난 인력 때문에 그 주변에서는 시간과 공간에 변화가 일어나며, 그 자신의 빛마저 빨아들이는 아주 무서운 존재로 남게 되는 것이다.

스티븐 호킹에 의하면 black hole은 검은 것이 아니라 실제로 일정한 비율로 빛과 입자들을 방출하기 때문에 검지 않고 백열등처럼 빛이 난다는 것이다.

1971년 미국의 인공위성에 의하여 마젤란운 가까이 존재하는 은하 속의 백조좌 x-1에서 질량이 태양의 10배나 큰 black hole이 발견되었고 1992년에는 우리의 지구로부터 3천만 광년 떨어진 NG 3113이라 불리는 성단 중심부에서 그 질량이 태양의 10억배나 큰 사상최대의 black hole이 발견되었다고 한다.

그렇다면 우리의 지구가 속해 있는 태양계의 행성들은 언제 어떻게 하여 생성되었는가.

4. 태양계(지구는 어떻게 생겨났는가)

- 태양 : 수성 · 금성 · 지구 · 화성 · 목성 · 토성 · 천왕성 · 해왕성 · 명왕성

태양을 중심으로 하여 돌고 있는 행성들의 집단을 태양계라 한다. 태양계의 기원에 대해서는 다음과 같은 여러 가지의 가설이 있다.

회전하고 있던 고온의 기체구름이 여러 부분으로 갈라진 후 이것들이 따로 따로 뭉쳐서 만들어졌다는 성운설이 있고, 태양 가까이 지나가던 어떤 행성이 태양의 가스를 끌어내어 그 가스들이 다시 뭉쳐지면서 만들어졌다는 조우설, 태양의 인력으로 운석들을 끌어 모아 만들어졌다는 운석설, 그 외에도 연성설 우주진운설 등 많은 가설이 있지만 태양계는 어떻게 생성되었는지 아직까지도 확실한 원인을 모르고 있다.

그러나 태양계는 앞에서 말한 것처럼 초신성의 잔해물질로부터 만들어졌다는 것만은 확실한 것 같다.

우리의 태양은 지금으로부터 약 50억년 전에 초신성폭발의 잔해물을 포함한 회전하는 기체구름으로부터 만들어진 제2 또는 제3의 별이라 한다. 수소와 헬륨은 태양을 만들었고, 그보다 무거운 원소들은 지구와 같은 행성들을 만들었다는 것이다. 그러나 태양은 한꺼번에 만들어진 것이 아니라 여기저기에서 수시로 만들어지는데, 우리 은하계에서는 해마다 2~3개의 별이 태어나기도 하며 죽어가기도 하면서 생멸을 거듭하고 있다.

태어난 지 얼마 안 되는 별은 청색의 젊은 별이고, 황색별은 우리의 태양처럼 중년의 별이며, 적색의 붉은 별은 초신성이 되어 노년으로 죽어 가는 별이며, 백색 흑색의 별은 이미 그 일생을 마치고 죽은 별이다.

우리 태양의 나이는 약 50억 년 태양의 질량은 지구의 33만 배,

내부온도는 4,000만 도, 외부온도는 6,000도, 또한 10년 주기로 흑점이 나타나는데, 그때의 온도는 약 4,000도 이다.

그리고 태양은 핵융합반응에 의하여 자기 스스로 빛과 열을 내고 있으며 빛은 초속 30만km의 속도로 나아가는데, 입자 파동의 이중성을 동시에 지니고 있다. 또한 빛은 x선 γ선 β선, 자외선, 적외선, 가시광선 등으로 구성되어 있으며, 가시광선은 빨강 주황 노랑 초록 파랑 남색 보라색 등 7가지 무지개색깔로 나타난다. 이것을 빛의 스펙트럼이라 말하며 전자파(전자기장)로 흘러간다.

그러나 빛은 색깔에 따라 파동 수와 파동길이(파장)는 각각 다르게 나타난다. 빛이 1초 동안 파동 하는 횟수를 진동수 또는 주파수라고 말하는데 이 파동수가 다르면 빛이 다른 색깔로 나타나는 것이다. 예컨대, 전파(라디오·TV)의 파동 수는 매초 $10^{4 \sim 10}$, 파동 길이는 1m 정도, 광자의 파동수는 적외선이 $10^{12 \sim 14}$,파장은 1/10000 cm 이상, 가시광선의 파동수는 $10^{14 \sim 15}$, 파장은 40~80/100만cm, 자외선의 파동 수는 $10^{15 \sim 16}$, 파장은 가시광선보다 짧다. X선의 파동 수는 $10^{16 \sim 19}$ 파장은 역시 가시광선보다 짧다. γ선의 파동 수는 $10^{19 \sim 26}$ 우주선의 파동 수는 $10^{26 \sim 29}$인데 이것들 역시 가시광선보다 파장이 짧다.

7가지 무지개색깔의 가시광선 가운데 가장 높은 진동수(파동 수)는 푸른쪽 끝에 나타나고 가장 낮은 진동수는 붉은 쪽 끝에 나타난다. 이 빛의 색깔로 별들의 형태 온도 크기 등 별들의 종류를 알아낼 수 있는데 관측한 별이 다르면 그 별빛(스펙트럼)도 다르게 나타나는 것이다.

그리고 태양의 핵융합이나 초신성폭발 때에 가시광선의 광자 외에도 중성미자(뉴트리노)라는 것이 방출되는데, 이것은 빛의 일종도 아니고 광자도 아니다. 그러나 빛처럼 질량도 없고 빛의 속도로 날아가면서 지구도 인간도 그 모든 것을 뚫고 나가는 매우 신비스러운 존재이다.

그렇다면 태양의 에너지는 우리들에게 어떤 영향을 주고 있는가.

태양의 에너지는 핵융합반응에 의한 열에너지와 태양 그 자체에서 발생하는 중력에너지 등 두 가지 종류의 에너지가 있다.

먼저 열에너지는 지구상의 모든 생물을 생육시켜주는 원동력이 되고 있다.

태양은 태양에너지를 화학에너지로 바꾸어 동식물의 영양분이 되게 하는 광합성작용을 하는데, 식물의 탄소동화작용도 여기에 해당된다. 이것은 지구상에서 일어나고 있는 화학반응 가운데 가장 중요한 위치를 차지하고 있는 것이다. 그러나 지구는 태양열에너지를 강하게 받을 때도 있고 약하게 받을 때도 있다. 그 원인은 중력에너지에 의하여 지구가 자전 공전을 하고 있기 때문이다.

태양열에너지를 강하게 받는 낮이나 봄여름에는 광합성이 활발하게 진행됨에 따라 만물은 무성해지고 에너지가 약해지는 밤이나 가을겨울에는 만물이 시들어져 힘을 못쓰게 된다. 그래서 낙엽은 지고 동식물은 겨울잠에 들게 되는 것이다. 그렇다면 태양을 비롯하여 지구와 지구상의 모든 생물은 어떻게 하여 생성되었는가

태양계의 생성원인에 대해서는 앞에서 이미 설명하였듯이 성운설, 조우설, 운석설 등 수많은 가설이 있으나 초신성의 잔해물질이 다시 모여서 만들어졌다는 것이 정설로 되어 있다.

태양계는 태양을 중심으로 하여 수성, 금성, 지구, 화성, 목성, 토성, 천왕성, 해왕성, 명왕성 등 9개의 행성들로 구성되어 있는데 이것들은 태양 가까운 거리에서 먼 거리에 이르기까지 중력의 법칙에 의하여 타원궤도를 그리면서 혹은 빠르게 혹은 느리게 회전하고 있다.

그림 20 각 행성들의 온도와 공전속도

 태양 가까이 존재하는 행성들은 태양열에너지와 중력에너지를 가장 강하게 받으므로 온도가 높고 공전속도 또한 빠르다. 그러나 태양에서 점점 멀어질수록 온도는 낮아지고 공전속도는 느려진다.

 9개의 행성들 중에 금성 다음이 바로 지구인데, 태양까지의 거리는 1억5천만km, 온도는 생물이 살아가는데 가장 적합한 온도를 유지하고 있으며, 공전주기는 365일 5시간 48분 48초이다. 그리고 지구는 남극과 북극을 가진 하나의 거대한 자석으로 되어 있다. 자전주기는 24시간, 자전축은 공전궤도면에서 23° 27´ 기울어져 있기 때문에 춘하추동 사계의 변화가 일어난다.

 지구의 나이는 약 45억 년, 지구의 대기는 O2(산소), N(질소), H(수소), Ar(아르곤), Ne(네온), He(헬륨), CO2(이산화탄소), O3(오존) 등으로 구성되어 있는데, 지상에서 약 80km 구간인 중간권까지의 공간은 질소가 약 78% 산소가 21% 두 성분이 거의 99%를 차지하고 있다.

 지각은 O(산소), H(수소), Si(규소), Al(알루미늄), Fe(철), Ca(칼슘), Ka(칼륨), Mg(마그네슘), Na(나트륨), Ti(티타늄), P(인), Cr(크롬), Ni(니켈), Pd(납), Zn(아연), Mn(망간), Sn(주석), W(텅스텐), Au(금), Ag(은), Cu(구리), Pt(백금), Hg(수은), U(우라늄) 등으로 구성되어 있다. 이것들은 모두 별 속에서 만들어진 것이다. 지구에 금이나 우라늄이 비교적 많은 이유도 태양계가 형성되기 전에 그 부근에서 수많은 초신성이 폭발하였기 때문이라 한다.

지구 다음에는 화성, 목성, 토성······의 순서로 나아가는데 공전주기와 온도는 그림과 같다.

그 외에도 태양계에는 약 2000개의 혜성이 존재하는데 1994년 7월 17일부터 22일가지 5일 동안에 걸쳐 목성에 충돌한 슈메이커 레비 혜성이 가장 유명하다.

지구는 태양계의 9개의 행성들 중에 하나이며, 태양은 은하계의 약 2000억 개의 별들 중에 하나이며, 은하는 우주에 존재하는 약 1000억 개의 은하들 중에 하나일 뿐인데, 이것들은 모두 다 중력의 법칙에 의하여 회전운동을 하고 있다. 따라서 전 우주는 순환을 하면서 팽창하고 있는 것이다. 그러나 우리는 이 사실을 실감나게 느끼지 못하고 있는 것이다.

지구의 자전속도는 적도 상에서 시속 1660km 공전속도는 초속 30km(시속 10km) 매일 240km씩 돌고 있다. 이것은 은하계의 중심을 도는 속도보다 8배나 빠르고 우리의 은하계가 처녀성 쪽으로 흐르는 것보다 두 배나 빠르며 미국의 우주선 보이져 2호보다 훨씬 빠른 속도이다.

그리고 우리의 태양계 역시 은하의 중심부를 기준으로 하여 시속 90만km의 속도로 회전하고 있으며, 또한 헤라클레스 별자리를 향해 고유운동을 하고 있는데, 그 속도는 매초 20km 시속 72000km 우선 여기까지만 따져보아도 지구는 시속 110만km의 속도로 달리고 있다는 계산이 나온다.

그런데 지구의 운동이 여기에서 끝나는 것이 아니라 지구가 속해 있는 은하계 전체가 태양계처럼 한 묶음이 되어 우주공간을 날아가고 있는 것이다. 이 같은 사실은 도플러효과에 의하여 이미 증명된 것이었다.

결론적으로 우리는 지구라 불리는 초고속 우주선을 타고 엄청나게 빠른 속도로 우주여행을 하고 있지만 이 같은 사실을 실감나게 느끼지 못하고 있는 것이다.

우리가 느낄 수 있는 것은 오로지 지구의 자전과 공전에 의한 해와 달의 변화현상일 뿐이다. 우주는 너무나 광대하기 때문에 우리가 움직이고 있다는 사실을 전혀 느끼지 못하고 있는 것이다.

이 광대한 우주를 탐사하기 위해 발사된 수많은 우주탐색선 중에 1977년 8월 20일에 발사된 美우주탐색선 보이져 2호는 해왕성탐사를 마지막으로 장장 12년에 걸친 태양계의 탐사임무를 끝내고 지금은 외계를 향하여 날아가고 있다.

보이져2호는 두 대의 TV카메라를 비롯하여 적외선·자외선 측정기, 자기측정기, 사진평광기, 입자탐지기, 전파탐지기, 그리고 항진도중에 혹시 있을지도 모를 외계인과의 접촉에 대비하여 55개국어로 된 인사말과 노래, 인간과 동물의 울음소리, 웃음소리, 바람소리 등 지구와 인간의 존재를 알리는 자료들을 장착한 무게가 825km인 우주탐색선이다.

외계에도 우리 인간들처럼 지적인 사고를 지닌 생명체가 존재할 것인지 아직까지 아무도 모르고 있지만 기적 같은 일이라도 생겨서 외계인으로부터의 메시지를 받아볼 그날이 올 것으로 기대해보고 있는 것이다.

우주에 존재하는 그 수많은 천체들 중에 어째서 지구에만 생명체가 존재하는가 생명의 조건은 무엇이며 생명체는 언제 어떻게 하여 생겨났는가.

5. 생명의 기원
- 식물 동물 인간은 어떻게 생겨났고 외계에도 생물이 있는가 없는가

우주의 기원 태양계와 지구의 기원, 그리고 생명의 기원에 관한

설명은 어디까지나 가설일 뿐 정확한 설명이 불가능하다.

우주가 처음 생겨날 때부터 생명이 탄생될 때까지의 과정을 아무도 지켜본 사람이 없었을 뿐만 아니라 본질적으로 과학적인 실험을 통하여 재현할 수도 증명할 수도 없기 때문이다. 따라서 이 모든 것들의 생성기원에 관한 설명은 과학의 영역을 벗어난 가설에 불과한 것이다. 그러나 오늘날 생명의 기원에 관한 설명은 창조설과 진화설로 요약된다.

창조설이란 모든 생물이 초자연적인 어느 절대자의 계획과 설계에 의하여 각각 종류대로 만들어졌다는 것이고, 진화설이란 오랜 세월이 흐르는 동안에 자연적으로 생겨났다는 것이다. 즉, 자연적인 방법에 의하여 무기물에서 간단한 유기물이 되었고, 그 후에 더 복잡하고 질서 있는 체계를 갖춘 고등생물로 진화되었다는 것이다.

그렇다면 이 두 개의 가설 중에 어느 것이 더 타당성이 있는가.

원래 창조론은 태극설이나 성경에서도 언급하였지만 오늘날 자연의 현상을 비롯하여 생명체의 특성 질서, 조화, 그리고 화석과 같은 과학적 자료들을 근거로 하여 따져볼 때 두 모델 중에 창조론이 더 타당성이 있다고 주장한다.

첫째 : 생명체는 세포로 구성되어 있고 세포는 단백질과 핵산 DNA, RNA로 구성되어 있다. 단백질은 세포의 화학반응을 제어하고 DNA는 유전정보를 전달하는 생명의 핵심물질이다.

단백질은 20가지 종류나 되는 아미노산이 수만 개로 일정하게 배열되어 생명체로서의 기능을 나타내고 있다. 이 단백질은 핵산 DNA에 의하여 만들어진다.

학자들의 주장에 따르면 단백질이 생체 내에서 DNA에 의하여 만들어지는 시간은 단 5초밖에 안 걸리지만, 생체 밖에서 자연적으로 합성하는데는 무려 10^{50}년이란 세월이 걸리며 합성될 확률은 $1/10^{130}$밖에 안 된다는 것이다. 이 같은 상태에서 생명의 정보를 제공해주는 자 없이 어떻게 생명의 핵심물질인 단백질이 만들어질 수 있겠느냐 하는 것이다.

둘째 : 자연의 현상은 자연의 법칙에 위배됨 없이 일어나고 있다. 열역학 제1법칙에 따르면 폐쇄된 세계에서 에너지는 창조되지도 않고 없어지지도 않는다 하였다. 따라서 우주 내에서는 생명체가 스스로 생겨날 수가 없다는 것이다.

또한 열역학 제2법치에 따르면 시간의 흐름에 따라 에너지는 점점 쇠퇴해지는 방향으로 나아가고 있는 것이라 하였다. 따라서 우주 만물은 질서에서 무질서상태로 나아간다는 것이다.

그럼으로 무질서에서 질서정연한 상태, 즉 무기물에서 유기물이 되고 그 유기물은 더욱 복잡하고 질서 있는 체계를 갖춘 고등생물로 진화한다는 것은 열역학 제2법칙에 위배된다는 것이다.

셋째 : 산소, 수소, 탄소, 질소 등의 간단한 유기물질이 자연적으로 결합하여 질서도가 높은 아미노산이 만들어지고 아미노산은 더욱 질서도가 높은 단백질이나 핵산이 되며 핵산은 역시 질서도가 높은 결합물이 되었다가 자기복제를 할 수 있는 하나의 세포로 만들어지는 과정을 일컬어 화학적 진화라 한다. 그리고 이 같은 단계를 거친 후에 이루어지는 진화과정을 생물진화라 한다.

생물의 진화는 18세기에서 오늘에 이르기까지 부폰(1707~1788), 라마르크(1744~1829), 다윈(1809~1882), 헉슬리(1887~1975), 도브잔스키(1900~1975), 그리고 美하버드대학의 굴드 교수와 자연사 박물관의 엘드리지 박사 등 수많은 학자들에 의하여 꾸준히 제시되어 왔는데, 이들의 주장에 따르면 생물이 한 종(種)에서 점점 진화되어 새로운 종으로 진화되었다는 것이다.

그러나 무기물에서 유기물로 유기물에서 생물이 만들어졌다는 것은 열역학 제2법칙에도 위배될 뿐만 아니라 프랑스의 생물학자 파스퇴르(1822~1895)에 의하여 증명된 것이다. 그의 말에 따르면 생명은 생명에서만이 온다는 것이었다. 또한 생물이 종에서 다른 종으로 바뀌어진다는 것은 멘델의 유전법칙에도 위배된다는 것이다.

같은 종 내에서 이루어지는 사소한 변이는(소진화) 가능해도 종들 간에 이루어지는 대진화는 불가능하다는 것이다.

쥐는 고양이가 되고 고양이는 개가되고 개는 말이 될 수는 없지 않는가.

넷째 : 유전자(DNA)에 돌연변이가 먼저 일어나고 종이 환경에 잘 적응하여 살아남는다는 진화가설 역시 분자생물학적 측면에서 볼 때 모순되는 이론이다.

유전자가 자기복제를 할 때 어쩌다 실수를 하여 유전자에 유전적 변화가 일어나는 경우를 돌연변이라 한다. 그러나 돌연변이가 일어난다 해도 그 즉시 바로잡아주는 기기묘묘한 장치가 DNA에 들어있기 때문에 수백만 번이나 복제작업을 해도 정상적인 유전자의 정보를 자손 대대로 물려주게 되는 것이다. 그런데 아주 드물게도 태양으로부터 오는 방사선이나 자외선, 우주선 같은 것이 돌연변이의 원인이 되기도 하고 또한 환경 속에서 화학물질에 의한 돌연변이가 일어나기도 하지만 대부분 유전적인 질병, 기형, 생존능력약화 등 해로운 방향으로 나타나서 죽음에 이르는 것이다.

다섯째 : 생물의 진화를 다시 요약해 본다면 처음에 무생물에서 → 생물, 생물은 무척추동물 → 척추동물 → 양서류 → 파충류 → 조류 → 포유류 → 원숭이 → 인간으로 진화되었다.

생물의 진화과정을 연구하는데 가장 중요한 과학자료는 바로 화석이다. 화석이란 퇴적암 층에 보존되어 있는 식물이나 동물의 유해를 의미한다.

진화론자들은 화석의 기록에 종과 종 사이를 이어주는 중간형태가 반드시 있을 것이라 주장하는 반면에, 창조론 자들은 생물의 종은 변하지 않고 각각 독립적이며 완전한 형태로 발견되었다고 주장한다.

진화론자들의 주장이 진실이라면 진화과정을 보여주는 중간형태의 화석이 여기 저기에서 수없이 나타나야 한다. 그러나 중간형태의 화석은 없고 독립적이고 완전한 형태의 생물화석이 종류대로 나타난 것이라면 생물들은 각각 종류대로 창조되었다는 것을 의미한다.

지구상에 생물들이 출현한 과정은 고생대(6~2억 년 전), 중생대(2억년~7천만 년 전), 신생대(7천만 년~3백만 년 전)로 나누어 설명된다.

고생대에는 삼엽충 - 무척추동물 - 최초의 원시어류 - 최초의 육상동물 - 양서류·상어 - 최초의 파충류 - 그후 중생대에는 공룡출현 - 최초의 소포유류 - 초기조류 - 현대식물 - 공룡멸종 - 그후 신생대에는 최초의 태반포유류 - 대형초식동물 - 고래·원숭이·초식동물 - 대형육식동물 - 초기인류.

그러나 고생대에서 오늘에 이르기까지의 생물화석에는 생물이 진화했다는 증거를 그 어디에서도 찾아볼 수 없다는 것이다.

인류의 조상이라 주장했던 라마피티커스 오스탈로피티커스 등은 원숭이로 밝혀졌으며, 자바인 네안데르탈인 네브라스카인 크로마뇽인 등은 사람으로 판명된 것이다.

이와 같이 생물의 진화과정을 보여주는 중간형태의 화석은 단 하나도 발견되지 않았으며, 물고기는 물고기대로, 새는 새대로, 원숭이는 원숭이대로, 사람은 사람대로 각각 완전한 종으로 발견되는 것은 진화론보다 창조론을 강력하게 뒷받침해주고 있는 증거라 할 수 있는 것이다.

1991년 8월에 한국창조학회에서 열린 세미나에서 美 창조학회 부회장인 기시 박사도 진화론의 문제점에 대하여 다음과 같이 지적하였다.

첫째 : 종에서 다른 종으로 옮겨가는 중간단계의 화석이 발견되지 않았다는 점.

둘째 : 무생물에서 생물이 갑자기 생겨날 수 없다는 점.

셋째 : 열역학 제2법칙에 따르면 우주만물은 고갈되고 붕괴되는 과정을 밟게되는데, 진화론은 이 법칙과 정면으로 배치된다는 것이다. 따라서 진화론 보다 창조론이 더 신빙성이 높다는 것이다.

그러나 중요한 것은 생명의 씨앗이 우주공간에서 뿌려졌고, 지구라 불리는 행성에서 생명의 꽃이 피어났다는 사실이다. 생명의 씨앗이란 초신성이 폭발하면서 우주공간에 뿌려졌던 산소, 수소, 탄소, 질소 등의 유기물질을 말한다.

그렇다면 생명의 탄생조건은 무엇이며 생명체는 언제 어떻게 하여 생겨났는가. 우리의 지구는 생명이 탄생될 수 있는 조건을 거의 완벽하게 갖추고 있다.

태양과 지구사이의 거리, 태양의 크기, 지구의 크기, 지구의 자전과 공전속도, 지구축의 각도, 지구와 달과의 거리, 지구 그 자체의 구조와 환경문제 등 생물이 생겨나서 살아가는데 아주 적당하게 조절되어 있다.

만약 태양과 지구 사이의 거리가 너무 가까우면 뜨거워서 못살고 너무 멀면 추워서 못산다. 또한 태양이 너무 크면 초신성이 되어 일찍 사라지게 때문에 그 주변의 행성들은 생명의 꽃을 피우기 위한 시간적 여유가 없어지는 것이다.

지구 역시 너무 크거나 작으면 중력의 강약으로 인하여 대기가 없어지거나 원시대기가 그대로 유지되기 때문에 생물이 숨을 쉴 수 없게되는 것이며, 중력의 변화로 말미암아 공전운동에도 변화가 생겨, 조류, 기압, 기후 등에도 변화가 일어나 지구의 환경은 크게 달라지는 것이다.

또한 지구의 자전과 공전의 속도가 너무 느리거나 빨라도 문제가 생기는 것이며, 지구의 축이 23° 27′로 기울어져 있지 않고 태양의 적도 위에만 있어도 생물이 살아갈 수 있는 면적은 반으로 줄어들며, 달이 조금만 더 가까이 있더라도 인력 때문에 바다의 조류는 마치 해일처럼 밀려와 온 지구를 휩쓸어 버릴 것이다.

그런가하면 지구 그 자체의 구조와 환경문제도 생물이 살아가는데 절대적인 조건이 된다. 지상 20~50km 구간에 존재하는 오존층은 자외선, 우주선, v선 등의 해로운 태양광선을 흡수 차단해줌으로서 생물의 보호막이 되고 있으며 공기의 압력(기압)도 생물이 체형을 유지하기 위해 아주 적당하게 조절되어 있다. 또한 생물에 절대적으로 필요한 산소와 물이 있고 지구의 온도를 적당히 조절해주는 수증기와 이산화탄소가 있으며 소리를 전달하는 기체와 노폐물이나 오염물질을 희석시켜주는 대기가 있다.

그러나 생명의 조건 중에서 가장 중요한 것은 바로 태양의 에너지이다. 이것을 화학에너지로 바꾸어 동식물의 영양분을 만들어주는 광합성작용을 하기 때문이다. 그리고 지표 역시 생물에 절대 필요한 존재이다. 지구의 생태계를 지탱하는 영양소는 지표의 50cm 두께에 깔려있기 때문에 이것을 보존해야 식생활을 유지할 수 있게 되는 것이다.

이와 같이 우리의 지구는 생물이 생겨나 살아가는데 필요한 조건을 거의 완벽하게 갖추고 있는 것은 사실이지만 처음부터 이 같은 환경조건이 조성된 것은 아니었다.

지구의 역사는 45억년 생명의 역사는 35억년이라 한다. 따라서 지구가 생성된 후 10억년 동안은 생물이 나타나지 않았다는 것을 알 수 있다.

지구의 초기에는 너무나 뜨거웠을 뿐만 아니라 대기층에는 산소가 없었고 황화수소(H_2S)와 같은 유독성 기체들이 많았기 때문에 생명체는 도저히 생겨날 수 없는 환경이었다. 그러나 시간이 흐름에 따라 지구의 온도는 점점 내려갔고 암석에서 분출되는 탄소, 수소, 메탄, 암모니아 같은 기체들이 대기를 형성하였다. 그리고 암석에

간혀있던 물이 폭발하면서 뜨거운 지구 위에 비가 내리고 바다를 형성하였다.

대기를 형성하고 있던 탄소, 수소, 메탄, 암모니아는 태양의 자외선이나 번갯불에 의하여 파괴되고 다시 결합하는 과정을 되풀이하면서 더욱 더 복잡한 형태의 화학원소로 발전되어 나간다. 그것들은 바다 물에 녹아 더더욱 복잡한 화학반응을 하다가 어느 한 분자가 우연히 자신과 똑같은 복제품을 만들었는데 그것이 바로 생물의 핵심물질인 DNA분자였다.

시간이 흐름에 따라 자기복제는 더욱 발전되면서 생명탄생이라는 목표를 향해 진보에 진보를 거듭해 나간다.

여기까지의 과정은 1953년 美시카고대학의 밀러와 유래이가 실행한 실험결과에서 확인되었으며, 그후 코넬대학에서도 확인하였다.

그러나 이들이 실행한 실험기구 속의 탄소, 수소, 메탄, 암모니아, 수증기 등의 혼합기체와 번갯불을 대신한 전기불꽃 같은 것은 그 당시 원시지구의 대기와 똑같은 환경조건이라는 것을 증명할 수 없기 때문에 생물의 자연발생설은 사실대로 입증할 수 없다는 것이다. 이 자연발생설은 1936년 소련의 생물학자 오파린(1894~1980)이 생명의 기원이라는 책에서 발표되었다.

어쨌든 원시대기에서 일어난 화학반응에 의하여 최초로 DNA분자가 만들어졌고 DNA분자에서 단세포로 단세포는 다세포로 다세포생물은 눈, 귀, 코 등 여러 부분을 전문화한 특수기관으로 변해 세상을 보기도 하고 들을 수도 있게 되었다.

고생대에는 삼엽충 같은 무척추생물에서부터 시작하여 척추동물이 생겨났고, 중생대에는 포유류, 조류, 공룡 같은 동물이 나타났으며, 신생대에 들어와서는 태반포유동물, 초식동물, 고래, 원숭이, 육식동물, 그리고 맨 나중에 인류가 출현하였는데, 그것은 300만년 전의 일이라 한다.

별들의 핵융합반응에 의하여 만들어진 원소들이 생명의 씨앗이 되어 결국은 하나의 의식으로 탄생된 것이다. 1959년 고고 인류학자 루이리키와 메리리키 부부가 아프리카 탄자니아 지방에서 인간의 발자국을 발견하였는데, 그것이 바로 최초의 인류라는 것이다.

그렇다면 이 광대한 우주에 지구에만 생명체가 존재한다고 단정지을 수 있겠는가.

학자들의 주장에 의하면 지구와 같은 환경을 지니고 있는 행성에서는 생명의 탄생이 거의 필연적이라 한다.

우리의 은하계에는 태양과 같은 별이 약 4000억 개, 별 주위의 행성들은 약 1초3천억 개, 그 중에서 생명이 존재할 가능성이 있는 행성들은 약 3000억 개, 그 중에서 생물이 존재하는 세계가 약 1000억 개, 또한 그 중에서 한 번쯤은 기술문명이 꽃피워졌을 행성이 약 10억 개, 그 문명의 꽃이 약 100만 년 동안 유지된다고 가정해 볼 때 현재 우리의 지구처럼 문명세계를 지니고 있는 행성들은 약 10개 정도는 될 것이라는 게 美코넬대학의 드레이크 박사의 주장이다.

생명이 언제 어떻게 하여 생겨났으며 생물이 외계에도 있느냐 없느냐 하는 문제보다 더욱 중요한 것은 생명의 핵심이 과연 무엇이냐 하는 것이다.

모든 생물은 세포로 구성되어 있고 세포는 분자로 구성되어 있으며 분자는 원자로 구성되어 있다. 원자란 유기물질인 산소, 수소, 탄소, 질소, 인등을 의미하는데 이것들은 외부세계의 원자(원소)들과 똑같다.

그러나 이것들은 어디까지나 생명의 재료가 되는 물질일 뿐 생명 그 자체는 아니었다. 그럼에도 불구하고 어찌하여 생명체로 만들어졌는가.

탄소, 수소, 산소, 질소 등 유기물의 분자들은 어느 한계 이상의 복잡성을 가져야만 비로소 생명체라 말할 수 있다. 그래야만 자기복제를 할 수 있고, 유전정보를 자손만대에 전달할 수 있는 능력을 가지기 때문이다.

생명의 특징은 복잡하고 정교하며 조직적이다. 아무리 간단한 원시세포라 할지라도 그 어떤 기계보다 정교하고 복잡하다. 그런데 어찌하여 생명이 아닌 유기물의 분자들이 복잡하고 정교한 생명체로 만들어졌느냐 하는 것이다.

유기물의 분자들은 생명을 만들기 위한 재료에 불과한 것이다. 문제는 이것들이 어떻게 결합되느냐 하는 것이다.

재료 하나 하나가 올바른 순서대로 결합되어야 만이 생명체로서의 기능을 나타낼 수 있기 때문이다. 생명의 핵심물질인 세포와 DNA의 구조를 가만히 살펴 볼 것 같으면 그것은 신이 아니면 도저히 만들어낼 수 없다는 것을 알 수 있게 된다.

6. 세포와 DNA

- 생물의 핵심물질은 무엇이며, 왜 사람은 사람을 낳고, 동물은 동물을 낳는가. 사람이든 동물이든 왜 그렇게나 많은 정자를 만드는가

모든 생물은 세포로 구성되어 있고 세포는 분자로 구성되어 있으며 분자는 원자로 구성되어 있다.

우리 인간 역시 원자 분자 세포들의 집합체이다. 인간은 약 10^{28} 개 정도의 원자 60~100조 개의 세포로 구성되어 있는데, 바로 그 세포 속에 생명의 핵심물질인 DNA가 들어있다.

단세포생물은 그 자체가 바로 생명체가 되고 다세포생물은 수많은 세포가 모여 하나의 개체를 이룬다.

외형상 모든 생물은 각각 다른 형태를 취하고 있지만 본질적으로

세포의 성분과 구조와 기능은 거의 동일하다. 그러나 모든 생물이 각각 다른 이유는 생물마다 각각 다른 유전지시서를 가지고 있기 때문이다. 유전지시서란 생물이 자기복제를 할 때에 사용되는 염기를 의미한다.

염기란 DNA를 구성하고 있는 가장 핵심적인 물질인데, 염기의 배열순서에 따라 생물의 형태와 성질이 달라지는 것이다.

세포와 DNA의 세계를 관찰하기 전에 필자는 중요한 문제 두 가지를 지적하고자 한다.

결론부터 말해본다면 DNA는 음양의 결합체이며, DNA의 복제과정에서도 정확하게 음양의 결합이 이루어지고, DNA를 감싸고 있는 세포막에서는 人氣가 발생한다는 사실이다.

그러면 세포와 DNA의 구조를 통하여 인기와 음양의 결합과정을 좀더 자세히 살펴보기로 한다.

첫째 : 세포의 구조와 기능

세포는 외부세계와 똑같은 분자, 원자로 구성되어 있고, 크기는 수 μm밖에 안된다. 이것은 너무나 작기 때문에 전자현미경으로 관찰해야되지만 그 속에서는 실로 엄청난 사건이 일어나고 있다.

세포 속에서는 동물이나 식물에 필요한 에너지가 만들어지기도 하고, 생물체로서의 기능을 수행하는 가장 대표적 물질인 단백질이 만들어지기도 하며, 자기 스스로 분열을 하여 자신과 똑같은 세포를 만들기도 한다. 그런가하면 다른 세포가 들어왔을 때 동종인지 이종인지를 알아내는 인식능력을 가지고 있을 뿐만 아니라 외부로부터 들어온 해로운 물질을 확인하고 파괴하는 면역체계도 가지고 있다.

세포는 세포내의 여러 소 기관들과 밀접하게 연관되어 있기 때문에 각각의 소 기관 그 자체는 존재가치가 없고 다른 기관들과 서로 의존적일 때 비로소 그 의미를 가지게 된다.

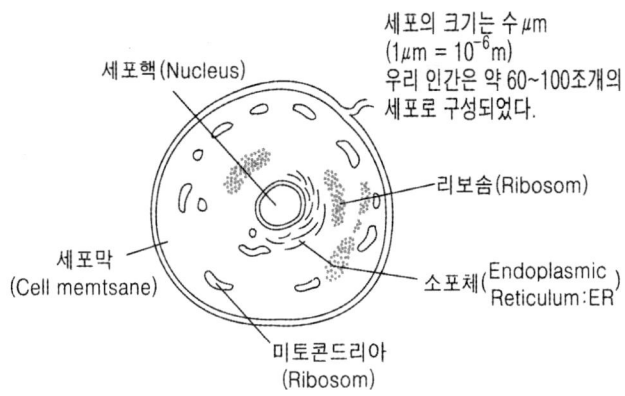

세포핵(Nucleus)

세포의 크기는 수 μm
(1μm = 10⁻⁶m)
우리 인간은 약 60~100조개의
세포로 구성되었다.

리보솜(Ribosom)

세포막
(Cell memtsane)

소포체 (Endoplasmic
Reticulum:ER)

미토콘드리아
(Ribosom)

그림 21 세포의 구조와 크기

그러면 세포를 구성하고 있는 소 기관들은 각각 어떤 일을 하고
있는가.

세포막(Cell membrance)

세포막은 두께가 약 0.01μm로 되어 있다. 이것은 외부에 대한 경
계 막인데, 인접해 있는 세포 또는 다른 세포를 만났을 때 자신과
같은 동종인지 아닌지를 알아내는 인식능력을 지니고 있으며, 외부
에서 들어온 해로운 물질을 파괴하는 면역체계를 가지고 있을 뿐만
아니라 세포막에서 발생하는 생체전기는 생명현상의 중요한 원인이
되고 있는 것이다.

세포막은 주로 당 단백질과 많은 종류의 단백질로 구성되어 있으
며, 두 개 층으로 된 인지질분자를 사이에 두고 양쪽의 외부를 둘러
싸고 있는 형태를 취하고 있다.

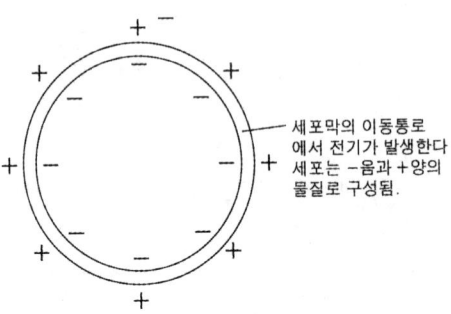

세포막의 이동통로
에서 전기가 발생한다
세포는 -음과 +양의
물질로 구성됨.

세포막을 구성하고 있는 인지질분자의 구조.
여기에서 O는 -음 H는 +양 세포는 수소H, 탄소C 질소N
인 P〈O.H.C.N.P〉등으로 구성됨.
즉, -음과 +양의 원소로 구성되어있다.

그림 22 세포막의 구조와 구성 물질

세포막을 구성하고 있는 인지질분자들은 C탄소, H수소, O산소,
N질소, P인 등 외부세계와 똑같은 유기물질로 되어 있는데, 그 중
에 산소O는 -음전기, 수소H는 +양전기를 지니고 있기 때문에 인
지질분자들은 음양의 결합체이다.

그런데 중요한 것은 세포막의 이온통로에서 전기가 발생한다는 사
실이다. 이것을 생체전기 또는 생명의 에너지라 하는데, 이것이 바
로 신경에 전달되어 생명현상의 원인이 되고 있다.

생명의 에너지, 즉 생체전기를 生氣, 또는 人氣라 할 수 있으므로
인기 역시 천기나 지기처럼 전자파를 이루면서 나타나게 되는 것이
다. 이를테면 뇌 세포에서 발생하는 뇌파가 바로 인기에 해당된다.

전자파는 우리 인간뿐만 아니라 뱀장어, 박쥐, 철새, 돌고래에서도 발생하고 심지어 식물에서도 발생한다.

예컨대 박쥐는 전자파를 이용하여 물체를 구별하고, 전기뱀장어는 전기를 발생시켜 적을 물리치고, 철새들이 아무런 표시판도 없는 수만리 머나먼 길을 오고갈 때에는 머리 속에 흐르는 전류(뇌파)와 태양광선(天氣), 지구의 자기(地氣)를 복합적으로 이용하여 좌표와 방향을 잡아 나가는 것이다. 또한 고래의 뇌파는 전쟁에 이용되기도 하였는데, 제2차세계대전 때 돌고래의 뇌파에다 주파수를 맞추어 유도시킴으로써 적 군함을 격침시키기도 하였다.

그런가하면 식물도 전자파를 발생시킨다는 사실이 밝혀졌는데, 노벨 화학상 수상자인 미국의 칼빈 박사는 태양광선의 영향을 받는 식물 잎에서 1평방인치당 0.1마이크로 암페아의 전류가 흐르는 것을 발견하였다. 또한 이 전류가 식물의 기억력을 형성하고 있다는 것이 소련 과학아카데미에서 실험적으로 입증되었다.

이와 같이 생명의 에너지는 세포막에서 발생하여 전자파로 나타나게 되고 생물마다 각각 자기필요에 따라 다양하게 이용되고 있는 것이다.

현대물리학의 양자이론에 따르면 중력·강력·약력·전자기력 등 모든 에너지는, 물질 그 자체에서 발생되는 것이라 하였듯이 天氣, 地氣, 人氣 등 우주의 모든 氣는 물질 그 자체에서 발생한다는 것을 알 수 있는데, 人氣는 바로 세포막에서 발생하는 것이다.

易學이나 韓方醫學 또는 風水地理學을 연구하는 모든 사람들은 氣에 대한 본질적인 의미를 과학적으로 알아두어야 하는 것이 중요하다.

미토콘드리아(mitochondria)

세포질 속에 산재해 있는 타원형, 막대기형, 원형으로 구성된 구조물로써 세포내의 호흡작용에 관여하는 중요한 소기관이다. 즉 세포의 발전소와 같은 역할을 하면서 세포의 원동력이 되고 있는 물질이다.

여기에는 세포의 호흡과 연관된 효소가 들어있어서 세포의 활동에 절대적으로 필요한 에너지를 만들어내고 있다.

식물의 세포는 엽록체라는 분자공장을 가지고 있으며, 동물의 혈액 속에 있는 세포는 미토콘드리아라는 분자공장을 가지고 있는데, 식물의 엽록체는 햇빛, 물, 이산화탄소를 식물에 필요한 에너지(탄수화물, 산소)를 만들고 동물의 세포에 들어있는 미토콘드리아는 동물이 먹은 음식과 산소를 결합하여 동물에 필요한 에너지를 빼내는 것이다.

리보솜(Ribosome)

이것의 크기는 약 $0.02 \mu m$.

바로 여기에서 단백질이 만들어진다. DNA의 지시를 받은 전령 mRNA에 의하여 여러 가지 종류의 아미노산을 순서대로 연결시켜 단백질을 합성하게 된다.

소포체(망상조직체)(Endoplasmic reticulum : ER)

이것은 그물모양으로 되어 있다하여 망상조직체라고도 하는데, 세포막에 연결되어 물질을 내보내기도 하고 이동시키기도 한다.

이 밖에도 세포는 여러 종류의 소기관들로 구성되어 있으나 가장 중요한 부분은 세포 중심부에 자리잡고 있는 핵이다.

핵(Nucleus)

핵은 세포의 중심부에 자리잡고 있다. 핵은 핵막으로 싸여있는데, 바로 이 속에 핵 전체를 다스리는 DNA가 들어앉아 있다.

DNA는 세포의 모든 활동을 통제하고 조절하는데 필요한 명령을 내리고 또한 세포의 다음 세대에도 똑같은 정보를 전달해 준다. 그러나 모든 소기관들이 다 그러하듯이 핵은 단독으로 활동할 수 없고 다른 소기관들과 서로 밀접한 관계를 유지하면서 모든 정보를 구체화하는데 필요한 단백질과 에너지를 얻고 있다.

핵 내부를 전자현미경으로 들여다보면 기다란 끈처럼 생긴 물질이 헝클어진 채 수없이 많이 들어있는데, 그것이 바로 DNA와 히스톤(histon)으로 결합된 염색체이다.

염색체의 수는 父계와 母계로부터 나온 두 개의 생식세포가 결합하여 하나의 수정란이 될 때 비로소 완전한 체세포의 염색체수(2n)를 가지게 된다. 생물은 각각 다른 수의 염색체를 가지고 있는데 사람은 46개(2n)의 염색체수를 가지고 있다.

염색체에는 인체의 형성에 필요한 모든 정보가 담겨져 있는데, 염색체의 한 조를 일컬어 제놈(genome)이라 한다. 하나의 제놈에는 생명체의 모든 생물학적 특성을 규정하는 유전자가 약 10만 개 정도 들어있을 것이라 한다. 이 유전자에 관한 비밀을 밝혀보려는 계획을 제놈프로젝트라 한다.

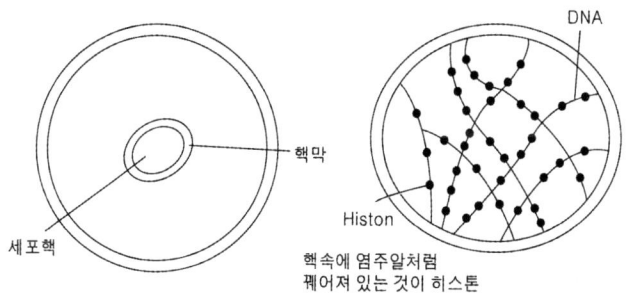

그림 23 세포핵

둘째 : DNA의 구조와 기능

생물은 무생물과는 달리 자기자손을 번식하는 특징이 있다. 그러나 반드시 자기와 닮은 것을 번식한다. 즉 개는 개를 낳고, 소는 소를 낳고, 원숭이는 원숭이를, 사람은 사람을 낳는다. 식물도 그와 같은 것이니 콩 심은 데 콩 나고 팥 심은 데 팥 난다.

그렇다면 어찌하여 이 같은 현상이 일어나는가. 이 같은 현상을 가능케 한 물질은 무엇이며, 또한 자신의 정보를 자손 대대로 물려줄 수 있는 방법이 무엇이란 말인가.

생물의 유전현상이 어떻게 이루어지느냐 하는 문제는 20세기에 들어오면서부터 풀리기 시작하였는데, 그 유전물질이 바로 세포핵 속에 들어있는 DNA라는 것이다.

이것이 세상에 처음 알려진 것은 1920년이라 한다. 그후 1944년 록펠러제단의 오스왈드와 에버리라는 두 명의 학자가 그것이 유전정보를 전달하는 물질이라는 것을 알아냈고, 1953년에 왓슨과 크릭에 의하여 DNA분자 구조해명에 성공을 거두었다.

그후 약 20년이 지난 1972년에 DNA분자 구조변경이 가능해졌고, 또 20년이 지난 1990년대 초에는 DNA의 정체가 약 5% 정도 밝혀졌는데 나머지 95%를 밝혀내기 위한 계획이 美日을 비롯한 선진국에서는 이미 착수되었다. 생명의 신비를 풀어줄 것으로 기대되는 이 야심찬 계획을 일컬어 제놈프로젝트(Genome project)라 한다.

모든 생물은 유전정보를 전달하는데 핵산 DNA를 사용하고 세포의 화학반응을 제어하기 위한 효소로 단백질을 사용한다. 따라서 단백질과 핵산DNA 이 두 개의 분자가 바로 생명의 기본적 구성물질이다.

단백질은 생물체로서의 기능을 수행하는 가장 대표적인 화합물질이며, DNA는 자기복제와 자신의 정보를 자손 대대로 물려주는 역할을 한다. 이 DNA의 역할이 알려짐에 따라 단백질과의 상호 연관성도 밝혀졌는데, 단백질은 DNA가 복제작업을 할 때 없어서는 안될 아주 중요한 물질이다. 이 특수한 기능을 가진 단백질을 효소라하며 DNA가 복제할 때에는 약 70개의 효소가 필요한 것으로 알려졌다.

그런데 이 효소들은 DNA 스스로 만들어 사용한다는 것이다. 그렇다면 핵산 DNA는 어떻게 하여 유전정보를 전달하고 또한 어떻게 하여 단백질을 만들어내는가.

DNA(Deoxyribo nucleic acit) 디옥시리보 핵산의 구조

DNA를 구성하고 있는 물질 역시 외부세계의 물질과 똑같은 산소, 수소, 탄소, 질소, 인 등으로 되어 있다.

DNA는 이중나선형구조로 되어있는데 이것을 좀더 자세히 살펴본다면 마치 긴 사다리가 꼬여져있는 것 같은 형태를 취하고 있다. 두개의 버팀대 역할을 하고 있는 것은 당과 인으로 구성되어 있으며, 버팀대 사이에 사다리의 발걸이 모양을 하고 있는 것은 산소, 수소, 탄소, 질소, 인 등인데, 이것을 뉴클레오타이드(nucleotide : 염기)라 한다.

뉴클레오타이드, 즉 염기는 Adenine(아데닌), Thymine(티민), Guanine(구아닌), cytosine(씨토신) 등 네 종류의 염기로 구성되어 있다. 이 네 가지 종류의 염기가 서로 대칭을 이루면서 DNA는 이중나선형 구조를 취하고 있는데, 여기에서 중요한 문제는 이것들이 서로 음양의 결합을 이루고 있으며 이것들이 풀어지면서 똑같은 복제작업을 할 때에도 역시 음양의 결합이 이루어진다는 사실이다.

인간의 DNA는 수천 억 개의 분자로 구성되어 있고, 약 60억 개의 염기로 연결되어 있는데, 모든 생물이 각각 다른 이유는 염기의 연결(배열)순서가 각각 다르기 때문이다.

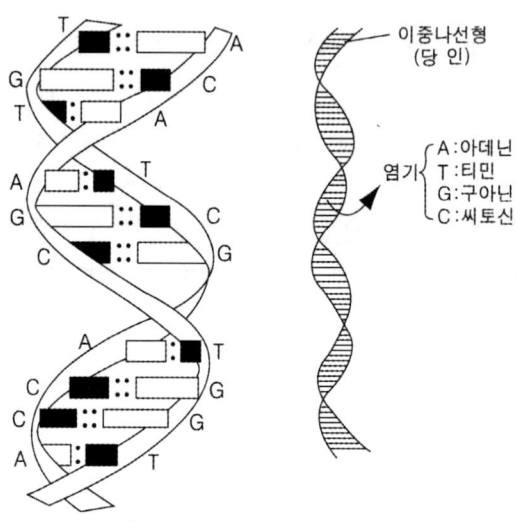

염기 ATGC는 산소 O, 수소 H, 탄소 C, 질소 N로
구성되어 있고 이것들은 서로 수소결합을 하고 있다.
즉 -음 +양의 결합을 하고 있다.
(ATGC는 음과 양 대칭적 구조로 되어 있다.)

그림 24 DNA의 구조

  DNA는 핵산의 일종으로써 두 개의 버팀대는 당(sugar)과 인
(phosphato)으로 구성되어 있다. 사다리의 발걸이 모양으로 된 네
종류의 염기(뉴클레오타이드)는 O(산소), H(수소), C(탄소), N(질
소) 등으로 구성되어 있다. 여기에서 O(산소)는 -음전기를 띠고 있
으며, H(수소)는 + 양전기를 띠고 있으므로 네 개의 염기는 서로
수소결합을 하고 있다. 따라서 DNA는 음양의 결합이다.
  천지만물은 음양이 결합되어 만들어진 것이라 하였듯이 150억 년
전 우주가 생겨난 직후에 가장 먼저 만들어진 수소 원자 역시 -음
의 전자와 + 양의 핵이 결합되어 만들어진 음양의 결합체이다. 생
물의 핵심물질인 DNA분자 역시 -음성적인 원자와 + 양성적인 원

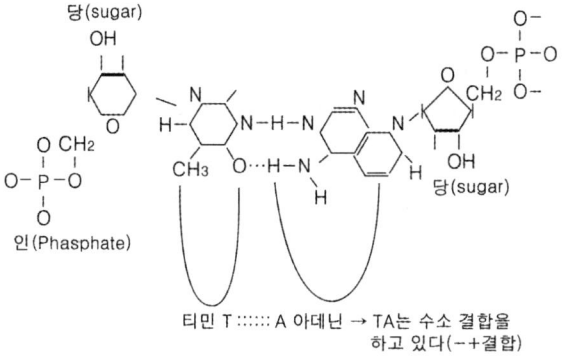

티민 T ┈┈ A 아데닌 → TA는 수소 결합을
하고 있다(－＋결합)

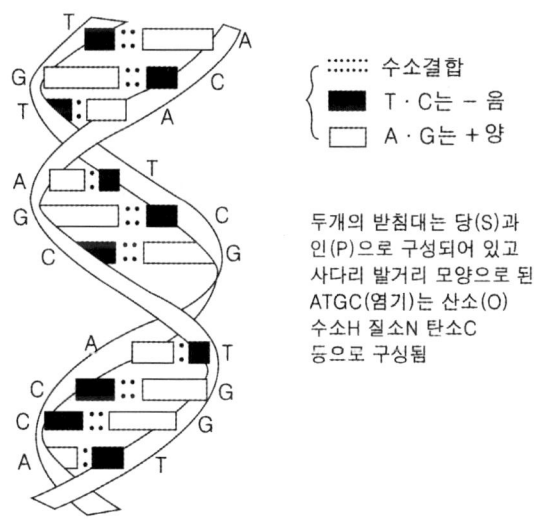

┈┈ : 수소결합
■ T · C는 － 음
□ A · G는 ＋ 양

두개의 받침대는 당(S)과
인(P)으로 구성되어 있고
사다리 발거리 모양으로 된
ATGC(염기)는 산소(O)
수소H 질소N 탄소C
등으로 구성됨

그림 25 DNA의 구조와 구성물질

자가 결합되어 만들어진 음양의 결합체이다. 즉 － 음의 T(티민)과
＋ 양의 A(아데닌) － 음의 C(시토신)과 ＋ 양의 G(구아닌)이 결합되
어 만들어진 음양의 결합체이다.

이것들은 음양의 법도에 따라 다시 결합할 때에도 역시 음양의 결합을 하게 된다.

DNA의 수소결합은 비교적 약한데도 불구하고 안정되어 있기 때문에 유전자를 안전하게 보존하는 동시에 필요할 때에는 쉽게 분리될 수 있도록 되어 있다. 이것은 수소결합이 지니고 있는 하나의 신비스러운 특성인데, 유전자의 안정된 저장과 신속한 정보전달을 위해 아주 적합한 결합장치로 되어있다.

그렇다면 DNA는 어떻게 분리되며 어떻게 결합되는가.

DNA의 복제(음양의 결합)

DNA가 복제작업을 시작할 때에는 이중으로 꼬여진 두 개의 끈 중에 하나가 끝에서부터 풀어지면서 새로운 가닥의 끈이 만들어지게 된다.

일단 분리작업이 시작되면 DNA폴리메라제라는 효소(단백질)가 복제작업을 돕는데, 중요한 것은 복제과정에서 반드시 음양의 결합이 이루어진다는 사실이다.

사다리의 발걸이처럼 생긴 네 종류의 염기 ATGC는 각각 제 짝을 찾아 결합한다. A는 T에 가서 결합하고, G는 C에 가서 결합하는데, TC는 음이요, AG는 양이다.

이 같은 방법에 의하여 새로 만들어진 DNA는 원래의 DNA염기와 똑같은 배열순서를 가지기 때문에 세포는 몇 대를 거쳐 분열을 거듭해도 모든 세포가 똑같은 유전자를 가지게 되는 것이다. 새로 만들어진 DNA의 가닥 중에 하나는 어버이로부터 그대로 물려받은 것이요, 나머지 한쪽 가닥은 새로 만들어진 것이다.

만약 복제과정에서 음양의 결합이 이루어지지 않고 엉뚱하게 음과 음, 양과 양의 염기끼리 결합할 때에는 그 즉시 효소가 작용되어 음양의 결합이 이루어지도록 바로잡아 준다. 그래도 제짝이 아닌 것과

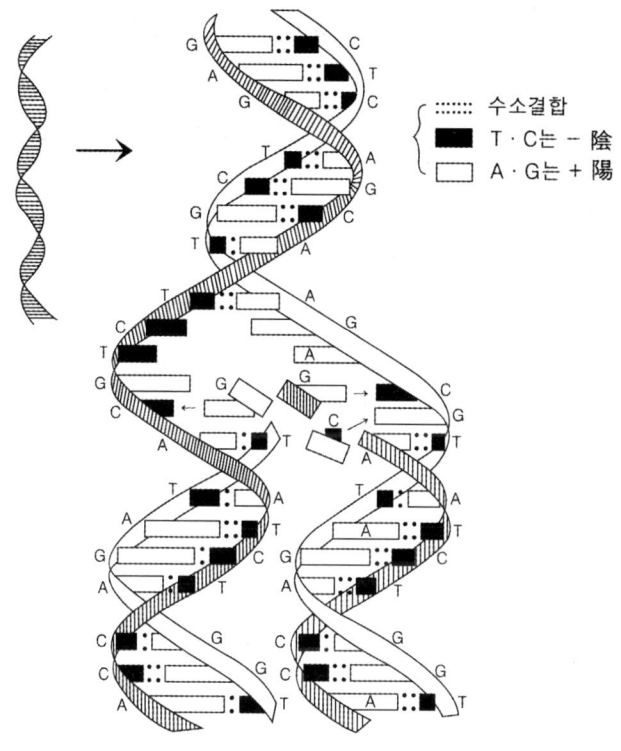

그림 26   DNA의 복제과정

결합할 때에는 돌연변이가 일어나기 때문에 새로운 생명체가 만들어
지더라도 기형이 되거나 죽기까지 한다.

　음인 여자와 여자, 양인 남자와 남자는 결합할 수 없듯이, 음양의
이치가 오묘하다는 것은 바로 DNA의 세계에서 찾아볼 수 있는 것
이다.

　인간의 경우 약 60억 개의 염기가 순서대로 결합되어 이어져있는
데 모든 생물이 각각 다른 이유는 염기의 배열순서가 다르기 때문이

다. 따라서 전혀 새로운 형태의 생물이나 인간을 만들어 내기 위해서는 염기를 새로운 순서대로 이어 붙여야 된다. 모든 생물은 염기의 배열순서에 따라 그 형태와 특성이 결정되는 것이다.

유전물질인 DNA와 더불어 또 하나 생명의 기본적 구성물질은 단백질이다. 앞에서 설명한 것과 같이 DNA는 단백질이 있어야 만이 자기복제를 할 수 있다.

단백질의 합성

단백질은 세포의 구조를 형성하고 각종 대사를 일으킴으로써 생물체로서의 기능을 수행하는데 가장 대표적인 화합물질이다. 즉, 생물의 기능은 단백질이 담당하고 있다.

그러면 단백질은 어떻게 만들어졌는가.

단백질은 DNA에 의하여 만들어진다. 그러나 DNA는 직접 만드는 것이 아니라 심부름꾼인 RNA를 시켜서 만든다. RNA 역시 DNA가 만든 것이다.

DNA가 명령을 내리면 RNA는 DNA로부터 전달받은 유전정보를 가지고 핵밖에 있는 단백질 합성공장인 리보솜으로 들어간다. 리보솜에서는 유전정보가 판독되어 단백질이 만들어지게 된다. 다시 말해 DNA에 저장되어 있는 유전정보가 전령(messenger) RNA에 의하여 리보솜에 전달되고 리보솜에서는 유전정보가 판독되어 단백질이 만들어지는 것이다. 단백질은 약 20가지 종류나 되는 아미노산이 모여서 만들어진 것인데, 바로 이 아미노산 연결(배열)작업을 RNA가 하는 것이다. 인간은 약 100조 개의 세포로 구성되어 있고 세포는 각각 필요한 정도에 따라 여러 가지 종류의 단백질을 만드는데 세포 내에서는 10만 종류 이상의 단백질이 만들어진다고 한다. 그러나 중요한 것은 단백질이 만들어지는 과정에서 세포의 성장이 조절된다는 것이다. 세포의 성장이 어떻게 조절되느냐 하는 문제는 아직까지 미스테리로 남아있는데, 생명의 신비를 알아내는 열쇠가 바로 여기에 있다.

　DNA에 숨겨진 비밀은 아직까지 풀 수 없는 수수께끼지만 모든 유전정보가 숨겨져 있는 DNA의 염기 배열순서를 밝혀낼 수만 있다면 하나의 세포가 어떻게 하여 복잡한 유기체로 발전하며, 하나의 수정란이 어찌하여 어른으로 발전해 나가는지, 또한 특정 인체부위의 세포가 어찌하여 자신의 역할을 알고 있으며, 인체의 면역체계는 어떻게 이루어지는지, 그리고 인간은 어째서 생로병사하며 원숭이와 다른가 하는 문제들이 밝혀질 수 있을 것이라 한다.

　인간의 경우 ATGC 네 가지 종류로 구성된 60억 개의 염기가 순서대로 이어져있는데 이 염기배열순서를 알아내는 것이 바로 문제의 핵심이 되는 것이다. 왜냐하면 모든 유전정보는 여기에 숨겨져 있기 때문이다.

　ATGC로 구성된 염기 속에 담겨져 있는 유전정보량을 문자화하였을 때, 바이러스는 약 1만 비트(책 100페이지에 해당)인데, 이 정보의 내용은 다른 생물에 침투하여 자신과 똑같은 것을 만들라는 명령문이다. 그리고 박테리아는 100만 비트(책 100만 페이지), 아메바는 400만 비트(500페이지 짜리 책 80권)인데, 이것은 또 다른 아메바를 만들라는 지시서이다. 그리고 인간은 약 50억 비트(전화번호부 600권에 해당)이다. 이 엄청난 정보량은 인간의 100조 개나 되는 세포마다 들어있는데, 이것은 인체의 구석구석을 빠짐없이 만들라는 명령문이요, 지시서이다.

　다시 말해 이렇게나 많은 양의 유전정보에 의하여 DNA는 어떻게 복제를 하며 어떻게 단백질을 만들어내며, 어떻게 하나의 세포가 인간으로 만들어지느냐 하는 문제가 결정되는 것이다.

　전 세계 여러나라 학자들은 이 유전정보를 알아내기 위한 염기배열 연구에 심혈을 기울이고 있다. 1998년 12월 11일에 전해진 외

신보도들에 의하면 미국 워싱턴대학의 로버트 워터스턴 박사와 영국 생거연구소의 존설스턴 박사는 과학전문지 싸이언스 최신호에서 인간의 염기배열과 40% 닮은 케노합디티스 앨레간스라는 선충(회충)의 염기배열을 완전히 해독하는데 성공하였다고 전한다.

인간은 80000개의 유전자에 총 30억 개의 염기배열 쌍을 가지고 있으며, 선충은 19099개의 유전자에 9700만개의 염기배열 쌍을 가지고 있는데, 이것들은 생물학적으로 유사한 점이 있어서 인간의 유전자 구조해명과 난치병치료에 획기적인 기여를 한다는 것이다.

길이가 1mm에 불과한 선충의 유전자정보는 신문지 2748쪽에 해당하는 방대한 양인데, 40%가 인간의 유전자와 동일하고 지금까지 알려진 인간의 유전자 중에 70%가 선충에 들어있다는 것이다.

이 선충과 인간이 공유하고 있는 유전자를 연구하면 유전자가 잘못되어 발생한 인간의 질병 원인과 치료방법을 알아낼 수 있게 됨으로써 의학에 심대한 영향을 주게 된다는 것이다. 또한 동물, 식물의 경우 염기배열을 조작함으로써 개나 소, 돼지를 크게 만들 수도 있고 농작물의 수확량도 조절할 수 있다. 또한 인간의 경우, 지문처럼 사람마다 DNA형태가 다르기 때문에 범행현장에 남아있는 혈액이나 정액, 체모 같은 것을 용의자의 DNA와 비교하면 범인 여부를 금방 알 수 있는 것이다.

이와같이 인간이든 식물이든 동물이든 모든 생물은 세포로 구성되어있고, 세포는 D.N.A로 구성되어 있는데 모든 생물이 각각 다른 이유는 D.N.A의 염기배열순서가 다르기 때문이다. 그래서 언제나 개는 개를 낳고, 소는 소를 낳고, 사람은 사람을 낳고, 콩은 콩을 낳고, 팥은 팥을 낳는 것이다.

미국영국의 연구팀들은 이 대칭적 구조를 지니고 있는 DNA의 복잡한 염기배열쌍을 쉽게 알아보고 처리할 수 있는 컴퓨터와 소프트웨어도 개발하였기 때문에 2003년으로 예정되었던 인간의 제놈프로젝트 완성은 2년 정도 단축될 것이라 한다.

MIT공대의 유전학자 로버트 호비츠 박사는 이 선충의 유전자배열 완성에 대하여 달 착륙보다 더 획기적인 업적이라 말하였듯이 인간의 유전자 배열을 완전히 알아낼 수만 있다면 아직까지 미스테리로 남아있는 인간의 생로병사 문제는 자연적으로 풀릴 것이고, 누구든 원하기만 하면 미남, 미녀를 낳을 수도 있으며, 늙지도 죽지도 않는다는 꿈같은 일들이 현실로 다가올 것이다.

그러면 먼저 인간의 유전현상은 구체적으로 어떻게 이루어지는가?

셋째 : 생식세포

모든 생물은 생식세포에 의하여 자신과 똑같은 자손을 번식하게 된다.

하등생물은 생식세포가 만들어지지 않고 간단한 무성생식을 거쳐 자손을 번식한다. 그러나 고등생물은 생식세포를 통하여 음양이 결합하는 유성생식을 이루어야 만이 자손을 번식할 수 있다.

음양의 결합이란 암컷의 생식세포인 난자와 수컷의 생식세포인 정자의 결합을 의미한다. 결합된 생식세포는 수정란으로써 하나의 완전한 개체가 되어 성장하기 시작한다.

인간의 경우 한 번 사정된 정액은 약 5.5ml인데, 1ml에 약 1억 마리의 정자가 존재한다고 한다. 이렇게 수억 마리나 되는 정자가 난자를 향하여 수정장소에 도달하는 과정에서 300∼500마리만 남게 되고, 또한 그중 에서도 단 한 마리만 난자 속으로 뚫고 들어가 수정이 된다. 수정된 수정란은 난관을 거쳐 자궁 속으로 운반되어 착상을 한다.

수정란 속에는 부모로부터 물려받은 전화번호부 600권에 해당하는 유전정보가 모두 들어있는데, 이 정보는 인체를 하나도 빠짐없이 완전하게 만들라는 명령문이요, 지시서이다. 유전지시에 따라 수정란은 단 한치의 오차도 없이 분열에 분열을 거듭하면서 놀라운 속도로 성장을 하기 시작한다.

태반과 탯줄과 양막으로 구성된 작은 공간 속에서 약 3주 지나면 심장이 생겨나 박동이 시작되고, 그후 1주일에서 12주 동안에 걸쳐 뇌를 비롯하여 척추 신경조직, 신장, 간장 등 오장육부가 생겨나며 태아의 운동이 충분할 정도로 신경이 발달된다. 그리고 출생할 때까지 빠르게 성장하면서 남녀의 생식기가 뚜렷이 구별된다.

이렇게 하여 태어난 아이는 단 하나의 세포(수정란)가 연속적으로 분열을 하여 생겨난 것인데, 부모로부터 이미 전달받은 유전자DNA에 의하여 누가 가르쳐주지 않았지만 자기 스스로 어떻게 해야 되는지를 모두 알게 된다.

우는 법, 웃는 법, 먹고 소화시키는 법, 걷는 법, 사물에 대한 유형 구별 법, 성인이 되어 아기 만드는 법 등 오랜 옛날부터 전해져 내려오는 유전정보에 의하여 실행되는 것이다.

그렇다면 하나의 생명을 만들어내기 위해 어째서 그렇게나 많은 정자가 필요한 것인가.

영국 멘체스트대학의 로빈베이커와 마크벨리스 박사의 주장에 따르면 그 많은 정자들 중에서 비정상적인 것이 상당히 많은데, 그것들은 두 가지의 일에 기여한다는 것이다.

먼저 동료정자가 성공을 거두기 위해 고도의 팀웍을 이루어 난자 주위에 장벽을 쌓아 다른 개체에서 나온 정자의 침입을 봉쇄하고 또 한편으로는 다른 개체의 정자들을 공격 파괴한다는 것이다.

그러면 인간이든 동물이든 어째서 그렇게나 많은 수의 정자를 만드는 것일까. 학자들의 연구결과에 따르면 그것은 여성의 부도덕 때문이라는 것이다.

동물의 경우 암컷은 가장 강한 짝을 찾아 여러 수컷을 상대한다.

따라서 수컷들은 확률을 높이기 위해 더 많은 정자를 생산해야 된다. 그러므로 암컷이 상대를 가리지 않는 동물일수록 수컷의 불알은 크다는 것이다.

예컨대 한 마리의 수컷이 지배하는 고릴라 세계의 경우 수컷의 불알은 덩치에 비해 매우 작기 때문에 한 번 사정할 때의 정자수도 적다는 것이다. 그러나 여러 마리가 집단을 이루어 암수가 치열한 경쟁을 벌이는 짧은 꼬리 원숭이의 경우 한 번에 수십 억 마리의 정자를 사정한다는 것이다. 그런가하면 쥐의 경우 암컷이 정해져 부부관계를 계속 유지할 때에는 정자수가 적은 반면에 암컷이 바람기가 있어 이 놈도 좋고 저 놈도 좋을 경우 수컷의 정자수는 배 이상으로 증가했다는 것이다.

이와 같이 수컷의 정자 수는 암컷이 얼마나 정숙하고 도덕적이냐에 따라 결정되는데 우리 인간의 경우도 그와 같다는 것이다.

100쌍의 자원자들을 상대로 하여 실험을 해보았는데, 어떤 사람들은 늘 붙어다니게 하고, 또 어떤 사람들은 떨어져 지내게 하였다. 늘 붙어지내는 남자의 경우에는 정자수가 줄어들더라는 것이다. 이것은 사회적 환경에 따라 정자의 생산량이 조절된다는 것을 반증한 것이다.

그러면 마지막으로 우리 인체에서 가장 중요한 역할을 하고 있는 뇌의 기능에 대하여 한 번 살펴보고 넘어가기로 한다.

7. 뇌

뇌는 500~1조 개의 세포가 복잡하게 연결되어 있는 세포의 집합체로서 모든 신체적 정신적 작용을 총괄적으로 지휘통제하는 역할을 한다. 따라서 뇌는 100조 비트나 되는 엄청난 양의 정보를 가지고 있는데 이것은 유전자 DNA의 정보와는 다르다.

뇌의 정보는 뉴론이라 불리는 신경세포 속에 들어있다는 것이 밝혀졌으며, 이것은 전기 화학적 스위치소자와 같은 역할을 한다는 것이다.

각자의 두뇌 속에는 책 2000만 권에 해당하는 정보가 들어있으며, 이것은 DNA의 정보량보다 훨씬 많은 숫자이다. 이 수많은 정보에 의하여 우리들의 신체적 감각이나 정신적 지각활동이 가능해지는 것이다.

뇌에서 내려진 명령은 척수를 중심으로 하여 온몸에 연결되어 있는 신경계를 통하여 각 기관에 전달되고 반대로 온몸에서 모아진 정보는 역시 신경계와 척수를 통하여 뇌에 전달된다.

뇌와 연결되어 있는 인체의 모든 신경계는 마치 전국적으로 연결되어 있는 컴퓨터 전산망과 같은 역할을 하는데, 뇌로부터 나오고 들어오는 정보는 중추신경, 척추신경을 중심으로 하여 감각신경, 운동신경, 뇌신경, 자율신경, 교감신경 등을 통하여 전달되는 것이다.

예컨대 인체내의 오장육부, 혈관, 자궁분비선, 음식소화 등은 자율신경에 의하여 무의식적 자율적으로 이루어지는 것이다. 세포에서 발생하는 생체전기(생명의 에너지)는 바로 이 신경계에 전달되어 모든 생명현상의 원동력이 되고 있다.

인간의 뇌는 대뇌, 중뇌, 소뇌 등 여러 부분으로 나누어져 있지만 크게 볼 때 두뇌 역시 음과 양으로 나누어져 서로 대칭적인 성질을 띠고 있다.

지난 1991년 이화여대에서 열린 대한 신경정신의학회에서 어느 정신의학자가 발표한 논문은 비상한 관심을 불러 일으켰는데, 그의 논문에 따르면 인간의 뇌도 음과 양으로 나누어진다는 것이다.

음은 육신이요, 양은 정신이니 음성적인 뇌는 소화, 호흡, 심장박동 등 본능적 기능을 총괄하고, 양성적인 뇌는 정신작용을 총괄한다는 것이다.

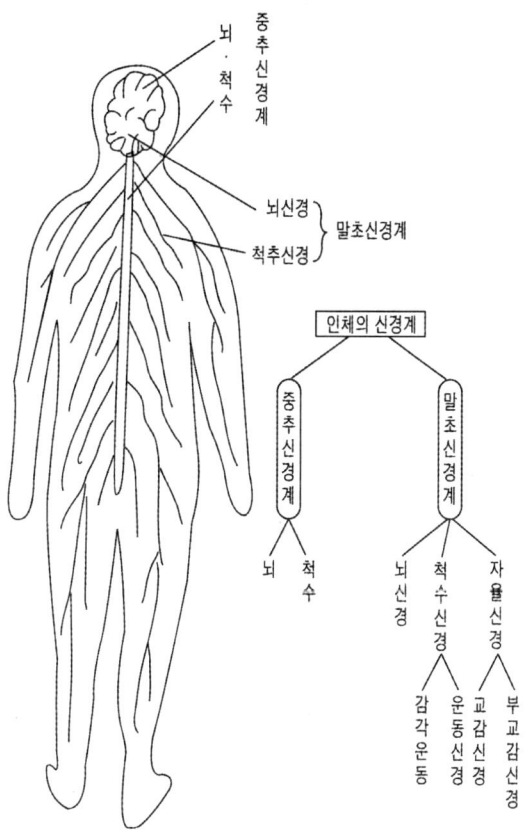

그림 27　신경계

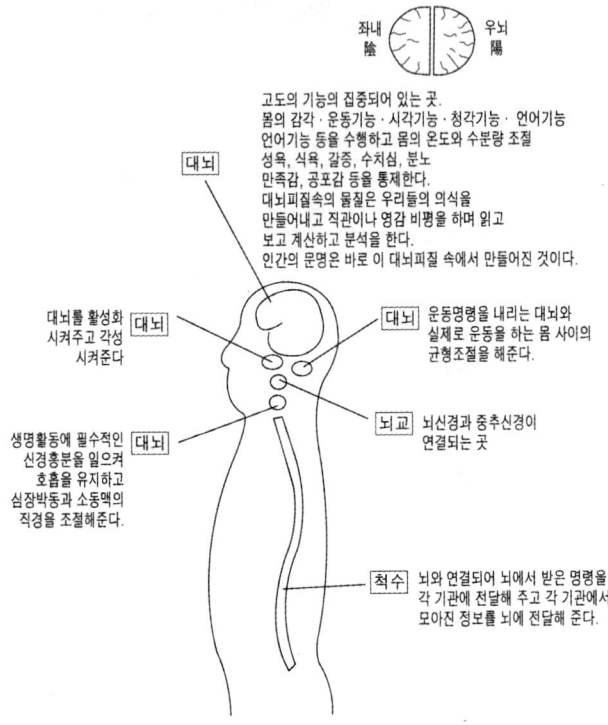

그림 28 두 뇌

　건강상태라는 것은 氣와 血, 즉 陰과 陽이 조화를 이루는 상태이며, 질병에 걸린다는 것은 에너지를 배분하는 조절중추가 제 기능을 하지 못해 陰에 축적된 과잉에너지가 넘쳐 대뇌피질을 교란시키는 상태라는 것이다. 즉 陰陽의 부조화가 신체적, 정신적 질서를 깨트려 질병이 일어난다는 것이다.

　질병치료는 음의 과잉에너지를 낮추어 대뇌피질 기능을 회복하는 방법, 항정신병 항우울증 항불안약물 등 종래의 정신과에서 쓰던 약물로 주로 치료하지만 열이 강한 사람과 열이 약한 사람 내향성인 사람, 외향성인 사람 등 이른바 한방의학에서 말하는 四衆醫學的 체질로 나누어 약물을 복합적으로 사용한다는 것이다.

넘치는 기는 낮추고 모자라는 기는 높여주어야 되는 것이 음양의 조화인즉 어느 한쪽에만 기가 치우치게 되면 조화가 깨져 질병이 일어나게 된다.

우리가 살고있는 이 우주도 그와 같은 것이니 힘의 조화가 깨질 때 문제가 일어난다.

제 4 장

우주의 종말

- 우주의 모든 것은 소멸될 것이다. 그 이유는 어디에 있는가 -

우주의 미래에 대한 시나리오는 두 가지로 요약된다.

그 하나는 열역학 제2법칙에 의한 에너지의 쇠퇴, 또 하나는 중력의 법칙에 의한 일반상대성 이론이다.

첫째 : 팽창력보다 중력이 강해져서 우주는 팽창을 멈추고 다시 수축을 하게 될 것이다. 즉 힘의 조화가 깨져 우주는 초기의 상태로 되돌아가 아주 작게 응축된 고밀도의 우주알이 될 것이다.

둘째 : 우주는 현재처럼 계속 팽창할 것이다. 팽창이 계속됨에 따라 은하와 은하 사이는 점점 멀어지고 별들은 빛을 잃어 죽게될 것이며, 물질 그 자체도 붕괴되어 아주 미세한 소립자로 변할 것이다. 그리고 모든 것은 최후의 하나까지 멀리 사라져 갈 것이다.

셋째 : 앞의 첫째 둘째의 중간에 해당되는 현상이 일어날 것이다. 즉 영원히 팽창하지만 그 속도가 아주 느려져 은하들은 일정한 거리를 유지한 채 멈춰서게 될 것이다.

넷째 : 열역학 제2법칙에 따라 우주의 엔트로피는 최대치를 향하여 진행되고 있기 때문에 우주의 모든 것은 마침내 소멸되고 말 것이다.

그러나 대부분의 학자들은 중력과 팽창력 사이에 작용되는 힘의 균형이 깨지면서 우주의 종말이 오게 될 것이라 한다.

팽창이냐 수축이냐 하는 문제는 현재의 우주팽창률과 평균밀도에 따라 결정된다.

물질의 밀도를 측정한다는 것은 매우 어려운 일이지만 만약 우주에 존재하는 모든 물질의 총 질량이 어느 한계량보다 적을 때에는 계속해서 우주는 팽창할 것이고 질량이 클 때에는 중력의 법칙에 따라 우주는 다시 수축하게 될 것이다.

일반상대성 이론에서 이미 예측한 바 있듯이 우주는 시작이 있었기에 반드시 종말도 오게 될 것이다. 우주의 종말은 힘의 균형이 깨어지는 바로 그날부터 시작될 것이다.

우리는 지금까지 고전물리와 현대물리학을 통하여 우주의 생성과 만물의 생성 만물의 운동변화와 쇠퇴 소멸 등 우주의 생로병사 현상에 대하여 알아보았다.

그러면 지금으로부터 약 5000 년 전 동양의 옛 성현들은 우주의 생로병사에 대하여 어떻게 설명하였을까? 동양인들 역시 설명에 필요한 문자와 표현 방법이 달랐을 뿐 우주의 생로병사 현상은 똑같이 설명하였다.

그러나 다음 동양의 우주론을 쉽게 이해하기 위해서는 우주의 근본이요, 기본성분인 - 음과 + 양을 탄생케 하였다는 현대물리학의 대폭발설을 비롯하여, 양자이론·상대성이론·역학이론·전자기이론 물질의 화학적변화·열역학 제2법칙 등 일련의 중요한 기본법칙을 염두에 두면서 읽어보아야 한다. 다시 말해 서양의 우주론과 동양의 우주론은 서로 어떤 연관성이 있고 어떤 공통점이 있는가를 비교 분석하면서 읽어보아야 한다.

본시 동양의 우주론은 보편적 과학체계가 뒷받침 되어있지 않으므로 국내외를 막론하고 수많은 사람들이 과학적으로 설명해 보려는 작업을 시도하고 있다.

국내 거의 모든 대학의 일부 교수들과 학생들 그리고 한국 원자력 연구소의 일부 연구원들은 이것을 학문적으로 연구하고 현대 과학적으로 조명하기 위한 작업을 활발하게 추진하고 있다. 그러나 아직까지 그 누구도 과학적 체계적 설명은 하지 못했다

동서고금을 막론하고 우주론의 핵심은 우주의 생성과 만물의 생성 만물의 변화와 쇠퇴 소멸이다. 우주의 근본인 -음과 +양은 태극에서 생겨났고 대폭발에서 생겨났다.

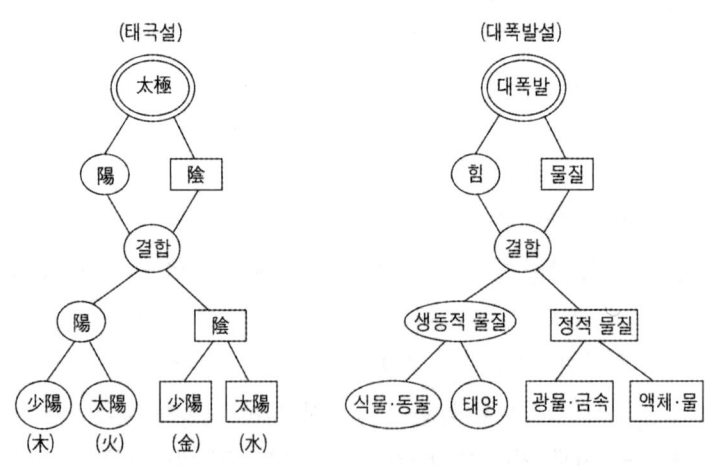

그림 29 우주의 생성과 만물의 생성 - 태극설 대 폭발설

제 **II** 부

동
양
의

우
주
론

동양이든 서양이든 우주론의 핵심은 다음과 같이 요약된다.

우주는 어떻게 하여 생겨났는가(우주의 기원)
만물은 어떻게 하여 생겨났는가(만물의 생성)
만물은 어떻게 변화하는가(만물의 운동과 변화)
만물은 어떻게 소멸하는가(만물의 쇠퇴와 소멸)

그러나 이 모든 문제에 대한 설명을 하기 위해 서양과는 달리 동양의 옛 성현들은 다음과 같은 문자들을 사용하였다.

太極(태극) : 兩儀(양의), 四象(사상), 八卦(팔괘)

陰陽(음양) : 少陽(소양), 太陽(태양), 少陰(소음), 太陰(태음)

五行(오행) : 木(목), 火(화), 土(토), 金(금), 水(수) : 相生(상생),
　　　　　　相剋(상극)

十干(십간) : 甲(갑), 乙(을), 丙(병), 丁(정), 戊(무), 己(기), 庚(경),
　　　　　　辛(신), 壬(임), 癸(계) : 干合(간합), 干冲(간충)

十二支(십이지) : 子(자), 丑(축), 寅(인), 卯(묘), 辰(진), 巳(사), 午(오),
　　　　　　　　未(미), 申(신), 酉(유), 戌(술), 亥(해) : 支合(지합),
　　　　　　　　支冲(지충)

氣(기) : 旺相休囚死(왕상휴수사)

이와 같이 약 60개로 구성된 기본적인 문자를 통하여 우주의 원리와 대자연의 법칙이 설명된 것이다.

우주의 원리와 법칙에 대한 설명을 하기 위해 물리화학이나 수학에도 0 1 2 3 4 5 6 7 8 9, - +, A B C D E F G H ‥‥ 등 그 외 기본적인 문자와 부호가 사용되었듯이 동양의 옛 성현들 역시 수천 년 전에 이 같은 문자들을 사용한 것이다.

제 1 장

太極說(우주의 기원)

- 우주의 생로병사 -

우주가 생겨났기에 만물이 생겨난 것이고, 만물이 생겨났기에 만물은 변화하고 쇠퇴소멸한다. 따라서 우주의 생로병사에 관한 이야기는 태극설에서부터 시작된다.

太極說이란 지금으로부터 약 5000년 전 고대 중국인들에 의하여 설명된 우주의 기원에 관한 가설이다.

본시 음양은 태극에서 생겨났고, 태극은 無極에서 연유된 것이다. 무극이란 시작도 끝도 없는 절대무의 세계를 의미하고, 태극이란 그무엇인가 발생하려는 창조적인 세계를 의미한다. 바로 여기에서 두개가 창조되있는데, ㄱ 하나는 음이요, 또 하나는 양이라 하였다.

다시 말해 무극은 시간도 공간도 힘도 물질도 그 아무 것도 없는 절대무의 상태를 의미하고, 태극은 대폭발 직전의 cosmic egg 상태를 의미하며, 음과 양은 대폭발과 동시에 생겨난 힘과 물질을 의미한다. 즉, 우주의 근본이요, 기본성분이 바로 음과 양이다.

그렇다면 음양의 특성은 무엇이며, 음양의 결합·음양의 조화·음양의 변화는 어떻게 일어나는가 그리고 음양의 상징은 무엇인가

1. 陰陽五行說(만물의 생성)

우주의 생성과 만물의 생성 만물의 운동변화와 쇠퇴 소멸 등 우주의 생로병사 현상에 대하여 陰陽五行이라는 기본적 문자를 사용하여 설명한 것이 바로 음양오행설이다.

첫째 : 음양의 본질
無極은 無의 세계요, 太極은 有의 세계요, 음양은 유의 세계인 태극에서 생겨난 힘과 물질을 의미한다. 즉 음양의 본질은 힘과 물질이다.

다시 말해 음이란, 우리가 눈으로 볼 수 있는 물질의 세계 질량을 가진 소립자 원자 분자의 세계를 의미하고, 양이란 눈으로 볼 수 없는 힘의 세계 우주의 기본적 네 가지 종류의 힘의 세계를 의미한다. 그래서 양을 氣, 힘, 또는 에너지라 한다.

이 태극음양은 공자가 역을 쉽게 설명하기 위해 만든 주역십익에 나오는 문자들이다. 주역은 시대에 따라 재해석되어 왔는데, 오늘날은 주역에 나오는 음양이라는 문자를 원자에 결부시켜 해석해 보려는 사람들이 더러 있는 것 같다. 그러나 아직까지 그 누구도 과학적 구체적 설명은 하지 못한 것으로 필자는 알고 있다.

둘째 : 음양의 특성
음은 물질이요, 양은 힘이다.

모든 물질계를 지배하고 자연의 모든 물리화학적 역학적 현상을 일으키는 주체, 그것은 바로 힘이라 했듯이 힘은 우주의 주체로써 물질을 결합하기도 하고 움직이기도 하며 변화 소멸시키기도 한다.

따라서 힘은 강하고 능동적인 특성이 있고, 물질은 약하고 수동적인 특성이 있는데, 이것이 바로 음양의 본질적인 특성이다.

그러나 중요한 것은 물질은 또다시 음성물질 양성물질 두 가지로 나누어지고 힘도 역시 인력과 척력으로 나누어지는데, 음과 음 양과 양은 서로 상충배척하는 척력이 작용되고, 음과 양은 서로 상합하는 인력이 작용된다는 점이다.

셋째 : 음양의 결합

태극에서 생겨난 음과 양은 만물을 생성시키는 기본 성분으로써 음은 약하고 수동적이며, 양은 강하고 능동적이며 음과 음 양과 양은 서로 배척하고 음과 양은 서로 결합하여 천지만물이 생겨난 것이다.

마치 정자와 난자가 결합하고 전자와 핵이 결합하듯이 음양이 결합되어 천지만물이 생겨났다는 것은 틀림없는 사실이지만 그 생성과정에 대한 설명이 애매모호하다.

동양우주론의 근본이라 할 수 있는 하도 낙서와 팔괘는 태극에서 천지만물이 생성되는 과정을 1 2 3 4 5 6 7 8 9 라는 숫자로 설명하였고, 이것을 공자는 주역십익 계사전에서 그림과 같이 태극에서 음양이 생겨났고, 음양에서 사상이 생겨났고, 사상에서 팔괘가 생겨났다고 설명하였다(太極 是生 兩儀 兩儀生 四象 四象生 八卦). 음양이란 우주의 기본성분인 힘과 물질을 의미하며, 四象이란 천지만물을 네 가지 성분과 형상으로 나눈 것을 의미하는데, 각각 木 火 金 水라는 문자로 표시하였다.

木은 식물이나 동물 같은 생물을 의미하고, 火는 기체인 수소와 헬륨으로 구성된 태양을 의미하고, 金은 광물, 水는 액체인 물을 의미한다.

결론적으로 힘과 물질에서 바로 식물·동물·광물·기체·고체·액체 등 천지만물이 생겨났다는 것인데, 우리가 상식적으로 생각해 보아도 이럴 수가 있겠느냐 하는 것이다.

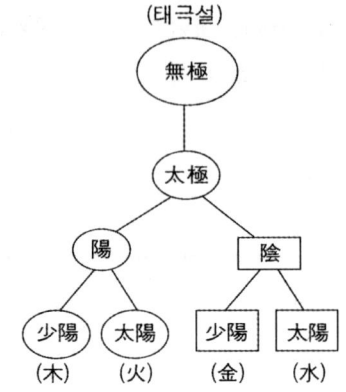

(태극설)

그림 30 만물의 생성

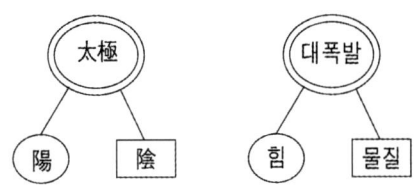

그림 31 太極과 대폭발

　정자는 양이요 난자는 음이다. 그러나 정자 난자에서 바로 오장육
부를 갖춘 완전한 인간이 태어날 수 있겠느냐 하는 것이다. 일단 정
자와 난자가 결합되고 결합된 수정란 속의 유전정보에 의하여 오랜
세월을 두고 오장육부 사지오각을 갖춘 완전한 인간으로 태어나는
것이 아니겠는가. 그와 같이 우주의 초기상황인 無極 太極 陰陽五行
의 과정을 쉽게 이해하려면 현대물리학의 대폭발설을 다시 알아볼
필요가 있다.

우주는 처음에 cosmic egg(우주알) 상태에서 대폭발을 하였고, 힘과 물질이 생겨났다. 그 힘을 양이라 하고 그 물질을 음이라 하였으니, 양은 중력·강력·약력·전자기력 등 자연의 기본적 네 가지 종류의 힘(氣 : 에너지)을 의미하고, 음은 역시 기본적 근본적 물질인 quark를 의미한다.

처음에 물질인 퀴크들이 강력이라는 힘에 의하여 서로 결합한다. 이 결합으로 양성자와 중성자가 생겨났고, 양성자 중성자는 강력에 의하여 또다시 결합 원자핵을 만든다. 그리고 원자핵은 전자를 만나 -음 +양의 결합을 한다. +양의 원자핵 -음의 전자 사이에 전기적인 힘이 작용되어 음양의 결합이 이루어진 것이다.

이렇게 만들어진 것이 바로 수소원자인데, 이것들은 중력에 의하여 뭉쳐져 은하를 만들고, 은하 속의 수소원자들은 또다시 중력에 의하여 뭉쳐져 수축을 하면서 강력이 작용되어 태양(별 : 항성)을 만들며, 태양은 계속 불타면서 수소 외의 모든 물질(원소)을 만들고, 태양이 죽어갈 무렵에는 또다시 중력이 작용되어 태양은 마침내 폭발하고 만다. 폭발과 동시에 별 속에서 만들어진 모든 물질은 산산이 흩어져 우주공간에 날아가 버린다.

제1부에서 이미 설명하였듯이 별 속에서 만들어진 모든 물질은 단순한 것이 아니라 -음성물질 +양성물질인데, 이것들은 중력·강력·전자기력에 의하여 또다시 뭉쳐지고 결합되면서 제2세대의 항성을 만들기도 하고, 지구와 같은 행성을 만들기도 하며, 또한 기체·고체·액체·식물·동물·광물 등 지구를 구성하고 있는 모든 것을 만들어내기도 하였다.

지구처럼 거시적인 물체들은 중력에 의하여 자전과 공전을 하면서 밤과 낮 춘하추동 사계의 변화를 일으키고 기체 고체(광물)처럼 기본물질들은 또다시 음양의 결합을 이루면서 전혀 새로운 물질을 만들어내기도 한다. 예컨대 -음성물질인 산소(O)는 +양성물질인

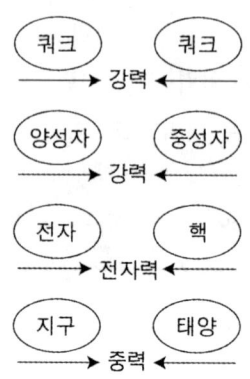

그림 32 힘과 물질의 결합

수소(H)와 결합하여 물분자(H2O)를 만들고, 산소·수소 외에 탄소(C)·질소(N)가 추가로 결합되어 생물의 핵심적인 DNA분자를 만들며, 그 외 지구를 구성하고 있는 모든 물질 역시 -음 +양이 결합되어 만들어진 것이다.

쿼크와 쿼크 양성자와 중성자 전자와 핵 지구와 태양은 물질(陰)이고, 강력 전자기력 중력은 힘(陽)이다.

여기에서 물질도 그 특성에 따라 음과 양으로 분류되는데, 전자는 -음성물질, 핵은 +양성물질, 태양은 스스로 능동적으로 강한 빛과 열을 내고 있으니 양성물질이며, 지구는 차갑고 수동적인 특성을 지니고 있으니 음성물질에 속한다.

이와 같이 수소·산소·은하·태양·지구 그리고 지구를 구성하고 있는 모든 것은 -음과 +양이 결합되어 만들어진 것임을 알 수 있는데 이것들은 그 형태와 특성에 따라 기체·고체·액체 그리고 식물·동물·광물 등으로 분류된 것이다.

그러나 동양의 옛 성현들은 우주의 생성에서 천지만물이 생성될 때까지의 과정을 과학적 물리학적으로 설명하지는 못했다. 다만 생겨난 만물은 그 특성과 기본성분과 형상으로 따져 크게 음성적화상과 양성적화상으로 분류하였고, 陽은 또다시 少陽(木), 太陽(火), 陰은 少陰(金), 太陰(水) 등 四象으로 분류되어 木火金水라는 문자가 붙여진 것이다. 음양의 특성상 음성적 화상은 정적 수동적 형상들이요, 양성적 화상은 생동적 능동적 형상들이다.

넷째 : 五行과 十干

음양이 결합되어 생겨난 천지만물은 少陽·太陽·少陰·太陰 등 네 가지의 성분과 형상으로 분류되었다.

少陽은 木, 太陽은 火, 少陰은 金, 太陰은 水 이렇게 각각 木火金水라는 문자가 붙여졌는데, 木火는 陽에서 분화한 것이니 陽性, 金水는 陰에서 분가된 것이니 陰性에 속한다. 따라서 천지만물은 원래부터 음양의 특성으로 따져 네 가지의 성분과 형상으로 나누어진 것이다.

이 네 가지의 성분으로 구성된 네 가지의 형상을 일컬어 四衆이라한다.

만물의 영장인 우리 인간을 소우주라 하듯이 인간도 역시 우주의 기본성분인 음양의 성분을 그대로 지니고 태어나기 때문에 인간의 체질도 少陽(木), 太陽(火), 少陰(金), 太陰(水) 네 가지로 분류하여 건강상태를 알아내고 질병을 다스리게 되는 것이니 이를 四衆醫學이라 한다.

이와 같이 천지만물을 네 가지의 성분과 형상으로 나눈 四衆에다 음도 아니고, 양도 아닌 중성물질인 土를 포함시켜 木火土金水 五行이라 하였다. 그리고 五行을 또다시 음성과 양성으로 따져 열 가지 성분과 형상으로 나눈 것을 十干이라 하였다.

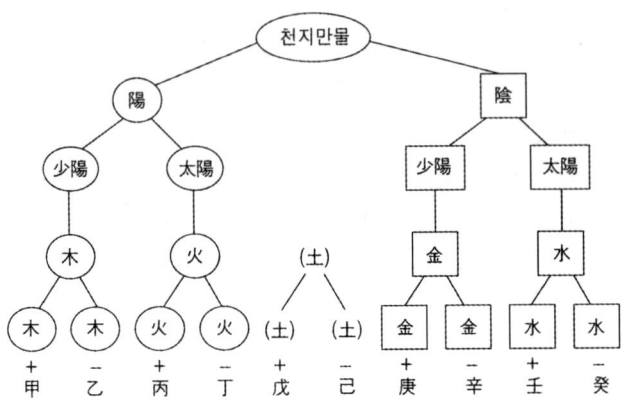

그림 33 天地萬物

　다시 말해 천지만물을 다섯 가지 성분과 형상으로 나눈 것을 五行
이라 하고, 열 가지 성분과 형상으로 나눈 것을 十干이라 하며, 五
行은 木火土金水, 十干은 甲乙丙丁戊己庚辛壬癸라는 문자로 표시하
였다.

　그림과 같이 천지만물은 음양의 특성으로 따져 음성물질과 양성물
질 등 크게 둘로 나누었고, 음성물질과 양성물질은 좀더 구체화하여
5 또는 10가지의 성분과 형상으로 나누어 五行十干이 되었다. 五行
중에 木은 식물이나 동물 같은 생물을 의미하고, 火는 기체(수소,
헬륨)인 태양을 의미하며, 土金은 광물, 水는 액체인 물을 의미한
다. 이 오행은 또다시 음과 양으로 분화되는데, 木에서 분화된 甲木
은 ＋ 양, 乙木은 － 음, 火에서 분화된 丙火는 ＋ 양, 丁火는 － 음, 土
에서 분화되어 戊土는 ＋ 양, 己土는 － 음, 金에서 분화된 庚金은 ＋
양, 辛金은 － 음, 水에서 분화된 壬水는 ＋ 양, 癸水는 － 음이다(－
＋ 는 음양의 상징적 부호).

　이것들 중에서 甲乙木 丙丁火는 양성물질에서 분화된 것이니 식물

이나 동물 또는 태양과 같은 생동적인 化像이요, 戊己土 庚辛金은 흙이나 광물(금속류), 壬癸水는 비 또는 강이나 바다 같은 액체(물)를 의미하는 것이다.

이 음양의 기본성분과 형상이 무엇이냐 하는 것은 다음에 다시 구체적으로 설명된다.

그렇다면 천지만물은 어째서 - 음과 + 양으로 분류되었는가. 이 문제에 대한 근본적 과학적 해답은 현대물리학의 입자이론에서 찾게 된다.

입자론에 따르면 천지만물은 원자분자로 구성되어 있고, 원자 분자는 입자로 구성되어 있으며, 입자는 입자와 반입자로 구성되어 있고, 입자와 반입자는 - 음과 + 양으로 구성되어 있다는 사실이며, 또한 실험을 통하여 확인하기도 하였다.

그렇다면 입자는 왜 - 음과 + 양으로 생겨났는가? 이것은 모든 생물이 왜 암수로 되어있고, 인간은 왜 여자 남자로 생겨났느냐 하는 문제와 본질적으로 일맥상통하는 것이다. 이 궁극적이고 최종적인 질문은 현대물리학으로도 설명할 수 없는 것이니 창조자에게 물어보아야 될 것이다.

그러면 참고로 인간이 만들어지는 과정을 한 번 살펴보기로 한다.

처음에 음인 난자와 양인 정자가 결합하여 하나의 생식세포가 만들어진다. 즉, 하나의 생식세포는 음양의 결합체이다.

하나의 생식세포는 음과 양 두 개로 나누어지고, 두 개는 네 개로 나누어지며, 네 개는 여덟 개로 분열되고…… 이렇게 계속 분열에 분열을 거듭하면서 마침내 하나의 인간이 만들어진 것이다.

이런 방식으로 만들어진 우리 인간은 그 형태와 구조 역시 음과 양으로 나누어진다.

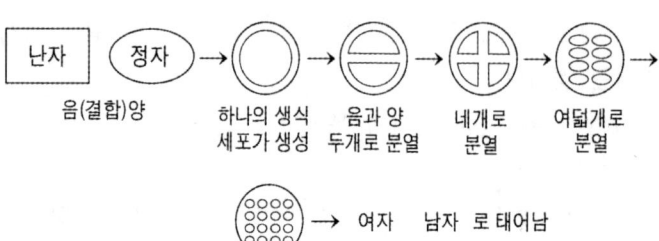

만물의 일부인 우리 인간을 소우주라고 말하였듯이 인간이 만들어지는
과정도 우주 만물의 생성과정과 똑같다.

그림 34 생식세포의 분열

크게 볼 때 인간은 음인 육체와 양인 정신으로 분류되는 것이며,
구조상으로 볼 때 인체의 상부는 양이요, 하부는 음이다. 상부에 있
는 두뇌 역시 음과 양(좌뇌 우뇌)으로 나누어지고, 인체의 원동력인
氣와 血도 역시 음과 양이며, 오장육부도 역시 木火陽 金水陰으로
나누어져 상생상극의 작용을 하고 있다. 또한 인간의 형태도 역시
음과 양으로 분류되어 여자와 남자가 되었고, 인간의 성격이나 체질
도 음과 양으로 나누어진 것이다.

이와 같이 인간을 비롯한 우주만물은 어째서 음과 양의 대칭성을
보여주고 있는지, 그 근본적 원인을 이제 알 수 있게 된 것이다. 이
음과 양의 세계가 서로 조화를 이룬 것이 바로 우주대자연이요, 인
생이다.

양인 양성자만 있어도, 음인 전자만 있어도 그리고 음인 여자만
있어도, 양인 남자만 있어도 인간이나 우주만물은 생겨날 수 없게
되는 것이니 우주 대자연은 오로지 음양의 조화를 그 지상으로 하는
것이다.

이상의 설명에서 알 수 있는 바와 같이 천지만물은 우주의 근본이요, 기본성분인 음(물질)과 양(힘)이 결합되어 생성되었고, 생성된 만물은 역시 음성물질과 양성물질로 나누어져 다양한 형태를 보여주고 있는 것이다.

기체·고체·액체·식물·동물·광물·인간 등 이 세상 모든 것은 그 형태만 다를 뿐 본질적으로 음과 양이라는 같은 조상에서 분류된 음양의 자손들이다. 이것들을 그 특성과 형태별로 따져 陰陽五行十干이라는 문자들을 사용하여 크게 둘로 나누기도 하고 다섯으로 나누기도 하고 열 가지로 나누기도 한 것이다.

그렇다면 十干의 원동력은 무엇이며, 그것은 十干과 어떤 연관이 있고 어떤 작용을 하게 되는가? 이것은 十二支와 지장간이라는 새로운 용어를 사용하여 설명하게 된다.

다섯째 : 十干十二支

十二支란 문자 그대로 十干의 뿌리를 의미한다. 다시말해 十干의 원동력이요, 에너지요 根氣(근기)를 十二支라 한다.

十干은 하늘을 향해 뻗어오른 나무와 같은 것이라 하여 天干이라 하고, 十二支는 땅으로 뻗어내린 뿌리와 같다하여 地支라 한다. 즉 十干은 天干이요, 十二支는 地支인데 天干地支를 합하여 干支라 약칭한다.

이 十干十二支는 나무와 뿌리처럼 서로 밀접한 관계가 있기 때문에 十干은 반드시 十二支를 가져야 한다.

콩심은 데 콩나고, 팥심은 데 팥나고, 콩나무는 콩뿌리에서 생겨나 콩뿌리로부터 영양보급을 받으면서 살아가듯이, 甲木은 甲木뿌리에서, 乙木은 乙木뿌리에서 생겨나 각각의 뿌리로부터 영양보급을 받으면서 살아가는 것이다.

이 十干의 씨앗이요, 뿌리요, 根氣요, 에너지원을 일컬어 十二支

라 하는 것이므로 十干은 저마다 地支를 가져야만 살아갈 수 있고, 또한 에너지를 공급받아야만 제 구실을 할 수 있게 된다.

十干은 10개의 문자로 표시되었지만 十二支는 子丑寅卯辰巳午未申酉戌亥 등 12개의 문자로 표시된다. 이 十二支 속에는 十干의 根氣가 그대로 암장되었다 하여 이것을 支藏干(지장간)이라 한다. 다시 말해 十二支 속에 암장되어 있는 十干의 根氣를 문자 그대로 支藏干이라 한다.

도표 支藏干

十二支	寅	卯	辰	巳	午	未	申	酉	戌	亥	子	丑
十干	戊丙甲	甲乙	乙癸戊	戊庚丙	丙己丁	丁乙己	戊壬庚	庚辛	辛丁戊	戊甲壬	壬癸	癸辛己

$$
\left.\begin{array}{l}寅(甲)\\卯(乙)\end{array}\right]木 \quad \left.\begin{array}{l}巳(丙)\\午(丁)\end{array}\right]火 \quad \left.\begin{array}{l}辰(戊)\\戌(戊)\\丑(己)\\未(己)\end{array}\right]土 \quad \left.\begin{array}{l}申(庚)\\酉(辛)\end{array}\right]金 \quad \left.\begin{array}{l}亥(壬)\\子(癸)\end{array}\right]水
$$

寅卯는 甲乙木의 뿌리, 巳午는 丙丁火의 불씨, 辰戌丑未는 戊己土, 申酉는 庚辛金, 亥子는 壬癸水의 水根이다.

따라서 天干地支는 본질적으로 동일한 것이다. 다시 말해 天干地支의 본질은 우주의 기본 성분인 음과 양이다(음과 양에서 음양오행 십간십이지가 생겨났음.).

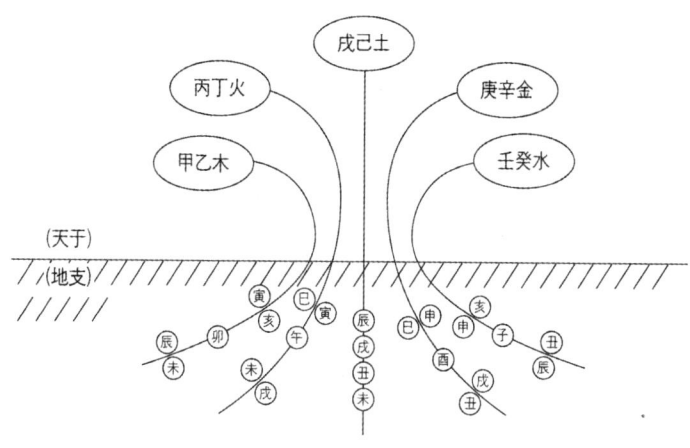

그림 35 天干地支(지장간 도표 참조)

　도표와 그림에서처럼 寅卯辰亥未는 甲乙木의 씨앗이요, 뿌리요, 根氣라는 것을 알 수 있는데, 天干의 甲乙, 地支의 寅卯는 다 같이 木으로 보게 되는 것이다. 물론 辰亥未 속에서도 甲乙木이 암장되어 있지만 지장간의 正氣(맨 끝의 五行)를 기준으로 하기 때문이다.

　이와 같이 十干十二支는 마치 한 그루의 나무와 뿌리처럼 서로 밀접한 관계가 있기 때문에, 서로 합하여 干支를 이루게 되는 것이다. 甲乙丙丁戊己庚辛壬癸로 구성된 十干과 子丑寅卯辰巳午未申酉戌亥로 구성된 十二支를 처음부터 순서대로 짝지어 배열해 나가면 모두 60개의 干支가 이루어지는데, 이것을 이름하여 六十甲子라 하는 것이다. 따라서 60갑자는 우주대자연의 기본성분을 60개로 분류한 것에 불과한 것이다.

甲子	乙丑	丙寅	丁卯	戊辰	己巳	庚午	辛未	壬申	癸酉
甲戌	乙亥	丙子	丁丑	戊寅	己卯	庚辰	辛巳	壬午	癸未
甲申	乙酉	丙戌	丁亥	戊子	己丑	庚寅	辛卯	壬辰	癸巳
甲午	乙未	丙申	丁酉	戊戌	己亥	庚子	辛丑	壬寅	癸卯
甲辰	乙巳	丙午	丁未	戊申	己酉	庚戌	辛亥	壬子	癸丑
甲寅	乙卯	丙辰	丁巳	戊午	己未	庚申	辛酉	壬戌	癸亥

　현대물리학의 원자론에서는 우주 대자연의 기본성분을 OHCNBFP ⋯⋯ 등의 문자를 사용하여 100개 이상으로 분류하였지만 동양의 우주론에서는 甲乙丙丁戊己 ⋯⋯, 子丑寅卯辰巳午未 ⋯⋯ 등의 문자를 사용하여 60개의 성분으로 분류한 것이다. 천지만물은 이 기본적인 성분들로 구성되어 있는데, 이를테면 인간의 세포와 DNA는 OHCNP등의 -원소와 +원소로 구성되어 있고, 또한 우리 인간은 甲乙丙丁戊己 ⋯⋯, 子丑寅卯辰巳午未 ⋯⋯ 등의 음과 양의 성분들로 구성되어 있다.

　우리 인간은 DNA의 염기 배열순서에 따라 개개인의 형태와 특성이 결정되고 또한 인간은 음양의 성분이 어떻게 구성되어 있느냐에 따라 개개인의 형태와 특성이 결정된다.

　인간의 질병은 서양의 현대의학 동양의 한방의학으로 치료하는 현실인데, 한방의학에 따르면 陽人은 더운체질, 陰人은 차가운 체질, 양인은 인체의 상부가 튼튼한데 하부는 허약하고, 음인은 상부가 허약한데 하부는 튼튼하고, 성격상 양인은 외향적 직설적 급한 성격인데 반하여, 음인은 내향적 본능적 음흉한 특성을 지닌다고 하였다.

　한방의학은 음의 체질이냐 양의 체질이냐에 따라 치료를 하게 되지만 서양의 현대의학은 유전자 DNA를 통하여 질병원인을 알아내고 치료하기도 한다.

서양의 현대의학은 주로 주사와 약물로 치료하고 동양의 한방의학은 주로 침과 약물로 치료하게 되는데, 외형상 약물도 서양과 동양은 전혀 다르다.

문제는 바로 이 서양과 동양의 치료방법적 괴리를 어떻게 설명하느냐 하는데 있다. 그러면 여기에서 인간을 비롯한 천지만물은 어떻게 생겨났는지 그 생성과정을 다시 과학적으로 요약해 보기로 한다.

우주의 생성은 대폭발이었고, 힘과 물질이 생겨났다. 이 힘과 물질의 이합집산에 의하여 - 원소 + 원소들이 생겨났고, 이것들이 다시 결합하여 천지만물이 구체적으로 형상화되었다.

대폭발 → 힘과 물질(- 입자, + 입자) → 수소 → 은하 → 별(항성 태양) → - 원소 + 원소가 생성됨 → 초신성 폭발 → 모든 원소들이 우주공간으로 흩어짐 → 원소들이 다시 결합 → 제2세대의 별 지구 → 지구상의 기체, 고체, 액체, 식물, 동물, 광물, 인간 등 만물의 형상이 구체화됨.

그러나 동양의 우주론에서는 우주의 생성에서 천지만물이 생성될 때까지의 과정을 太極, 兩儀, 四象, 八卦 또는 陰陽五行 十干十二支라는 문자를 사용하여 다음과 같이 설명하였다.

太極에서 陰陽이 생겨났고, 그 음양에서 五行, 十干, 十二支 등의 기본성분과 형상들이 생겨난다. 마치 사람에서 사람이 생겨났고, 동물에서 동물, 식물에서 식물이 생겨난 것처럼 木성분에서 木(식물, 동물)의 형상이 생겨났고, 火성분에서 火(불, 태양)의 형상, 土성분에서 土(흙, 지구)의 형상, 金성분에서 金(금속, 광물)의 형상, 水성분에서는 水(물, 액체)의 형상이 생겨난 것이다.

이것들은 음양의 특성으로 따져서 그 성분과 형상들이 둘로 나누어지는데 木은 甲木(양)과 乙木(음)으로 나누어지고, 火는 丙火(양)

과 丁火(음), 土는 戊土(양)과 己土(음), 金은 庚金(양)과 辛金(음), 水는 壬水(양)과 癸水(음) 이렇게 열 가지 종류로 세분화된다.

콩 심은 데 콩 나고 팥 심은 데 팥 나듯이 甲木 성분에서는 甲木(크고 높고 강한 나무류)들이 생겨났고, 乙木성분에서는 乙木의 형상(작고 낮고 약한 나무류)들이 생겨났으며, 丙丁火 戊己土 庚辛金 壬癸水도 그와 같은 것이다.

이 陰陽五行 十干十二支의 본질이 무엇이냐 하는 것을 알아야 하고, 또한 그 상징적인 의미가 무엇인지를 알아야만 동양의 우주론을 누구나 다 쉽게 이해할 수가 있게 된다. 그 본질적인 의미와 상징적인 의미는 다음과 같이 요약된다.

2. 陰陽五行 十干十二支의 본질과 상징

동양의 우주론을 보다 쉬운 방법으로 알아보기 위해서는 陰陽五行의 본질적인 의미와 상징적인 의미를 구분해서 알아야 한다.

첫째 : 음양의 본질과 상징
음양의 본질은 앞에서 이미 설명하였듯이 우주의 근본이요 기본성분인 힘과 물질을 의미한다. 그러나 그 상징적인 의미는 힘과 물질이 지니고 있는 특성과 그 힘과 물질이 결합되어 생겨난 천지만물 중에 양의 대표적 상징물인 태양과 하늘 음의 대표적 상징물인 지구와 물의 특성을 바탕으로 하여 따지게 된다.

음 양	陽	陰
본 질	힘(氣)	물질(体·象)
대표적인 상징물	하늘(天) 태양(火)	지구(地) 물(水)
특 성	강하다. 능동적. 생동적. 밝다. 뜨겁다. 가볍다. 높다. 크다. 넓다. 둥글다. … 등	약하다. 정적. 수동적. 어둡다. 차다. 무겁다. 낮다. 작다. 좁다. 모나다. … 등

모든 물질계를 지배하는 것은 힘이라 하였듯이 힘은 강하고 능동적인 특성이 있으며, 물질은 약하고 수동적인 특성이 있다. 그리고 陽을 대표하는 하늘과 태양은 높고 넓고 크고 밝고 둥글고 뜨겁고 능동적 생동적 특성이 있는 반면, 陰을 대표하는 지구와 물은 오로지 태양에 의지하기 때문에 약하고 수동적이고 작고 어둡고 차가운 특성이 있다.

陰陽의 본질

```
┌ 陰 → 물질(体·象) - 음성물질·양성물질
└ 陽 → 힘(氣·에너지) - 인력·척력
```

이 음과 양이 결합하여 또다시 여러 가지의 성분과 형상이 생겨난다.

陰陽의 상징
음양의 상징은 다음과 같이 다양하게 표현된다.

```
┌ 陰 → 약하다 작다 좁다 낮다
└ 陽 → 강하다 크다 넓다 높다
```

┌ 陰 → 차다 어둡다 모나다 짧다
└ 陽 → 뜨겁다 밝다 둥글다 길다

┌ 陰 → 부드럽다 느리다 안 변한다
└ 陽 → 억세다 빠르다 변한다

┌ 陰 → 수동적 소극적 내적 폐쇄적
└ 陽 → 능동적 적극적 외적 개방적

┌ 陰 → 하 내 좌 서북
└ 陽 → 상 외 우 동남

┌ 陰 → 地 水 体 靜 ♀ - 2 凹
└ 陽 → 天 火 氣 動 ♂ + 1 凸

┌ 陰 → 밤 가을 겨울 중년 노년 끝
└ 陽 → 낮 봄 여름 소년 청년 시작

┌ 陰 → 지구 뿌리
└ 陽 → 태양 싹

┌ 陰 → 육신 血 여자 난자
└ 陽 → 정신 氣 남자 정자

　　이와 같이 음양의 상징은 음양의 본질인 힘과, 물질 음양의 대표적 상징물인 태양과, 하늘 지구와 물이 지니고 있는 특성을 바탕으로 하여 구분하되, 그 외에도 대칭성이 있는 것은 모두 음과 양을 상징하는 것이다.

　천지만물은 바로 이 음양의 특성과 상징을 바탕으로 하여 다음과 같이 다섯 가지 또는 열 가지로 분류되고 또한 그 상징적인 의미도 다양하게 표현된다.

둘째 : 五行의 본질과 상징

　천지만물을 음양의 특성으로 따져서 다섯 가지 성분과 형상으로 나눈 것이 바로 오행의 본질이다.

　五行 중에 木火는 양성물질이고, 金水는 음성물질인데, 土는 음도 양도 아닌 중성물질이라 한다. 이 오행의 본질 역시 음양의 특성으로 따져서 분류된다. 오행은 음양에서 분화된 것이기 때문이다.

五行의 본질

```
      ┌ 少陽 (木) → 나무(식물・동물)
  陰  │
      └ 太陽 (火) → 불(태양)

        (土) → 흙(지구・땅)

      ┌ 少陰 (金) → 쇠(광물)
  陽  │
      └ 太陰 (水) → 물(비・강・바다)
```

　陰陽의 특성상 木은 단순히 식물(나무)을 의미하는 것이 아니라 동물도 포함시켜 살아있는 모든 생물을 의미하며, 火도 역시 살아있는 것처럼 밝고 뜨겁고 능동적인 태양과 불을 의미하고, 土金은 광물, 水는 물을 의미하는 것이다. 즉 木火陽은 生物이요, 金水陰은 死物인데, 중성인 土역시 死物에 해당된다.

　쉽게 말해 그 옛날 아리스토텔레스가 말한 우주의 네 가지 구성요소인 물(水), 불(火), 흙(土), 공기(氣体) 등이 바로 五行의 본질이다.

五行의 상징

음양에서 분화된 것이 오행이기 때문에 오행의 상징 역시 음양의 특성과 상징으로 따지게 된다.

음은 차고 어둡고 약하고 끝을 상징하는 반면에 양은 뜨겁고 밝고 강하고 시작을 상징한다. 따라서 오행의 상징은 다음과 같다.

```
陽 ┌ 少陽 (木) → 아침  봄  청색 동방
   └ 太陽 (火) → 정오 여름 적색 남방
        (土) →  X   X   황색 중앙
陰 ┌ 少陰 (金) → 저녁 가을 백색 서방
   └ 太陰 (水) →  밤  겨울 흑색 북방
```

이와 같이 (木)은 자연의 시작인 아침 봄을 상징하고, 그 다음 순서에 따라 (火)는 정오 여름, (金)은 저녁 가을, (水)는 밤 겨울을 상징한다. 또한 방위와 색깔을 상징하기도 하는데, 음도 아니고 양도 아니고 중성인 (土)는 중앙을 상징하고, 색깔은 황색을 상징한다. 또 한편으로는 인간의 모든 것을 상징하기도 한다.

```
陽 ┌ 少陽 (木) → 소년 간장 눈 신맛 仁(인)
   └ 太陽 (火) → 청년 심장 혀 쓴맛 禮(예)
        (土) →  X  위장 입 단맛 信(신)
陰 ┌ 少陰 (金) → 중년 폐장 코 매운맛 義(의)
   └ 太陰 (水) → 노년 신장 귀  짠맛  智(지)
```

이와 같이 오행은 자연을 상징하기도 하지만 자연의 일부인 우리 인간의 성격과 인체의 각 부분과 맛과 인생의 성장기를 상징한다.

셋째 : 十干의 본질과 상징

천지만물을 음양의 특성으로 따져서 다섯 가지 성분과 형상으로 나눈 것을 오행이라 하였고, 오행을 또다시 - 음과 + 양으로 나눈 것을 十干이라 하였다. 즉 음과 양에서 분류된 것이 오행이고, 오행에서 분류된 것이 十干이기 때문에, 十干의 본질 역시 음양오행의 본질과 동일하고 그 상징도 동일한데 다만 인체의 오장육부는 구체적으로 표현된다.

十干의 본질

만물을 - 음 + 양의 특성으로 따져서 열 가지의 성분과 형상으로 나눈 것이 바로 十干의 본질이다.

그러나 十干의 상징은 五行의 상징과 동일한데 다만 인체의 오장육부를 구체적으로 분류하였을 뿐이다.

十干의 상징

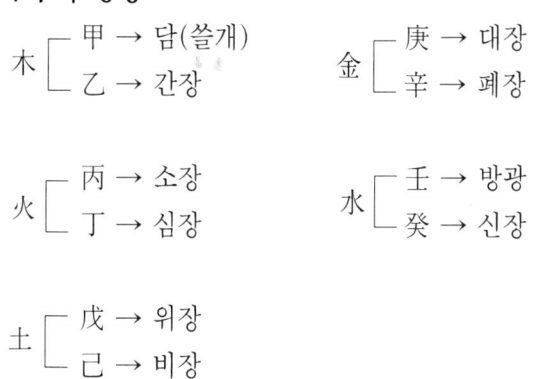

木 ┌ 甲 → 담(쓸개)
  └ 乙 → 간장

金 ┌ 庚 → 대장
  └ 辛 → 폐장

火 ┌ 丙 → 소장
  └ 丁 → 심장

水 ┌ 壬 → 방광
  └ 癸 → 신장

土 ┌ 戊 → 위장
  └ 己 → 비장

※ 오행의 상징 참조

도표 十干의 본질과 형상

크고 높고 강한 것은 陽의 특성이고, 작고 낮고 약한 것은 陰의 특성이니, 木에서 분화된 + 陽木甲은 크고 높고 강한 나무이고, 陰木인 乙은 낮고 약한 나무류

陰陽	五行	十干	본 질 과 형 상
陽	木	(+陽木) 甲 (-陰木) 乙	크고 강한 나무(巨木) 높은 나무 · 밀림 · 대림 작고 약한 나무(少木) 낮은 나무 · 화초 · 넝쿨
	火	(+陽火) 丙 (-陰火) 丁	강한 빛과 열(强火) 태양 · 핵폭탄 · 큰불 약한 빛과 열(弱火) 별 · 수류탄 · 등불 · 촛불
	土	(+陽土) 戊 (-陰土) 己	크고 넓은땅 · 크고 높은 산 · 큰뚝 · 건토 작고 좁은땅 · 작고 낮은 산 · 작은뚝 · 습토
陰	金	(+陽金) 庚 (-陰金) 辛	강한 쇠 · 도끼 · 총칼 · 광석 · 서리(추상) 약한 쇠 · 낫, 가위, 송곳 · 보석 · 주옥 · 오곡백과
	水	(+陽水) 壬 (-陰水) 癸	크고 넓고 깊은 물 · 바다 강 호수 · 홍수 · 구름 작고 좁고 낮은 물 · 샘물 시내물 도랑 · 비

이것들 중에 甲乙木 丙丁火는 陽성물질에서 분화한 것이니, 식물 동물 태양 등 생동적, 능동적 화상이요, 戊己土 庚辛金 壬癸水는 陰성물질에서 분화한 것이니, 흙이나 광물 금속류 또는 액체인 물과 같은 정적인 화상(化象)이다.

넷째 : 十二支의 본질과 상징

十干의 뿌리요 根氣를 十二支라 하였다. 十干은 저마다 뿌리를 지니고 있는데 甲乙木은 木뿌리를, 丙丁火는 火의 뿌리를, 戊己土는 土의 뿌리를, 庚辛金은 金의 뿌리를, 壬癸水는 水의 뿌리를 지니고 있다.

예컨대 寅은 甲木의 뿌리요, 卯는 乙木의 뿌리이다. 즉, 寅卯는 木의 뿌리이다. 따라서 天干地支는 편의상 동일하게 취급한다.

十二支의 본질

木 ⌈ 寅(戊丙甲) = 甲
　 ⌊ 卯(甲　乙) = 乙

金 ⌈ 申(戊壬庚) = 庚
　 ⌊ 酉(庚　辛) = 辛

火 ⌈ 巳(戊庚丙) = 丙
　 ⌊ 午(丙己丁) = 丁

水 ⌈ 亥(戊甲壬) = 壬
　 ⌊ 子(壬　癸) = 癸

土 ⌈ 辰(乙癸戊) = 戊
　 ｜ 戌(辛丁戊) = 戊
　 ｜ 丑(癸辛己) = 己
　 ⌊ 未(丁乙己) = 己

이와 같이 寅은 甲, 卯는 乙, 巳는 丙, 午는 丁, 辰戌은 戊, 丑未는 己, 申은 庚, 酉는 辛, 亥는 壬, 子는 癸이다. 여기에서 寅은 甲木, 卯는 乙木의 뿌리이기 때문에 寅卯의 본질은 木이라는 것을 알수가 있다. 따라서 巳午의 본질은 火, 辰戌丑未의 본질은 土, 申酉의 본질은 金, 亥子의 본질은 水이다.

※ 지장간 참조할 것

十二支의 상징

十二支는 달과 계절 시간과 방위 띠와 인생의 생로병사 과정 그리고 인체의 오장육부를 상징한다.

달과 계절

1月(寅) ⌉
2月(卯) ｜ 春(봄)
3月(辰) ⌋

4月(巳) ⌉
5月(午) ｜ 夏(여름)
6月(未) ⌋

7月(申) ┐
8月(酉) ├ 秋(가을)
9月(戌) ┘

10月(亥) ┐
11月(子) ├ 冬(겨울)
12월(丑) ┘

시간과 방위

3時(寅) ┐
5時(卯) ├ 東(아침)
7時(辰) ┘

9時(巳) ┐
11時(午) ├ 南(정오)
13時(未) ┘

15時(申) ┐
17時(酉) ├ 西(저녁)
19時(戌) ┘

21時(亥) ┐
23時(子) ├ 北(밤)
1時(丑) ┘

띠

범(寅) ┐
토끼(卯) ├ 띠
용(辰) ┘

뱀(巳) ┐
말(午) ├ 띠
양(未) ┘

원숭이(申) ┐
닭(酉) ├ 띠
개(戌) ┘

돼지(亥) ┐
쥐(子) ├ 띠
소(丑) ┘

인생

寅 ┐
卯 ├ 소년
辰 ┘

巳 ┐
午 ├ 청년
未 ┘

申 ┐
酉 ├ 중년
戌 ┘

亥 ┐
子 ├ 노년
丑 ┘

오장육부

寅(甲) → 담 　　辰(戊) → 위장 　　申(庚) → 대장

卯(乙) → 간장 　戌(戊) → 위장 　　酉(辛) → 폐장

巳(丙) → 소장 　丑(己) → 비장 　　亥(壬) → 방광

午(丁) → 심장 　未(己) → 비장 　　子(癸) → 신장

도표　陰陽五行 十干十二支의 상징

五行	陰陽	十干	十二支	띠	방위	계절	색깔	맛	성격	오장
木	陽	甲	寅	범	東	春	靑	신맛	仁	간장
	陰	乙	卯	토끼						
火	陽	丙	巳	뱀	南	夏	赤	쓴맛	禮	십장
	陰	丁	午	말						
土	陽	戊	辰	용	中央	四季	黃	단맛	信	위장
			戌	개						
	陰	己	丑	소						
			未	양						
金	陽	庚	申	원숭이	西	秋	白	매운맛	義	폐장
	陰	辛	酉	닭						
水	陽	壬	亥	돼지	北	冬	黑	짠맛	智	신장
	陰	癸	子	쥐						

이와 같이 陰陽五行 十干十二支라는 문자들은 우주대자연(천지만물)의 본질적인 기본성분과 형상과 상징적인 의미를 지니고 있다는 것을 말해주고 있는 것이다.

거의 대부분의 사람들은 음양오행설을 바탕으로 한 동양의 우주론을 어렵게 인식하고 있는 것 같다. 그러나 앞에서 설명한 것처럼 그 본질적인 의미와 상징적인 의미를 알기만 한다면 누구나 쉽게 이해할 수가 있게 된다.

陰陽五行 十干十二支는 원래 주역의 兩儀 四象 八卦에서 비롯된 것인데, 그 본질적인 의미는 우주 대자연의 기본성분과 형상을 2, 또는 5, 또는 10, 또는 12, 또는 60가지 종류로 나눈 것을 의미하며, 그 상징적인 의미는 여러 가지로 다양하게 표현되는 것이다. 이 본질적 의미와 상징적 의미를 구분해서 알아야 하는 것이 중요하다 (본질적 의미는 제1장 태극설 - 우주의 생성 - 만물의 생성 다시 참조 할 것).

우리는 지금까지 천지만물은 어떻게 생겨났는지에 대하여 알아보았다. 만물은 음양이 결합되어 생겨났으며 생겨난 만물은 역시 음성물질 양성물질로 나누어져 다양한 형상으로 존재하고 있는 것이다.

그러나 중요한 것은 陰陽五行 十干十二支로 구성된 천지만물은 끊임없이 변화하고 있다는 사실이다. 그 변화의 원인과 결과는 다음과 같다.

첫째 : 생겨난 물체가 운동을 함으로서 일어나는 역학적인 변화 - 이것은 지구처럼 거시적인 물체가 중력의 법칙에 의하여 자전공전을 함으로써 일어나는 밤낮의 변화와 사계의 변화를 의미한다.

둘째 : 물질의 결합에 의하여 일어나는 화학적인 변화 - 이것은 음성물질 양성물질이 결합되어 전혀 새로운 물질로 변화하는 것을 의미한다.

셋째 : 물질 그 자체가 쇠퇴해지는 에너지의 변화 - 이것은 시간의 흐름에 따라 에너지가 점점 쇠퇴해지는 이른바 엔트로피의 증가 현상을 의미하는 것이다.

3. 陰陽五行의 변화(만물의 변화)

크게 볼 때 우주론은 만물의 생성과 만물의 변화 두 가지의 현상으로 요약된다. 이 두 가지의 현상은 陰陽五行이라는 문자를 사용하여 설명되어지는데 그 하나는 앞에서 이미 설명한 만물의 생성이요 또 하나는 만물의 변화이다. 만물의 변화는 역학적 변화·화학적 변화·에너지의 변화 등 세 가지의 형태로 이루어지는데, 동양의 우주론에서는 다음과 같이 설명되었다.

첫째 : 五行의 相生相剋(역학적 변화)
뉴턴 역학의 중력의 법칙에 따라 지구는 자전 공전을 하고 있으며, 자전공전에 의하여 밤낮의 변화 춘하추동 사계의 변화가 언제나 질서정연하게 순리적으로 이루어지고 있다 이것은 누구나 다 알고 있는 사실이지만 동양의 옛 성현들은 陰陽五行과 相生相剋이라는 문자를 사용하여 설명하였다. 그러나 동양의 우주론을 쉽게 이해하려면 음양오행의 본질적 의미와 상징적 의미를 구분해야 된다.

$$\text{陽} \begin{cases} 少陽(木) \rightarrow \text{아침, 봄} \\ 太陽(火) \rightarrow \text{낮, 여름} \end{cases}$$

$$\text{陰} \begin{cases} 少陰(金) \rightarrow \text{저녁, 가을} \\ 太陽(水) \rightarrow \text{밤, 겨울} \end{cases}$$

少陽 木은 자연의 시작인 아침과 봄을 상징하고, 그 다음 太陽 火는 낮과 여름, 그 다음 少陰인 金은 저녁과 가을, 그 다음 太陰인 水는 밤과 겨울을 상징한다.

　그림과 같이 밤이 지나면 아침이 오고, 아침이 지나면 한낮이 되고, 낮이 지나면 저녁이 오고, 저녁이 지나면 캄캄한 밤이 오고, 그 밤이 지나면 또다시 새벽은 오게되어 있다. 또한 겨울이 지나면 봄이 오고, 봄이 지나면 여름이 오고, 여름이 지나면 가을이 오고, 가을이 지나면 겨울이 오고, 그 겨울이 지나면 또다시 봄은 오게 되어 있다.

　이와 같이 자연의 변화가 순리적 정상적으로 이루어지는 현상을 동양의 우주론에서는 相生이라 하였는데, 木火 봄여름은 陽이고, 金水 가을 겨울은 陰이고, 木火 아침과 낮은 陽이고, 金水 저녁과 밤은 陰이니 五行의 相生은 陰陽의 변화를 구체적으로 설명한 것에 불과하다.

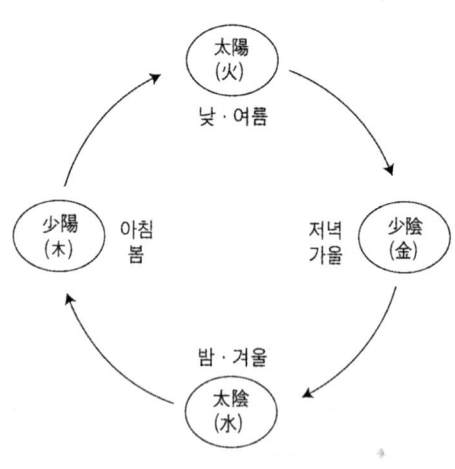

그림 36　五行의 相生

그렇다면 어째서 하루는 양으로부터 시작되었고, 계절 역시 양에서 시작되었는가

이 문제의 근본적인 해답은 우주의 시작에서 찾는다.

우주의 시작은 대폭발이었다. 폭발과 동시에 엄청난 빛과 열이 발생하였고 팽창하였다. 그리고 점점 시간이 흐름에 따라 우주는 식어갔고 어두워지기 시작하였다. 그렇게나 밝은 빛과 뜨거운 열기는 바로 양을 상징하는 것이니 우주는 처음부터 양에서 시작된 것이다.

이와 같이 양에서 시작된 우주대자연은 순리적인 변화에 따라 낮에서 밤으로, 밤은 또 다시 낮으로, 봄 여름은 가을 겨울로, 가을 겨울은 또다시 봄여름으로 변화하게 되는 것이다.

양에서 음으로, 음은 또다시 양으로 이렇게 음과 양은 언제나 질서정연하게 순리적으로 변화되고 있는데, 이 같은 음과 양의 역학적 변화를 구체적으로 설명한 것이 바로 五行의 相生이다.

그러나 그 옛날 코페르니쿠스는 지구가 돌아간다는 것만 알았을 뿐 왜 돌아가는지에 대해서는 알지 못했듯이 동양의 옛 성현들은 음양의 변화 즉 밤낮의 변화 춘하추동의 사계의 변화가 왜 일어나는지에 대하여 근본적인 이유는 알지 못했던 것이다.

五行의 相剋

태양은 언제나 동방에서 떠올라 서방으로 좌선 순행하고 있으며, 달은 언제나 서방에서 동방으로 우선 역행하면서 밤낮의 변화가 일어나고 있다. 또한 계절 역시 언제나 봄에서 시작되어 여름 가을 겨울로 바뀌면서 사계의 변화가 일어나고 있다.

그러나 이와는 달리 순리와 질서를 어기고 비정상적으로 일어나는 자연의 변화가 있으니 이를 相剋이라 표현한다.

여름이 지나면 가을이 와야 정상인데 여름의 뜨거운 열기가 계속해서 가을을 지배한다든지(火剋金), 봄이 지나면 여름이 와야 정상

인데 난데없이 겨울의 차가운 냉기가 여름을 지배하는 것은(水剋火) 순리에 위배되는 현상으로서 큰 이변이 아닐 수 없다.

이와 같이 순리에 역행하는 힘의 강제적인 지배를 일컬어 五行의 相剋이라 하는 것이다.

원래 相生相剋이라는 문자는 자연의 역학적인 변화에 대한 설명을 하기 위해 사용되었지만 또 한편으로는 만물의 연관관계를 설명하기 위해 사용되기도 하였다.

천지만물을 다섯 가지 기본성분으로 나눈 것을 五行이라 하였으니 오행들 사이에는 木生火처럼 서로 돕는 것도 있고 水剋火처럼 지배하는 것도 있는데, 서로 도우면서 상부상조하는 것은 相生이라 하고 지배하는 것은 相剋이라 하는 것이다.

木-火-土-金-水는 상생이요, 木-土-水-火-金은 상극인데, 만물의 일부인 우리 인간관계도 그와 같은 것이므로 나의 육친관계를 비롯한 모든 대인관계는 상생상극으로 따지게 되고, 나의 오장육부도 역시 상생상극으로 따지게 된다. 이 相生相剋원리는 본시 하도낙서에서 비롯된 것이므로 음양설의 유래에서 다시 설명된다. 만물의 변화는 相生相剋뿐만 아니라 다음과 같이 합하여 변하는 것도 있는데 이를 合化五行이라 한다.

둘째 : 十干十二支의 沖合(화학적 변화)

현대 물리학의 원자론에 따르면 기체·고체·액체·식물·동물·광물 등 천지만물은 그 형상이 무엇이든 본질적으로 우주의 기본성분인 원자 분자로 구성되어 있는 것이라 하였다. 그리고 원자 분자는 -음과 +양으로 분류되어 있는데 -음과 -음, +양과 +양은 서로 상충 배척하며, -음과 +양은 서로 결합하여 전혀 새로운 물질을 만드는 화학적 변화를 한다고 하였다.

예컨대 원자들 중에 O(산소)와 Cl(염소)는 -음이고, H(수소)와

Na(나트륨)은 + 양인데, 이것들이 서로 결합하면 전혀 새로운 물질인 소금(Nacl)과 물(H2O)로 화학적 변화를 한다.

陰陽五行 十干十二支 등 천지만물 역시 그 형상이 무엇이든 본질적으로 우주의 기본성분인 음과 양으로 분류되어 있는데, 음과 음 양과 양은 상충배척하고 음과 양은 서로 합하여 전혀 새로운 오행으로 변화한다.

이 같은 현상을 동양의 우주론에서는 合化五行이라 하는데 다음과 같은 문자들을 사용하여 설명하였다. 서양의 현대물리학자들은 우주의 기본성분을 O, H, CL, Na 등의 문자로 나타냈지만, 동양의 옛 성현들은 甲乙丙丁 …… 寅卯辰 …… 등의 문자로 나타냈는데, 이것들은 모두 - 음과 + 양으로 나누어진다.

+	-	+	-	+	-	+	-	+	-		
甲	乙	丙	丁	戊	己	庚	辛	壬	癸		
+	-	+	-	+	-	+	-	+	-	+	-
子	丑	寅	卯	辰	巳	午	未	申	酉	戌	亥

十干十二支는 앞에서 이미 설명하였듯이 본질적으로 동일한 것이기 때문에 우주의 기본성분을 10 또는 12종류로 세분한 것에 불과하다. 따라서 이것들 역시 원자(원소)처럼 - 음과 + 양으로 나누어져 음과 음 양과 양은 서로 상충배척하고 음과 양은 서로 합하여 전혀 새로운 五行으로 변화하는데, 이를 合化五行이라 한다.

十干의 합을 干合이라 하고, 十干의 충을 干沖, 十二支의 합을 支合, 十二支의 충을 支沖이라 하는데, 구체적인 沖과 合은 다음과 같다(- + 는 음과 양의 상징적 부호).

干 合

⊕	⊖	
甲 —	己	→ 合化土
戊 —	癸	→ 合化火
壬 —	丁	→ 合化木
丙 —	辛	→ 合化水
庚 —	乙	→ 合化金

- 음과 + 양이 결합하면 전혀 새로운 五行으로 변화하는데 甲己합하면 土가 되고, 戊癸합하면 火, 壬丁합하면 木, 丙辛 합하면 水, 庚乙 합하면 金이 된다.

干 沖

⊕	⊕		⊖	⊖	
甲 —	戊	→ 沖	乙 —	己	→ 沖
戊 —	壬	→ 沖	己 —	癸	→ 沖
壬 —	丙	→ 沖	癸 —	丁	→ 沖
丙 —	庚	→ 沖	丁 —	辛	→ 沖
庚 —	甲	→ 沖	辛 —	乙	→ 沖

이와 같이 간합은 그 형태가 -음과 + 양의 相剋이며, 干沖은 -음과 -음 + 양과 + 양의 相剋인데, -음과 + 양의 상극은 상극이 아니라 합하여 새로운 오행을 만든다 다음의 支合 支沖도 그와 같다.

支 合		支 沖	
⊕	⊟	⊕	⊕
子 —	丑 → 合化土	子 —	午 → 沖
寅 —	亥 → 合化木	寅 —	申 → 沖
戌 —	卯 → 合化火	辰 —	戌 → 沖
辰 —	酉 → 合化金	⊟	⊟
申 —	巳 → 合化水	巳 —	亥 → 沖
午 —	未 → 合化×	卯 —	酉 → 沖
		丑 —	未 → 沖

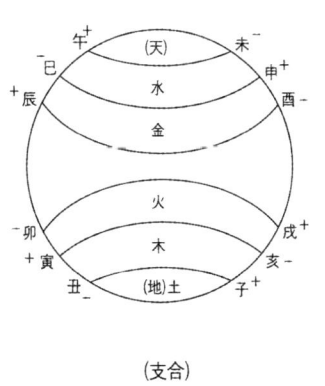

(支合)

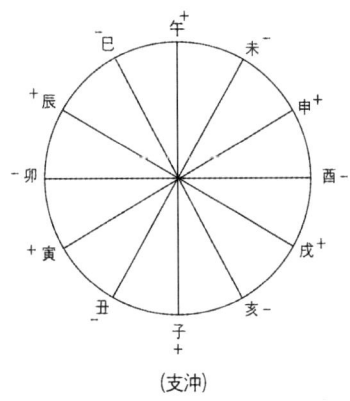

(支沖)

그림 37 사계의 변화

이와 같이 支合은 -음 + 양의 결합이며, 支沖은 -음과 -음 + 양과 + 양의 相沖인데, 子午 寅申 辰戌은 + 양과 + 양과의 상충이며, 巳亥 卯酉 丑未는 -음과 -음의 상충이다. 그리고 支合은 -음 + 양의 결합인데, 子丑 합하여 土가 되었고, 寅亥 합하여 木 戌卯 합하여 火, 辰酉 합하여 金, 申巳 합하여 水가 되었다.

그런데 유일하게 午未만은 변하지 않았다. 왜 그런가. 이 支合은 단순히 화학적인 변화가 아니라 또 한편으로는 역학적인 변화, 즉 지구의 공전에 따라 일어나는 춘하추동 사계의 변화를 의미한다.

그림과 같이 支合은 天地 사이에 木火金水 순서대로 변화하였는데, 相生원리에 따라 木火金水는 춘하추동 사계의 변화를 의미한다. 그렇다면 午未는 왜 변화하지 않았는가? 午(內己丁)는 태양(日)을 상징하고, 未(丁乙己)는 달(月)을 상징한다. 즉 午 : 丙은 태양(日)을 의미하고, 未 : 丁은 달(月)을 의미한다. 그러므로 태양(午 : 丙)과 달(未 : 丁)이 합하여 그냥 하늘(天)을 형성하였을 뿐 화학적 변화는 이루어지지 않았다.

이와 같이 十干十二支는 본질적으로 원자(원소)처럼 화학적 변화를 하였는데, 산소 수소 합화물(H_2O)이 되었고, 염소 나트륨 합화 소금(Nacl)이 되었듯이 丙辛合化水가 되었고 申巳合化水가 된 것이다.

$\oplus$		$\ominus$		
Na	+	Cl	→	Nacl
H_2	+	O	→	H_2O
丙	+	辛	→	水
申	+	巳	→	水

그렇다면 나트륨염소이든 산소수소이든 丙辛이든 申巳이든 이것들은 합하여 왜 소금이 되었고, 물이 되었으며, 水가 되었는가? 무엇이 되었든 간에 분명한 것은 이것들은 모두 –음 + 양의 결합이라는 사실이다.

이상의 설명에서 알 수 있는 바와 같이 五行은 자연의 역학적인 변화를 일으켰고, 十干十二支는 화학적인 변화를 일으키기도 하였는데, 이보다 근본적인 변화는 다음과 같은 에너지(氣)의 변화현상이다.

셋째 : 五行의 旺相休囚死(에너지의 변화)

지구나 태양처럼 거시적인 물체이든 원자분자처럼 미시적인 물질이든 삼라만상은 그 형상이 무엇이든 본질적으로 힘과 물질이 결합되어 생겨났고, 생겨난 만물은 역시 힘을 지니게되고 또한 힘을 외부로 방출하기도 한다.

우리들의 눈에 보이지 않음에도 불구하고 분명히 존재하면서 만물에 크나큰 영향을 주는 것, 그 신비스러운 힘의 세계를 일컬어 에너지 또는 氣라 한다. 그러나 중요한 것은 만물이 지닌 에너지는 열의 고저에 따라 변화하고 시간이 흐름에 따라 자연적으로 변화하기도 한다는 점이다.

예컨대 원자 분자는 강력 전자기력 에너지에 의하여 단단히 결합되어 있는데, 지극히 높은 열 온도에서는 결합력이 약해져 원자분자는 붕괴되고 원자 분자의 결합체인 물도 그와 같은 것인데, 물에 열을 가하면 물분자를 결합하고 있던 힘(전자기력)이 약해져서 물분자들은 흩어져 수증기가 되어 공중으로 날아가게 되고, 반대로 물이 냉각되어 열 운동이 약해지면 물분자들은 얼음으로 변화한다.

그리고 어떤 물질은 지극히 낮은 온도에서 전기저항이 없어진다. 수은이나 액체질소 액체헬륨 탈륨계의 물질을 $-200°C$이하로 냉각시키면 전기저항이 없어지는데, 다시 온도가 높아지면 저항 있는 상태로 되돌아간다. 이 같은 현상을 초전도 현상이라 한다.

앞에서 이미 설명하였듯이 이 세상 모든 물체는 원자와 원자들이 규칙적으로 배열된 원자들의 결합체이다. 원자는 내부에 + 양전기를 띤 핵이 있고, 외부에는 - 음전기를 띤 전자가 움직이고 있다. 따라서 원자와 원자 사이에는 전자가 흐르고 있다. 전류라는 것은 바로 이 전자의 흐름을 의미한다. 전자의 흐름이 빠르냐 느리냐에 따라 모든 물체(고체)의 전기적 성질이 결정된다.

전자들이 빠르게 움직여 전기저항이 작은 물체(보통금속류)를 도체라고 말하고 전기저항이 커서 전류가 흐르지 않는 물체는 부도체, 전류가 반쯤 흐르는 물체는 반도체라 한다. 그러나 알루미늄·구리·금처럼 아무리 전자가 빨리 움직여 전기저항이 작은 전도 높은 도체일지라도 열에너지로 진동하는 원자들에 전자들이 충돌하므로 항상 작은 저항이 존재한다.

따라서 도체의 온도를 냉각시키면 열 에너지가 낮아져서 원자의 진동이 작아지고 전자와 원자간의 충돌도 적어지므로, 전기저항이 줄어들지만 완전히 사라지지는 않고 일정한 값을 유지한다. 그런데 일부 금속체의 경우 지극히 낮은 온도(-273° C)로 냉각시키면 갑자기 전기저항이 사라져 버린다.

이같은 사실은 1911년 네덜란드의 카멜링온네스가 헬륨에서 처음으로 발견하였는데 이것을 초전도체라 하며, 이같은 현상을 초전도 현상이라 한다. 이 초전도체는 전기저항이 없기 때문에 전류를 흘려보낼 때 전력에너지를 손실 없이 보낼 수 있고, 전기를 마치 통조림처럼 저장할 수도 있으며, 자기부상열차 및 선박 초고속컴퓨터 초고속모터 초전도자석 … 등 다양하게 응용되고 있다.

이와 같이 모든 물질은 열의 영향을 받게되는데, 온도가 너무 높거나 너무 낮아도 물질이 지닌 에너지는 변화하는 것이다. 지구를 구성하고 있는 모든 물질도 역시 태양열에 의하여 에너지가 약해지기도 하고 강해지기도 하는데, 동양의 우주론에서는 다음과 같은 문자들을 사용하여 설명하였다.

五行의 氣

木火土金水로 구성된 삼라만상은 그 형상이 무엇이든 본질적으로 陰(물질)과 陽(힘)이 결합되어 생겨났고, 생겨난 만물은 역시 陽인 氣를 그대로 지니게 되다.

木은 木氣를 지니게 되고, 火는 火氣를, 土는 土氣를, 金은 金氣를, 水는 水氣를 지니게 된다. 그러나 중요한 것은 五行의 氣, 즉 만물의 氣는 火氣에 의하여 변화하기도 하고, 시간이 흐름에 따라 자연적으로 변화하기도 한다는 점이다.

木火土金水 중에 火는 태양이요, 木土金水는 지구를 구성하고 있는 물질들이다. 지구가 23° 27'의 각도로 기울어진 상태에서 태양의 주위를 돌아가고 있기 때문에 사계의 변화가 일어나며, 사계의 변화에 따라 지구는 태양열에너지(火氣)를 강하게 받기도 하고 약하게 받기도 한다. 따라서 태양열에너지, 즉 火氣의 강약은 木土金水에 결정적인 영향을 주게 된다.

火氣가 강해지기 시작하는 봄철에는 木氣 역시 강해지면서 木잎이 돋아나고, 火氣가 약해지기 시작하는 가을 겨울철에는 상대적으로 金氣水氣(冷氣)가 강해지면서 낙엽은 지고 만물은 꽁꽁 얼어붙어 힘을 못쓰게 된다. 그러나 겨울이 가고 따뜻한 열기가 감돌기 시작하면 꽁꽁 얼었던 土水가 녹으면서 木氣가 되살아나 앙상했던 가지에 다시 잎이 피고 꽃이 핀다.

이와 같이 계절 따라 변화하는 만물의 氣의 변화현상을 일컬어 旺相休囚死라 한다. 그러나 五行의 氣는 절대적이 아니라 계절 따라 변화하는 상대적인 존재이다.

봄은 木의 계절이니 木氣가 가장 왕성하게 발생하고, 여름은 火의 계절이니 火氣가 가장 왕성하며, 가을은 金의 계절이니 金氣가 가장 왕성하고, 겨울은 水의 계절이니 水氣가 가장 왕성하다. 그러나 五行의 氣는 고정불변이 아니라 계절의 변화에 따라 상대적으로 변화하고 있는 것이다.

예컨대 봄에는 木氣가 가장 왕성하지만, 木氣는 여름부터 쇠약해지는 대신 여름에는 火氣가 왕성하고, 火氣 역시 가을부터 쇠약해지는 대신 가을에는 金氣가 왕성하며, 金氣 역시 겨울부터 쇠약해지는 대신 겨울에는 水氣가 왕성하고, 水氣 역시 봄부터 쇠약해지는 대신 봄에는 木氣가 다시 왕성해진다.

단 火氣의 강약은 火氣 그 자체의 변화를 의미하는 것이 아니라, 지구의 공전, 즉 春夏秋冬 계절의 변화에 따라 지구가 火氣를 강하게 받기도 하고 약하게 받기도 한다는 것을 의미한다. 火氣 즉 태양열에너지는 언제나 변함이 없고 지구의 공전에 따라 지구는 태양열에너지를 강하게 받기도 하고 약하게 받기도 할 뿐이다.

이 태양열 에너지의 강약은 지구를 구성하고 있는 모든 것에 결정적인 영향을 주게 되는데, 이것은 五行의 旺相休囚死라는 문자를 사용하여 설명한다.

다음의 그림을 보면 木火土金水 五行의 氣의 변화는 한눈으로 알수 있다.

그림과 같이 봄(春 : 寅卯월)에는 木氣가 가장 왕성하지만(木旺), 여름(夏 : 巳午월)에는 休, 가을(秋 : 申酉월)에는 死, 겨울(冬 : 亥子월)에는 相으로 되었다가 봄에는 또 다시 旺木으로 변하게 되는데, 이 과정에서 상대적으로 他五行의 氣도 역시 변하게 되는 것이다.

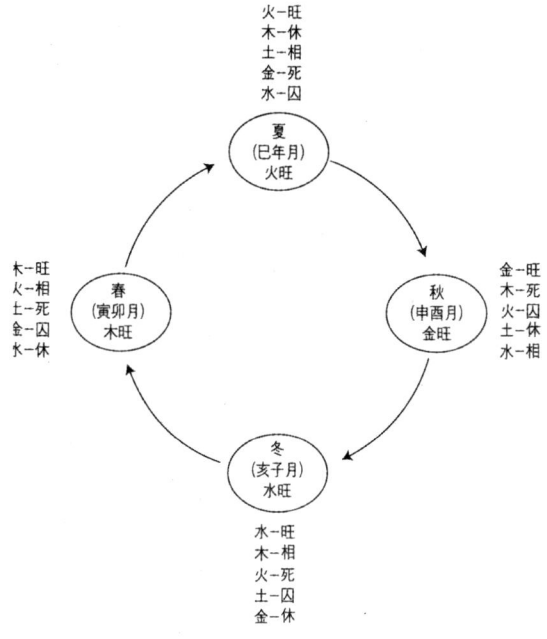

그림 38 오행의 기의 변화

이같은 상대적인 五行의 氣의 변화 현상을 旺相休囚死라 하는데, 旺은 문자 그대로 氣가 가장 왕성한 것이고, 相은 왕성해지려는 상태를 의미하는 것이며, 休囚死는 기가 점점 쇠약해지면서 죽어가는 상태를 의미하는 것이다.

계절의 변화는 火氣의 변화를 의미하고, 화기의 변화는 五行의 氣를 변화시키는데, 火氣의 변화에 따라 木잎이 돈아나 무성해지기도 하고 떨어지기도 하면서 생멸을 거듭하고 있는 것이다.

봄에 旺했던 木氣가 가을에 死하여 木잎이 떨어지는 이유는 가을의 冷氣(냉기) 때문이라는 것을 우리는 초등학교 때부터 배웠던 것이 아니겠는가!

木잎 속에 엽록체는 태양열에너지와 물과 이산화탄소를 혼합하여 목에 필요한 탄수화물이나 산소 같은 에너지원을 만드는데 엽록소가 가을의 냉기를 견디지 못해 허물어지고, 그 속에 숨어있던 빨강 주황 노랑 초록 등의 색채가 노출되면서 단풍이 들고 마침내 木잎은 떨어져 그 일생을 마치게 되는 것이다. 그러나 봄이 되어 火氣(태양 열에너지)가 왕성해지기 시작하면 木잎은 다시 돋아나고 무성해진다.

지구의 초기에는 너무나 뜨거워서 생물이 나타날 수 없었고 지구보다 멀리 떨어진 화성에서 명왕성까지는 너무 차가워서 생물이 나타날 수 없었듯이 적당한 열기는 생물의 생기를 북돋아주는 활력소가 되는 것이다.

木은 생물을 의미하고 木氣는 생기, 즉 생명의 에너지를 의미한다. 생기는 생물의 세포에서 발생하는데, 너무 뜨거운 열기를 받거나 차가운 냉기를 받으면 생물은 활기를 잃게 된다.

(참고) 木火土金水 이들 五行 중에 金氣는 쇠를 의미하는 것이 아니라 가을의 찬 서리, 즉 秋霜 : 冷氣를 의미하고 오곡백과를 의미하기도 한다.

그러면 五行의 氣를 좀더 구체화하여 十干의 氣는 어떻게 변화하는지에 대하여 한번 살펴보기로 한다.

十干의 氣

五行의 氣의 변화는 계절을 중심으로 하였지만, 十干의 氣는 계절을 좀더 구체화하여 월별로 따지게 된다.

계절을 월별로 따져 볼 때, 봄(春)은 1, 2, 3월이요, 여름(夏)은 4, 5, 6월, 가을(秋)은 7, 8, 9월, 겨울(冬)은 10, 11, 12월이다. 陰陽五行설을 보다 쉽게 이해하려면 그 본질적 의미와 상징적인 의미를 알아야 된다고 말했듯이 1년 12달을 상징하는 문자로 十二支가 사용된다. 즉 寅은 1月을 상징하는 문자요, 卯는 2월, 辰은 3월, 巳午未는 4, 5, 6月, 申酉戌은 7, 8, 9月, 亥子丑은 10, 11, 12月을 상징하는 문자이다.

다시 말해 寅卯辰월은 계절상 봄(春)이요, 巳午未월은 여름(夏), 申酉戌월은 가을(秋), 亥子丑월은 겨울(冬)이다.

따라서 甲乙木氣는 寅卯월에 가장 왕성하고, 丙丁火는 巳午월에, 庚辛金氣는 申酉월에, 壬癸水는 亥子월에 가장 왕성하다.

이와 같이 甲乙木 丙丁火처럼 양성물질은 寅卯辰 巳午未 양의 계절에 생동적 능동적으로 왕성한 기를 발생시키고, 申酉戌 亥子丑 음의 계절에는 기가 쇠약해지는 것이다. 즉 음성물질은 음의 계절에, 양성물질은 양의 계절에 기가 왕성해진다. 그러므로 五行의 氣, 十干의 氣는 陰氣, 陽氣의 변화를 계절과 월별로 따져 구체적으로 설명한 것에 불과하다.

계절의 변화는 火氣(태양열에너지)의 변화를 의미하고 火氣의 변화에 따라 만물은 왕상휴수사를 거듭하고 있는 것이다. 그러나 보다 근본적인 문제는 계절 따라 주기적으로 변화하는 기의 왕상휴수사 현상이 아니라 시간이 가고 달이 가고 해가 갈수록 만물의 기는 점점 쇠약해지면서 마침내 소멸된다는 점이다.

만물의 일부인 우리 인간도 그와 같은 것이니 어떨 때는 기가 약해질 때도 있고 왕성해질 때도 있지만 본질적으로 시간이 흐름에 따라 氣가 점점 쇠약해지면서 결국은 죽음에 이르게 되는 것이다.

命理易學의 十二운성에 의하면 인간이 태어나 죽을 때까지 12단계를 거치면서 생로병사의 길을 간다 하였고, 반야심경의 十二인연법에 의하면 우리 인간뿐만 아니라 일체의 삼라만상과 모든 생명체의 생로병사 과정이 12단계로 이루어진다고 하였다. 氣의 강약에 의하여 이루어지는 12단계의 생로병사 과정은 다음과 같다.

十二運星(운성)

1. 胎(태) : 사람이 죽으면 육신은 썩어 없어지고 영혼은 또 새로운 육신을 만나 잉태하는 과정.

2. 養(양) : 태아가 점점 자라 출생 직전에 이르는 과정.

3. 長生(장생) : 이 세상에 태어나 힘차게 자라나는 과정.

4. 沐浴(목욕) : 어머니의 품을 떠나 자라나는 미성년의 과정.

5. 冠帶(관대) : 청년이 되어 결혼하는 과정.

6. 建錄(건록) : 정신적 육체적으로 성숙하여 자기능력을 발휘하는 과정.

7. 帝旺(제왕) : 정신적 육체적으로 완전히 성장하여 능소능대한 경지에 이르는 과정, 즉 氣가 가장 왕성해진 상태.

8. 衰(쇠) : 오르막이 있으면 내리막이 있듯이 氣가 쇠퇴해지는 과정.

9. 病(병) : 육체적 정신적으로 쇠약해져 병이 찾아든 과정.

10. 死(사) : 육신은 기능을 잃고 정신만으로 살아가는 과정.

11. 墓(묘) : 육신 정신 모두 기능을 잃고 묘지에 드는 과정.

12. 絶(절) : 육신과 정신은 완전히 단절되어 새로운 육신을 찾아 헤매는 잉태 직전의 과정을 절이라 한다.

十二 인연법

無無明 亦無無明盡 乃至 無老死 亦無老死盡. 이것은 인생의 생로병사를 十二단계로 나누어 설명한 것이며 구체적인 설명은 다음과 같다.

1. 無明 : 허망한 육신을 나(我)라고 생각하여 무한의 업보를 짓게 하는 근본 번뇌

2. 行 : 전생의 無明에 의하여 지은 선과 악업, 즉 과거에 지은

선악의 저지름이 금생의 業(Karma)이 되고 운명이 되며 識이 된다는 것이다. 이것이 다음세대의 과보를 받을 업종자의 역할을 한다.

3. 識 : 母胎에 수태하고자 하는 마음, 즉 전생의 업에 의하여 금생에 태어나고자 하는 일념을 식이라 한다. 이것은 금생의 지혜, 총명, 부귀, 영달 등을 주제 결정하는 숙명적 본체가 된다.

4. 名色 : 名은 정신이요, 色은 육신이다. 母体에서 정신과 육체가 결합되어 만들어진 최초의 생명체 아직까지 핏덩이에 불과하지만 그 속에는 분명히 아는 힘을 가진 생명이 깃들어 있으니 이를 명색이라 한다.

5. 六入 : 母胎에서 안이비설신 등의 五根과 意根(의근)이 형성되었다. 즉, 여섯 가지가 모태에 들어왔다 하여 이를 六入이라 말한다(心身이 형성되는 시기).

6. 觸 : 오관(오근)을 통하여 보거나 듣거나 냄새를 맡거나 차고 뜨거운 것을 느끼거나 몸이 배기면 돌아눕기도 하면서 객관경계를 접촉하기는 하지만 그것이 괴로운 것인지 좋은 것인지를 분간 못하는 유아시기를 일컬어 촉이라 한다(출생 후 3~4세).

7. 受 : 사물을 분별하여 받아드림. 즉, 오관을 통하여 바깥세계에 접촉을 하면 뜨겁다, 차다, 부드럽다, 거칠다, 색깔이 있다, 없다 등의 느낌이 생기는 동시에 무엇이 좋고 무엇이 나쁜 것인지를 판단하게 되는데 이를 수라 한다(6~13세 정도).

8. 愛 : 쓰다, 달다 하는 것을 분간할 수 있으니 단것에는 애착이 생김으로 이를 애라고 말한다. 성욕을 비롯하여 모든 객관경계에 대하여 좋은 것을 탐애하는 마음을 일으키는 시기(13~18세의 사춘기).

9. 取 : 탐애하는 것을 성취하기 위해 수단과 방법을 동원하여 여기저기를 돌아다니면서 구체적으로 실천하는 행위를 취라

한다(20세 이후의 시기).

10. 有: 탐욕을 충족시키기 위한 활동을 하다보면 입과 몸과 뜻으로 온갖 선과 악의 업을 짓는 결과를 초래한다(口業・意業・身・業). 애착심과 소유욕으로 살다보면 그것이 관습이 되고 업이 되어 무서운 힘으로 우리를 지배하게 되는데 이를 유라 한다.

11. 生 : 금세에 저지른 선악의 업에 따라 다음 내세에 다시 태어난다는 것을 생이라 한다. 즉, 지은 업에 따라 지옥, 아귀, 축생, 아수라, 인간, 천상 등으로 육도 윤회함을 의미한다.

12. 老死 : 늙고 병들어 죽음에 도달한 상태를 일컬어 노사라 한다.

그러면 지금까지 알아본 만물의 氣를 天氣 地氣 人氣 크게 셋으로 나누어 다시 과학적으로 설명해 보기로 한다.

天 氣

하늘의 대표적 상징물인 태양의 열에너지와 중력에너지가 바로 天氣며 火氣이다. 따라서 天氣는 다음과 같은 두 가지 작용을 한다.

중력에너지는 지구를 돌아가게 함으로써 낮과 밤 춘하추동, 사계의 변화를 일으키고 열에너지는 지구상의 모든 물질에 크나 큰 영향을 주게 된다.

열에너지는 火氣를 의미하는 것이니, 火氣를 약하게 받는 겨울철에는 水氣(冷氣)가 왕성해지면서 만물이 꽁꽁 얼어붙어 힘을 못쓰게 되지만, 火氣가 점점 강해지는 봄철에는 얼었던 土水가 풀리면서 土속에 잠들었던 木뿌리를 일깨워준다. 겨울잠에서 깨어난 木뿌리는 水를 흡수하고 木가지에서는 싹이 돋아난다. 돋아난 木잎은 이산화탄소와 태양열에너지를 흡수하여 光合成을 하고 광합성에서 얻어진 영양분은 결국 木氣(에너지)가 되어 木의 활동에 쓰여진다.

너무 높은 열을 받거나 너무 낮은 열을 받아도 물질이 지닌 에너지는 약해져서 제 기능을 발휘할 수 없게 되는데, 적당한 열은 만물의 활력소가 되는 것이다.

地 氣

지구의 전자기력에너지와 중력에너지가 바로 地氣이다.

지구는 그 자체가 하나의 거대한 자석인데, 이것은 지구의 핵에서 발생하는 전자기력 때문에 일어나는 현상이라 한다.

중력에너지는 중력의 법칙에 따라 지구와 달을 움직이게 하고 지구상의 모든 물질을 끌어당겨 붙잡아 매어두기도 하지만 전자기력에너지는 우리인간에 어떤 영향을 주는지 별도로 연구해보려고 한다.

일설에 의하면 지진발생시의 사망원인은 진동보다 전자기력에 의한 사망자가 많다고 한다. 또한 전자파는 인체의 면역기능을 약화시킨다는 것이다.

人 氣

관심의 초점이 되어오던 人氣란 구체적으로 무엇을 의미하는가.

人氣란 인체를 구성하고 있는 세포막의 이온통로에서 발생하는 전자기력에너지를 의미한다. 이것을 생체전기 또는 생명의 에너지라 하기도 하는데, 이것이 신경에 전달되어 생명현상의 원인이 되고 있는 것이다.

이 생명의 에너지는 역시 전자파로 나타나는데 이것이 바로 人氣이다. 건강한 정신은 건강한 육체에서 나오듯이 건강한 人氣는 건강한 세포에서 발생하는 것이다. 우리 인간뿐만 아니라 식물, 동물 등 모든 생물 역시 에너지를 발생시키는데 火氣인 태양열에너지를 받은 木잎에서 1평방인치당 0.1마이크로암페아의 전류가 발생한다는 사

실이 밝혀졌다. 뱀장어나 고래 박쥐 철새들도 전자파를 발생시키는
데, 특히 철새들이 이동할 때에는 태양광선에 의한 전자파와 지구의
자기력에 의한 전자파와 그 자신의 뇌에서 방출되는 전자파를 복합
적으로 사용하여 좌표와 방향을 잡아나가는 것이다.

이와 같이 모든 물질이 氣를 지니고 있을 뿐만 아니라 氣를 외부
로 방출하기도 하고 火氣인 태양에너지의 영향을 받기도 하는 것이
다.

결론적으로 식물이든 동물이든 광물이든 기체든 고체든 액체든 이
세상 모든 것은 그 형태만 다를 뿐 본질적으로 - 음과 + 양의 전기
를 띤 원자들의 결합체이기 때문에 전자파를 지니고 있다는 결론에
도달하게 된다.

그러나 중요한 것은 전자기력이든 중력이든 강력이든 약력이든 모
든 에너지는 영원히 그대로 보존되는 것이 아니라 시간이 흐름에 따
라 점점 쇠약해진다는 사실이다.

넷째 : 五行의 소멸(만물의 소멸)

火는 태양이요, 木土金水는 지구를 구성하고 있는 물질이다. 木土
金水는 계절의 변화에 따라 火氣를 강하게 받기도 하고 약하게 받기
도 하기 때문에 왕상휴수사현상이 일어난다. 그러나 보다 근본적인
문제는 주기적으로 반복되는 왕상휴수사현상이 아니라 火든 木土金
水든 이세상 모든 것은 시간의 흐름에 따라 점점 쇠퇴해지고 있다는
것이다.

이같은 현상은 고전물리학의 열역학 제2법칙에서 다루어진 엔트
로피의 증가 현상으로 설명된다. 열역학 제2법칙에 따르면 우주의
엔트로피는 최대치를 향하여 나아가고 있기 때문에 언제인가 우주의
모든 것은 붕괴되고 소멸된다는 것이다.

원자와 원자 이하 모든 소립자들도, 그리고 은하계도 태양계도,

지구도, 인간도 우주의 모든 것은 힘에 의하여 만들어졌고, 힘에 의하여 지탱되고 있다. 그러나 힘이 약해지면 그 모든 것은 와해 붕괴되고 만다.

쿼크와 쿼크 양성자와 중성자, 그리고 전자와 핵을 결합하고 있던 강력 전자기력 에너지가 약해지면 원자는 붕괴되는 것이요, 중력에너지가 약해지면 우주는 급속도로 팽창하여 은하계도 태양계도 그 모든 것은 뿔뿔이 흩어져 우주는 마침내 소멸되고 마는 것이다. 다시 말해 木火土金水로 구성된 천지만물은 氣가 점점 쇠퇴해지면서 마침내 소멸된다는 것이다.

우리가 지금까지 알아본 우주의 생성과 만물의 생성 만물의 운동변화와 쇠퇴소멸의 과정을 동양의 우주론에서는 太極 兩儀 四象 八卦 또는 陰陽 五行 十干十二支라는 문자를 사용하여 설명하였다. 동양의 우주론을 보다 쉽게 이해하려면 음양오행의 본질적인 의미가 무엇인지를 알아야하고 상징적인 의미가 무엇인지를 알아야한다.

또한 陰과 陽에는 어떤 문자가 사용되었는지를 기본적으로 알아야 한다, 다시 말해 어떤 문자가 陰에 속하고 어떤 문자가 陽에 속하는지를 알아야 한다.

예컨대 甲乙木 丙丁火는 陽이요, 庚辛金 壬癸水는 陰인데, 음과 양은 그 특성에 따라 또다시 음과 양으로 분류된다는 것을 앞에서 이미 설명하였다. 이 기본적 문자와 문자의 상징적인 의미 본질적인 의미를 기본적으로 알아야 하는 것이 중요하다.

이상으로 우주의 생로병사 현상에 대하여 동양의 옛날식 서양의 현대식 방법을 통하여 알아보았다.

옛날이나 지금이나 동양이나 서양이나 우주의 원리는 똑같이 설명할 수밖에 없었는데 다만 설명에 필요한 문자와 표현의 방법이 달랐을 뿐이었다. 그러나 우주의 근본이요 기본성분인 - 음과 + 양이라는 문자부호만은 똑 같이 사용된 것이었다.

천지만물은 - 음 + 양이 결합되어 생겨났고 생겨난 만물은 미시적인 것이나 거시적인 것이나 끊임없이 움직이고 변화하고 있다.

5000년 전에도 해는 동쪽에서 떠올라 서쪽으로 지면서 밤낮의 변화가 일어났을 것이고, 계절은 봄에 시작되어 여름 가을 겨울로 바뀌어지면서 사계의 변화가 일어났을 것이며, 우리 인생도 소년에 시작되어 청년 중년 노년으로 바뀌어지면서 생로병사 했을 것이다. 또한 이세상 모든 것은 영원히 그대로 보존되는 것이 아니라 시간이 가고 세월이 흐름에 따라 점점 쇠퇴해지면서 마침내 소멸되는 현상, 이것은 그 누구도 부정할 수 없는 우주대자연의 기본적인 원리요 법칙이니 오늘도 내일도 그와 같은 변화는 계속될 것이다.

해가 서쪽에서 뜨지 않는 한 계절이 가을부터 시작되지 않는 한 - 음과 - 음, + 양과 + 양, 여자와 여자, 남자와 남자가 결합되지 않는 한, 자연의 법칙은 옛날이나 지금이나 똑같이 설명될 수밖에 없는 것이다.

그렇다면 현대물리학이 생겨나기 전 5000년이나 되는 아득한 옛날인데도 불구하고 동양의 옛 성현들은 어찌하여 우주의 원리를 알아내었는가 그리고 우주의 원리를 설명하기 위해 처음에는 어떤 문자가 사용되었는가.

제 2 장

음양설의 유래

　우주원리와 대자연의 법칙을 陰陽五行이라는 기본적 문자를 사용하여 설명한 것이 바로 음양오행설이다.

　그러나 이 陰陽이라는 문자는 처음부터 사용한 것이 아니라 공자의 주역십익에 나오는 글자이다. 그렇다면 우주의 원리는 처음에 어떻게 하여 알아내었는가

　서양사람들이 그러했듯이 우주의 원리는 하늘과 땅을 보면서 알아내기 시작하였다. 이 같은 사실에 대하여 공자의 주역십익 계사전은 다음과 같이 말하였다.

> 古者包犧氏 王天下也 仰則觀象於天
> 俯則觀法 於地 ‥‥ 始作八卦 ‥‥

　옛날에 복희씨가 천하에 왕으로 있을 제 우르러 하늘의 기상을 살피시고 엎드려 땅의 이치를 살펴보시어 팔괘를 만들었다. ‥‥‥ 그 복희씨 죽은 후 신농씨가 나무를 잘라 팽이를 만들고 나무를 휘어잡아 쟁기를 만들어 팽이와 쟁기의 이익을 천하에 가르쳤다. ‥‥‥

　신농씨 죽은 후에는 황제 요임금 순임금이 역의 변화하는 이치를 깨우치시어 백성으로 하여금 마땅함을 얻게 하였다. ‥‥‥ 易이 만들어진 것은 은나라 끝인가 주나라 초기인가 문왕이 무왕을 돕던 때인가.

이상의 원문에 의하면 그 옛날 복희씨가 天地대자연의 이치를 살피시어 주역의 근본인 八卦를 만들어 우주의 원리를 처음 설명한 것으로 되어있다.

그러나 계사하전과 더불어 사마천이 지은 중국사에 따르면 중국민족의 시조로 알려진 복희씨를 비롯하여 신농씨 수인씨 황제 요 순등 이른바 三皇五帝와 그 전승자인 문왕 무왕 공자 그리고 진시황에 이르기까지 모두가 다 우리 동이민족이라는 것이다.

> 三皇 : 천황. 지황, 인황(BC 3528~3413)
> 五帝 : 황제, 전욱, 제곡, 요, 순

따라서 주역의 뿌리는 천부경에서 찾게된다. 天符經이란 지금으로부터 약 1만 년 전 우리 한 민족에 의하여 만들어진 민족철학의 기본경전을 의미하는데, 여기에는 우주의 원리가 그대로 적혀있다.

이 천부경의 天 一 一 地 一 二 人 一 三이라는 기본 수와 역시 천지인의 三數와 三極을 바탕으로 한 주역은 그 生敎(만물의 생성을 숫자로 표시)하는 방식이 거의 동일하기 때문에 주역의 뿌리는 천부경이라는 것이다.

따라서 복희씨가 밝힌 八卦 何圖 九數의 원리(선천수 : 형이상학적원리)와 문왕이 밝힌 八卦 落書 九數의 원리(후천수 : 형이하학적원리)는 바로 천부경의 원리에서 비롯되었다는 것이다.

오늘날 역학의 커다란 계보를 추적해 본다면 伏犧(복희) - 文王(문왕) - 周公(주공) - 孔子(공자)로 이어지면서 발전하였다. 복희씨는 선천 8괘와 64괘를 만들었고, 문왕은 후천수 8괘와 64괘를 만들었으며, 주공은 384효를 만들었고, 공자는 주역을 쉽게 설명하기 위해 열 개의 날개를 달아 비로소 주역을 완성하였다(주역십익).

주역의 바탕이 된 복희씨의 선천수 팔괘와 구수는 천지만물의 생성과 변화를 상징하는 그림이고, 문왕의 후천수 팔괘와 구수는 천지 간에 일어나는 자연의 변화를 상징하는 그림인데, 복희의 팔괘는 지금으로부터 약 5천 년 전 황하에서 잡아온 용마 등에 박혀있는 점에서 힌트를 얻어 만든 것이고, 문왕의 팔괘 역시 황하에 나타난 거북이등에 그려진 그림을 보고 만들었다고 한다.

용마 등에 그려져 있는 그림을 何圖(하도)라 하는데, 이것은 춘하추동 동서남북을 상징하는 그림으로써 이른바 陰陽五行의 相生원리를 상징적으로 나타내는 그림이다. 거북이 등에 그려져 있는 그림을 落書(낙서)라 하는데 이것도 역시 자연의 변화를 상징적으로 나타내는 그림이다.

팔괘는 하도 낙서를 바탕으로 하여 그려진 그림이다.

그러나 팔괘가 생겨나기 이전의 상태 즉 천지(天地)만물이 생겨나기 이전의 상황인 太極에 관한 설명은 구체적으로 하지 못했다.

공자의 역경(주역십익) 중에 계사전은 易有 太極是生兩儀 兩儀生四象 四象生 八卦라 하였고, 서괘전은 有天地 然後 萬物生焉 盈天之間者 唯萬物이라 하였다.

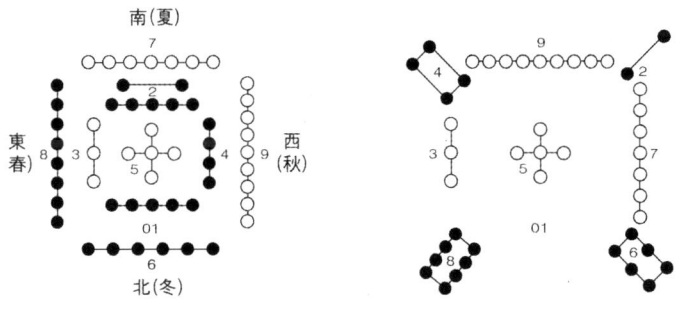

그림 39 하 도   그림 40 낙 서

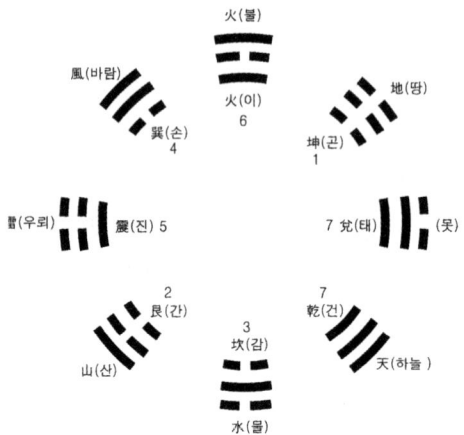

그림 41 문왕의 후천수 팔괘

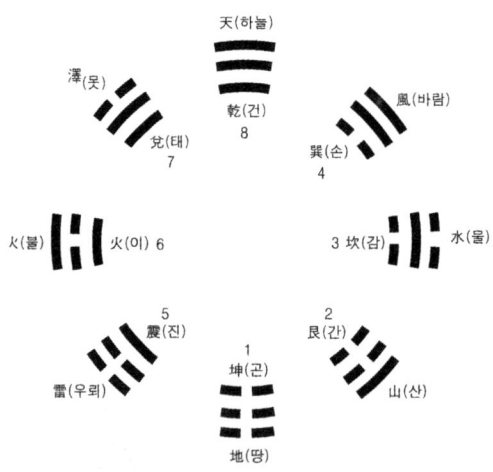

그림 42 복희씨의 선천수 팔괘

이 두 개의 원문대로라면 전자는 태극에서 음양이 생겨났고, 음양에서 사상이 생겨났으며, 사상에서 팔괘가 생겨났다는 것이고, 후자는 하늘과 땅이 생겨난 연후에 만물이 생겨났다는 것이다.

그렇다면 하늘과 땅은 어떻게 생겨났느냐 하는 것이고, 또한 음양에서 바로 사상팔괘 등 천지만물이 생겨날 수 있느냐 하는 것이다.

그래서 이 부분에 대하여 다음과 같이 설명하고 있다.

陰陽은 만물을 생성시키는 두 개의 元氣인데, 陰은 정하고 수동적이며 부드럽고 유한 성질을 지니고 있으며, 陽은 동하고 능동적이며 억세고 강한 성질을 지니고 있으므로, 陽이 陰에 들어가서 만물이 생겨났다. 즉 陰陽이 결합되어 천지 만물이 생겨났다는 것이다.

그러나 이것도 과학적 구체적 설명은 될 수가 없다. 따라서 우주의 초기상황인 太極設은 누구나 쉽게 이해하고 공감할 수 있는 현대 물리학의 대폭발설에 의하여 설명되어야 하는 것이다.

오늘날 동양의 우주론이 어렵게 인식되어온 이유는 과학적 실험을 통한 자연관찰이 옛날에는 불가능했고, 그나마 어려운 한문으로 기술된 주역원문이 전해져 내려오는 과정에 정확한 표현으로 번역하지 못하고 귀걸이 코걸이식 설명을 하였기 때문이라 생각한다.

그러나 이미 생겨난 천지만물과 만물의 운동변화에 대한 관찰은 비교적 정확하게 하였다.

예컨대 하도는 복희시대에 만들었고, 낙서는 하나라 우왕시대에 만들어 설명했다는 것인데, 이것들은 그림의 형태나 숫자상으로 볼 때 陰陽五行과 相生相剋 春夏秋冬과 東西南北을 상징하는 그림이다.

하도에 표시되어 있는 숫자 중에 3·8은 東방木, 2·7은 南방火, 4·9는 西방金, 1·6은 北방水, 5는 中앙土를 상징하는데, 八卦는 바로 이 하도를 보고 만들었다고 한다.

하도는 태양처럼 동방에서 서방으로 순리적으로 좌선하고 있으니 相生을 의미하고, 낙서는 달처럼 서방에서 동방으로 우선 역행하고 있으니 相剋을 의미한다.

즉 하도는 東방木(3·8) - 南방火(2·7) - 中앙土(5) - 西방金
(4·9) - 北방水(1·6) 로 순행하고 있으며, 낙서는 西방金(4·9)
- 東방木(3·8) - 中앙土(5) - 北방水(1·6) - 南방火(2·7) 역행
하고 있다.

따라서 하도는 木 - 火 - 土 - 金 - 水 相生이요, 낙서는 金 - 木
- 土 - 水 - 火 相剋을 의미한다.

그러나 상생상극 현상이 왜 일어나고 하늘과 땅 천지만물이 어떻
게 하여 생겨났는지에 대한 근본적 과학적 설명은 하지 못했고, 다
만 이미 생겨난 만물의 형상과 자연의 변화 현상을 관찰하고 설명하
였을 뿐이다.

이와 같이 동양의 옛 성현들은 문자와 숫자를 사용하여 역학의 기
초 원리를 세웠는데 복희씨 이후에는 동양의 히포크라테스라 할 수
있는 황제에 의하여 최초로 의학서가 만들어졌고 60甲子도 이때부
터 사용된다.

황제 다음에는 전욱 제곡 요 순으로 이어지는데, 요와 순은 황제
의 자손들이라 한다. 그 당시 임금이 되는 것은 천문 지리 치수 등
의 지식이 풍부하고 덕망이 있어 천명을 받은 성현들만이 왕으로 추
대되었는데, 요왕은 순에게 왕위를 물려주고 순왕은 우에게 물려주
어 우는 하나라를 세웠다.

지금의 중국은 하나라 에서 비롯된 것인데 하나라는 은나라에 패
망하게 된다. 은나라는 황제로부터 1000년이 지난 지금으로부터 약
3500년 전에 있었던 나라로써, 이때부터 1년을 365일과 12달로
정했고, 날짜마다 60甲子를 붙여서 60일을 1 주기로 하여 오늘에까
지 이어져 왔다.

그후 은나라는 주나라에 망하고 주나라 다음에는 춘추 전국시대가
시작되면서 수 백년을 지배하게 된다.

은나라를 정복한 주나라 문왕은 복희의 선천수 팔괘를 바탕으로 하여 만물의 변화를 상징적으로 나타내는 후천수 팔괘를 만들었고, 그 옛날 복희씨가 그랬듯이 황하에 나타난 거북이 등에 그려진 그림에 힌트를 얻어 자연의 변화를 상징하는 洛書를 만든 것이었다.

중국의 역대 성현들로 알려진 요, 순, 우, 문, 무, 주공 중에서 요, 순, 우는 은나라 이전의 임금들이고 문, 무는 주나라 임금이고 주공 역시 위대한 정치가로서 무왕의 숙부라 한다.

그러면 지금까지 알아본 易의 유래와 우주의 원리를 공자의 주역 십익을 통하여 다시 요약해서 정리해보기로 한다.

주역십익은 계사상전 계사하전 설괘전 서괘상전 서괘하전 건괘문 언전 곤괘문언전 단전 상전 잡괘전 등을 말한다. 이것들 중에서 계사전은 주역의 논리를 체계화 한 것으로써 괘의 해설과 윤리에 대하여 해설하였다. 이 계사전에는 하도낙서와 태극에서 음양사상 팔괘 등 우주의 생성과 만물의 생성에 관한 이야기가 적혀 있고, 설괘전에는 팔괘의 전체적인 의미와 상징적인 의미가 적혀 있는데, 건괘는 하늘이요 하늘은 높은 것이니 父와 군왕을 상징하는 반면, 곤괘는 땅이니 母를 상징한다는 것이다.

그 외에도 인체의 각 부위·오장육부·동물·방위·계절·시간· 빛깔·날씨·맛 등을 상징하고, 서괘전은 64괘의 배열 순서에 대하여 설명하였는데 ☰건(하늘)과 ☷곤(땅)이 생겨난 연후에 만물이 생겨났으니 하늘과 땅을 가득 매운 것은 우주만물이라 하였고 이것을 이름하여 ☷둔괘라 하였다.

그리고 잡괘전은 64괘를 두개씩 대조 비교하여 그 특성을 설명하였는데, 이를테면 건은 강하고 억세며, 곤은 약하고 부드러운 것이라 하였다. 또한 문언 전은 건, 곤, 두괘를 도덕에 결부시켜 설명하였는데, 예를 들어 선행을 쌓은 집안에는 후대에 반듯이 경사로운 일이 오게되고, 악행을 쌓은 집안에는 후대에 반듯이 재앙이 돌아오게 된다는 것이다.

이 주역십익 중에 계사전과 설괘전은 八卦 역시 陰陽五行 十干十二支처럼 본질적인 의미와 상징적인 의미를 지니고 있다는 것을 말해 주고 있는데, 바람 우뢰 산과 못 하늘과 땅 불과 물 등은 팔괘의 본질을 의미하고, 춘하추동 동서남북 인체의 오장육부 부모형제 등은 八卦의 상징을 의미한다.

그러나 중요한 것은 八卦의 본질은 무엇이며, 八卦는 어떻게 생겨났느냐 하는 것이다.

八卦라는 것은 천지만물을 8가지 종류의 성분과 형상으로 나눈 것을 의미하는데, 앞에서 이미 설명하였듯이 팔괘는 태극에서 생겨난 것이다. 즉 太極에서 陰陽이 생겨났고, 음양에서 四象이 생겨났으며, 사상에서 팔괘가 생겨난 것이다. 그러나 8괘는 또다시 변화하여 64괘가 되고, 384(효)가 된다.

8괘를 서로 8번씩 교합하면 8×8=64괘가 되고, 64괘는 6줄로 되어있는 대성괘 6줄마다 변수가 있기 때문에 64×6=384효가 되는 것이다.

卦는 만물의 형상을 의미하고 爻는 만물의 변화 즉 卦의 변화를 의미하는데 - 하나로 이어진 것은 陽爻 - - 두 개로 뜯어진 것은 陰爻라 한다. 그리고 卦는 석줄 또는 여섯 줄로 이루어지는데 석줄로 된 것을 소성괘 여섯 줄로 이루어진 것을 대성괘라 한다.

대성괘는 모두 64괘로 구성되어 있는데, 그 배열순서와 의미는 서괘상전에 구체적으로 적혀있다.

그렇다면 음양이라는 문자는 어떻게 하여 생겨났는가.

음양은 바로 이 팔괘에서 비롯된 것이라 한다. 크게 볼 때 우주는 하늘과 땅으로 나누어진다는 이른바 乾坤(天地) 二元론이 음양이라는 말로 바뀌었고, 음양이라는 문자는 언덕에 햇빛이 드는 밝은 쪽과 그늘진 어두운 부분 즉 음지양지의 명암을 상징한다는 의미에서 음양이라는 글자가 만들어졌다는 것이다.

이 음양은 앞에서 이미 설명하였듯이 그 본질적인 의미와 상징적인 의미를 지니고 있다. 우주의 근본이며 기본성분인 힘과 물질도 음양으로 표현되고, 그 힘 중에 인력과 척력도 음양으로 표현된다. 물질 중에 물질과 반물질, 즉 입자와 반입자도 음양으로 표현되고, 하늘과 땅 해와 달 높다 낮다 밝다 어둡다 낮과 밤 춘하와 추동 덥다 춥다 뜨겁다 차다 능동적 수동적 강하다 유하다 남자 여자 정자 난자 … 등등 서로 상반된 대칭적 존재는 모두다 음양으로 표현된다.

이와 같이 우주만물의 생성과 변화를 설명하기 위해 처음으로 사용된 상징적인 문자가 바로 卦爻이고, 太極陰陽은 공자의 주역십익에 나오는 문자들인데, 복희역은 지금으로부터 약 5000년 전 상고시대에 만들어져 하나라 은나라를 거쳐 주나라 때 완성되었고, 그 후에는 춘추전국시대를 거쳐 한·당·송·명·청나라 등으로 이어지면서 또한 수많은 사람들의 손을 거쳐 오늘에까지 전해져 온 것이다.

주역을 좀더 자세히 알고자 하는 사람들은 천부경 외에도 시중에는 주역원문을 해석한 주석서가 1000여 종 이상 나와있으므로 참고하기 바란다.

이상으로 우리가 지금까지 알아본 우주의 생로병사 문제를 놓고 볼 때 태극설과 대폭발설은 우주의 탄생을 의미한다는 점에서, 탄생과 더불어 - 음과 + 양이 생겨났다는 점에서, - 음과 + 양이 우주의 근본이며 기본성분으로써 우주의 모든 것을 만들었다는 점에서, 모든 것은 끊임없이 변화한다는 점에서, 모든 것은 그대로 보존되는 것이 아니라 氣(에너지)의 왕쇠강약에 따라 쇠퇴하고 소멸한다는 점에서 결국은 동일한 의미를 지니고 있다는 결론에 도달하게 된 것이다.

필자는 우주의 근본이요 기본성분인 음과 ＋양이 태극에서 생겨났고 대폭발에서 생겨났다는 것을 발견하게 된 것이 바로 이 글을 쓰게된 중요한 아이디어가 된 것이다.

주역의 핵심인 태극음양설은 시대에 따라 재해석되어 왔지만 누구나 다 공감 할 수 있는 과학적 체계적 해석을 해야 될 것이다.

참고문헌 ───────────────────────────────

1. **코스모스** 칼세이건 저, 서광운 역, 조경철 감수, 1981, 문화서적
2. **쿼크에서 코스모스까지** 레온 M 레더만·데이비드 N 슈램 저, 이호연 역, 1990, 범양사
3. **자연과학** 김영길 외 26인 저, 1990, 도서출판 생능
4. **상대성이론의 세계** 제임스 콜만 저, 1991, 도서출판 다문
5. **천부경** 권태훈 저, 1989, 정신세계사
6. **반야심경** 이청담 설법, 1978, 보성문화사
7. **周易** 최원식 역저, 1996, 혜원출판사
8. **周易** 朴一峰 역저, 1997, 육문사
9. **正伝易解** 박제완 저, 1991, 한국경제신문사
10. **命理大全精解** 李海炯 역, 1987, 대지문화사
11. **四柱와 韓醫學** 鐘義明 저, 조혜인·李昇佺 역, 1995, 여강출판사

※ 과학 문헌들과 주역 문헌들은 그 핵심이 거의 동일함.

믿거나 말거나 운명의 쎄계

서양의 현대물리학자들은 우주대자연의 원리와 법칙을 과학적 실험을 통하여 밝혀냈고, 앞으로도 알려지지 않았었던 우주대자연의 미스테리를 과학적으로 밝혀 낼 것이다. 그러나 그 옛날에 동양인들은 우주의 원리와 대자연의 법칙을 과학적 실험을 통하여 밝혀낼 수는 없었다. 그러한 상황에서 우주의 원리를 우리 인간에 그대로 결부시켜 이른바 운명이라는 것을 개발하였고, 한방의학을 만들어 냈는데 이 운명은 현대과학으로 설명할 수 없다는 데 문제가 있는 것 같다.

가령 어떤 무당이나 점쟁이가 당신은 언제 돈을 벌고, 벼슬을 가지며, 결혼하고, 이혼하며, 아무 날 아무 시에 물에 빠져 죽을 운명이라 하였을 때, 어쩌다가 그들의 예언이 맞을 수도 있을 것이다

그러나 현대과학자들은 이 운명적 예언을 두고 과학적으로 설명을 하라고 주장할 것이다. 옛날에 운명학을 만든 사람들에게 물어볼 수도 없고, 설명을 들어볼 수도 없는 현실이고 보니 운명론자들의 예언을 무조건 믿을 수도 없고 과학자들의 주장에 무조건 동조할 수도 없는 진퇴양란의 딜레마에 빠지게 된다.

운명을 믿어도 되는지 안되는지 도대체 운명이란 무엇인지, 그 알 수 없는 운명의 세계에 대하여 참고로 재미 삼아 설명해 보기로 한다.

우주의 원리를 바탕으로 하여 인간의 운명을 본격적으로 연구하기 시작한 것은 춘추전국시대 쯤이라 한다. 운명은 우주의 원리를 바탕으로 하였기 때문에 음양오행십간십이지라는 문자들이 그대로 사용되었다. 이를테면 하도낙서를 바탕으로 한 오행의 상생상극은 우리 인간의 대인관계 육친관계를 비롯한 운명의 길흉을 알아보는데 사용하였고, 기의 왕상휴수사는 인간의 흥망성쇠를 알아보는데 사용했으며, 십간십이지 라는 문자들은 운명의 기본적 공식을 만드는데 사용한 것이다.

제 1 장

운명의 공식

운명은 선천운과 후천운 두 가지로 나누어진다. 따라서 운명의 공식도 두 개로 만들어진다. 운명풀이를 위한 기본적 공식인 사주팔자가 바로 선천운인데, 이것은 선천적으로 인간이 태어난 그해 그달 그날 그 시간의 천지 운기를 음양오행 십간십이지라는 문자로 나타냈고, 후천운 역시 그와 같다.

선천운은 타고난 팔자를 의미하고 후천운은 세월따라 후천적으로 변화하는 운명을 의미한다. 그렇다면 운명의 공식은 어떻게 만들어지고 어떻게 풀어 나가는가.

운명이라는 그 말 자체는 비과학적인 뉴앙스를 풍기지만 상당히 논리적 학문적인 측면도 있다는 것을 알 수 있다

그러나 의문이 되는 것은 인간이 태어나는 그 순간에 눈에 보이지않는 천지운기가 어떻게 인간의 운명을 결정하느냐 하는 것이고, 천지운기를 어떻게 음양오행으로 나타내었으며 또한 선천운인 사주팔자는 어떻게 만들어내었느냐 하는 것이다

천지운기를 음양오행으로 나타낸 것은 지금으로부터 약 3500년 전 은나라 때부터라 한다. 그때부터 날짜마다 60甲子를 붙여서 사용했다고 한다. 그러면 다음부터 전해져 내려오는 운명의 공식과 풀어보는 방법에 대하여 저자 나름대로 이해하기 쉽게 설명해 보기로 한다.

1. 선천운(四柱 작성법)

각자 타고난 運氣의 성분을 8개로 문자화 한 것이 四柱八字요 선천운이라 하였다.

八字는 生年 生月 生日 生時의 운기를 기준으로 하여 뽑아지는데, 태어나는 그 순간에 각자 어떤 성분을 어느 만큼이나 지니고 태어났느냐 하는 것은 다음과 같이 몇 가지의 방법에 의하여 알 수 있게된다. 그 방법이란 만세력과 조견표를 찾아보는 방법을 말한다.

만세력이란 陰陽五行 十干十二支(干支)로 文字化된 천지운기를 집대성한 책을 의미한다. 태어난 生年과 生日의 운기(干支)는 만세력에 표시되었고 生月生時의 干支는 별도로 표시된 조견표를 보아야 한다. 먼저 出生 年月日時의 운기를 뽑아보기 위해서는 절기를 알아야하고 시간을 알아야 한다.

그해의 시작은 入春부터이고, 그 달의 시작은 入節부터인데, 입춘은 언제나 양력으로 2월 4, 5일이고, 입절 역시 언제나 그 달의 초가 된다. 그리고 하루의 시작은 밤1시(丑時)부터인데, 이 절기표와 시간표를 보고 자신이 어느 달 어느 날짜에 태어났는지를 분간해야 된다.

절 기

月別	節氣	地支	月別	節氣	地支
1月	입춘	寅	7月	입추	申
2月	경칩	卯	8月	백로	酉
3月	청명	辰	9月	한로	戌
4月	입하	巳	10月	입동	亥
5月	망종	午	11月	대설	子
6月	소서	未	12月	소한	丑

· 절기는 天地運氣(천지운기)와 밀접한 관계가 있는 것이니 亥子월 엄동설한에 태어난 사람은 陰氣가 왕성하고 巳午월 여름에 태어난 사람은 陽氣가 왕성하다.

시 간

時	시간	時	시간	時	시간
子	23~01	辰	07~09	申	15~17
丑	01~03	巳	09~11	酉	17~19
寅	03~05	午	11~13	戌	19~21
卯	05~07	未	13~15	亥	21~23

· 낮 시간에는 陽氣가 충만하고 밤 시간에는 陰氣가 왕성하다.

다음에는 태어난 달의 운기와 태어난 시운을 뽑아내야 하는데, 이것은 별도로 표시된 月建조견포와 時間조견표를 보아야 한다. 태어난 달은 年干을 기준으로 하고 태어난 시간은 日干을 기준으로 하여 본다.

이와 같이 만세력과 조견표를 보고 자신의 出生 年月日時가 지닌 運氣의 성분을 모두 다 뽑아 내게되는데 중요한 것은 음력이든 양력이든 자신의 정확한 出生 年月日時를 알아야 된다는 것이다. 그러면 자신의 출생기준을 다시 종합하여 정리해 보기로 한다.

月建조견표 · 年干기준

月別 年干	1月	2月	3月	4月	5月	6月	7月	8月	9月	10月	11月	12月
甲 己	丙寅	丁卯	戊辰	己巳	庚午	辛未	壬申	癸酉	甲戌	乙亥	丙子	丁丑
乙 庚	戊寅	己卯	庚辰	辛巳	壬午	癸未	甲申	乙酉	丙戌	丁亥	戊子	己丑
丙 辛	庚寅	辛卯	壬辰	癸巳	甲午	乙未	丙申	丁酉	戊戌	己亥	庚子	辛丑
丁 壬	壬寅	癸卯	甲辰	乙巳	丙午	丁未	戊申	己酉	庚戌	辛亥	壬子	癸丑
戊 癸	甲寅	乙卯	丙辰	丁巳	戊午	己未	庚申	辛酉	壬戌	癸亥	甲子	乙丑

時間조견표 · 日干기준

時 日干	子	丑	寅	卯	辰	巳	午	未	申	酉	戌	亥
甲 己	甲子	乙丑	丙寅	丁卯	戊辰	己巳	庚午	辛未	壬申	癸酉	甲戌	乙亥
乙 庚	丙子	丁丑	戊寅	己卯	庚辰	辛巳	壬午	癸未	甲申	乙酉	丙戌	丁亥
丙 辛	戊子	己丑	庚寅	辛卯	壬辰	癸巳	甲午	乙未	丙申	丁酉	戊戌	己亥
丁 壬	庚子	辛丑	壬寅	癸卯	甲辰	乙巳	丙午	丁未	戊申	己酉	庚戌	辛亥
戊 癸	壬子	癸丑	甲寅	乙卯	丙辰	丁巳	戊午	己未	庚申	辛酉	壬戌	癸亥

첫째 : 生年

자신이 출생한 生年이 入春이후인지 입춘이전인지를 먼저 알아야한다.

그해의 시작은 입춘이기 때문이다.

예컨대 1995년의 運氣는 乙亥라는 문자로 표시된다. 따라서 1995년에 출생한 아이의 출생성분은 乙亥로 표시된다. 그러나 입춘 이전인 2월 2일이나 3일에 태어난 아이는 60甲子의 순서에 따라 전년의 干支 甲戌이 된다.

둘째 : 生月

出生月의 干支는 절기를 기준으로 하여 뽑아낸다. 출생한 달이 入春을 지났을 때에는 寅月(1月)이오 그 다음 경칩을 지났을 때에는 卯月(2月)이고 청명이 넘었을 때에는 辰月(3월)…… 이런 식으로 언제나 그 달의 절기를 기준으로 하여 따지게 되는데 生月의 干支는 만세력에 표시되어 있지 않음으로 月建조견표를 보아야 한다.

셋째 : 生日

출생한 날짜는 그날의 밤11시를 지난 子時를 기준으로 하여 따지게 된다. 만약에 그 날밤 1시전에 출생했다면 그날의 日辰(일진)이 되고 밤 1시가 지났을 때에는 그 다음날의 일진이 된다. 일진은 역시 만세력에 표시되어 있다.

넷째 : 生時

시간은 앞에서 이미 설명하였듯이 두 시간을 한 묶음으로 하여 따지게 된다.

예컨대 하루의 시작인 밤11시부터 새벽 1시(23시)까지는 子時 1시에서 3시까지는 丑時 3시에서 5시까지는 寅時…… 이렇게 순서대로 나가는데 엄밀히 따진다면 11시에서 1시까지가 아니라 12시 59분 59초까지를 子時라 한다. 1초 후인 1시부터는 순서에 따라 丑時가 시작되는 것이다. 따라서 밤 12시 59분 59초 이전에 태어난 아이는 그날의 일진이 적용되지만 1초 후인 밤1시 이후에 출생한 아이는 그 다음날의 일진이 적용됨으로 단 몇 초 차이로 인생의 운명이 크게 달라진다는 것이다.

출생 年月日時의 기준을 다시 요약해서 정리해 본다면, 生年의 干支—입춘이전출생자는 그 전년의 干支 生月干支—입절이전의 출생자는 그 전월의

干支 : 生日의 干支—밤1시 이후 출생자는 그 다음 날의 干支 : 生時干支—
시간조견표를 보고 干支를 뽑아낸다.

다섯째 : 실예
실제로 예를 들어 출생干支를 뽑아보기로 한다.
가령 1982년 2월 8일 오후 2時(양력)에 출생했다면 먼저 만세력을 보
고 生年生日의 干支를 뽑아내고 그 다음 生月의 干支는 月建조견표를 보고
生時의 干支는 시간조견표를 보고 뽑아낸다.

出生年(1982년)→壬戌
出生月(2月)→壬寅
出生日(8일)→壬戌
出生時(2時)→丁未

그러나 출생 일이 8일이 아니고 3일인 경우에는 入春이전이고 또한 入
節이전이기 때문에 그 전해의 干支와 그 전달의 干支대로 따져야하고 날짜
와 시간은 그대로 따지게 된다. 따라서 1982년 2월 3일 2時출생자는 다
음과 같다.

出生年(1982)年→辛酉
出生月(2月)→辛丑
出生日(3日)→丁巳
出生時(2時)→丁未

다음에는 출생時가 子時를 넘었을 경우 生年生月은 앞의 경우와 동일하
지만 日時가 바뀌어진다. 따라서 1982년 2月 3日 丑時(1시 30분) 출생자
는 나음과 같나.

出生年(1982)年→辛酉
出生月(2月)→辛丑

出生日(3日)→戊午
出生時(2時)→癸丑

다음에는 첫 번째의 경우처럼 出生 年月日時가 바뀌어지지 않고 정상적인 八字 하나를 더 뽑아보기로 한다.
1975년 6월 29일 새벽 4시 출생자

出生年(1975年)→乙卯
出生月(6月)→壬午
出生日(29日)→丙午
出生時(4時)→庚寅

이와 같이 여러 가지 방법에 의하여 뽑아진 出生성분은 8개로 文字化되고 8개의 文字는 陰陽五行 十干十二支(干支)로 표시되는데 여기에 숨겨진 비밀을 풀어보기 위해서는 먼저 公式化된 四柱八字의 명칭과 상징적인 의미를 알아야 한다.

2. 四柱八字의 명칭과 의미

앞의 乙卯 壬午 丙午 庚寅의 경우 다음과 같은 명칭이 붙여진다.
이와 같이 태어난 生年의 干支를 年柱 生月의 干支를 月柱 生日의 干支를 日柱 生時의 干支를 時柱라 한다.
이렇게 네 개의 기둥과 여덟 개의 문자로 세워진다하여 四柱八字라 하는데, 生年의 干을 年干 生年의 支를 年支 生月의 干을 月干 生月의 支를 月支 生日의 干을 日干 生日의 支를 日支 生時의 干을 時干 生時의 支를 時支라 한다. 즉 四柱八字는 年干年支, 月干月支, 日干日支, 時干時支 등 四干四支로 구성된다.

<table>
<tr><td>時柱</td><td>日柱</td><td>月柱</td><td>年柱</td></tr>
<tr><td>庚寅</td><td>丙午</td><td>壬午</td><td>乙卯</td></tr>
</table>

（時干）庚（時支）　（日干）丙（日支）午　（月干）壬（月支）午　（年干）乙（年支）卯

도표　四柱의 상징적인 의미

四柱 의미	年柱(根)	月柱(苗)	日柱(花)	時柱(實)
시 기	소년기	청년기	중년기	노년기
육친관계	조상·조부모	부모·형제	본인·처·애인	자녀·자손
운 세	초년운 부모운	청년운 부모·형제운 가정환경	중년운 배우자운	말년운 자손운

그러면 먼저 四柱八字는 도대체 어떤 의미를 지니고 있다는 것인가.

첫째 : 四柱의 의미

四柱는 자신의 가문과 성장과정의 운세를 의미한다.(도표)

年柱는 뿌리와 같은 것이니 자신의 뿌리인 조상과 父의 운세를 나타내고 자신의 소년기와 초년운을 나타낸다.

月柱는 묘(苗)자리와 같은 것이니 자신의 가문과 母와 형제운을 나타내고 자신의 청년운세를 나타낸다.

日柱는 피어난 꽃과 같은 것이니 자신과 자신의 배우자를 의미하고 자신의 중년운세를 의미한다.

時柱는 열매와 같은 것이니 자신의 자녀와 말년운세를 의미하는 것이다. 따라서 타고난 四柱를 보면 선천적인 운세를 금방 알 수 있게 된다는 것이다.

만약 四柱의 年月이 剋沖되어 있거나 뿌리인 地支가 허약하면 조상이나 부모형제가 無力하고 또한 부모형제 덕이 없음으로 어릴 때부터 고생하게 된다는 것을 알 수 있으며 日時가 剋沖되어 있으면 배우자와 자손의 인연이 박하고 중년말년 운이 허무하다는 것을 알 수 있다. 그러나 四柱는 어느 한 부분만 가지고 판단하는 것이 아니기 때문에 四柱 전체의 질량강도와 비중을 통하여 그 사람의 운명과 체질 성품과 인격을 종합적으로 판단해야 된다는 것이다.

예컨대 木旺節인 봄에 태어난 사람은 木氣가 왕성한 반면에 상대적으로 金氣가 허약하고 火旺節인 여름에 태어난 사람은 火氣가 왕성한 반면에 상대적으로 水氣가 허약하고 金旺節인 가을 태생은 金氣가 왕성한 반면에 상대적으로 木氣가 허약하고 水旺節인 겨울태생은 水氣가 왕성한 반면에 상대적으로 火氣가 쇠약하다. 따라서 木氣가 왕성한 木(少陽)체질의 소유자는 간(乙) 담(甲)이 왕성한 반면에 상대적으로 대장(庚) 폐(辛)가 허약하고 火氣가 왕성한 火(太陽) 체질의 소유자는 소장(丙) 심장(丁)이 왕성한 반면에 상대적으로 방광(壬) 신장(癸)이 허약하고 金氣가 왕성한 金(少陰) 체질의 소유자는 대장(庚) 폐(辛)가 왕성한 반면에 상대적으로 간(乙) 담(甲)이 허약하고 水氣가 왕성한水(太陰) 체질의 소유자는 선천적으로 방광(壬) 신장(癸)이 왕성한 반면에 상대적으로 소장(丙) 심장(丁)이 허하다고 해석한다.

만병은 허(虛)와 실(失)에서 생겨나는 것이니 五行이 失和되면 오장육부의 기능에 이상이 생겨 질병을 얻게되는 것이며 五行이 中和하면 오장육부가 정상적으로 작동하여 건전한 육신을 가지게 된다는 것이다.

또한 질병은 强者가 弱者를 누르는 相剋의 원리에 따라 발생하는 것이니 木旺剋土하고 土旺剋水하며 水旺剋火하고 火旺剋金하고 金旺剋木함으로써 질병이 일어난다는 것이다. 즉 간담(木)이 지나치게 왕성하면 위비(土)에 이상이 생기고 위비(土)가 지나치게 왕성하면 신장방광(水)에 이상이 생기는 것이고 신장방광(水)이 극성이면 심장소장(火)병이 생기고 심장소장

(火)이 지나치게 왕성하면 폐와대장(金)에 이상이 생기고 폐와대장(金)이 지나치게 극성이면 간담(木)에 이상이 생긴다는 것이다.

육신은 陰이요 정신은 陽이다. 血은 陰이요 氣는 陽이다. 육신과 정신은 모두가 건전해야 되듯이 氣와 血은 인체의 에너지요 원동력으로서 金水陰人은 선천적으로 陰血이 왕성한 반면에 陽氣가 부족하고 허하여 질병이 찾아드는 것이요 木火陽人은 선천적으로 陽氣가 왕성한 반면에 상대적으로 陰血이 부족하고 허하여 질병이 찾아드는 것이니 陽人은 陰血을 보하는 陰성적인 약이나 음식을 먹어야 되고 陰人은 陽氣를 보하는 陽성적인 약이나 음식을 먹어야 된다는 것이다. 또한 음양론에 의하면 산삼녹용이 제아무리 몸에 좋다한들 陽氣가 왕성한 陽人에게는 마치 독약과 같은 것이된다. 산삼녹용은 陽성적인 물질이기 때문이다. 뜨거운 것은 陽이요 차가운 것은 陰이라하였으니 열이 심하게 나는 것은 陽성 병이요 한기가 드는 것은 陰성 병에 속한다. 따라서 陰성 병은 열을 올려주고 陽성 병은 열을 내려주는 약이나 음식을 먹어야 되는 것이지 열나는 병에 또 열올리는 약이나 음식을 먹으면 너무 열받아 결국은 열병으로 죽게되고 또한 열받는 말을 해서 약을 올려도 안된다.

이와 같이 만병은 中和의 법칙을 어기고 失和됨으로서 일어나는 것이니 너무 허하고 부족해도 탈이요 너무 태과하고 왕성해도 탈이 나는 것이다. 따라서 인간의 질병도 인간의 운명도 陰陽의 조화를 그 지상으로 하는 것이니 각자 타고난 天命을 보면 무엇이 부족하고 무엇이 태과하며 무엇이 허하고 무엇이 왕성한가를 금방 알 수 있게 된다는 것이다.

본시 天地만물은 陰陽五行으로 구성되고 相生相剋과 氣의 왕쇠강약으로 운행되고 있듯이 만물의 일부인 우리 인간도 陰陽五行으로 구성되고 氣의 왕쇠강약으로 운행되고 있는 것이다. 따라서 각자 타고난 五行의 성분과 運氣를 보면 그 사람의 운명과 건강문제를 당장 알 수 있게 된다는 것이다.

타고난 運氣가 허약한 사람은 아무런 조화를 부리지 못하고 남에게 의지하면서 살아가게 되지만 氣가 왕성한 사람은 능소능대 만난을 극복하고 기어이 큰 일을 성취할 수 있게 되는 것이다. 또한 각자 타고난 陰陽五行의 비중을 보면 그 사람의 성정도 쉽게 알 수 있는데 陰陽의 성분이 어느 한

쪽으로 편중된 사람은 편견과 아집이 강하고 이기적이며 또한 질병으로 인하여 고생하게 되지만 마치 두 개의 수래바퀴처럼 陰과 陽이 균형된 조화를 이룬 사람은 건강하고 평탄한 인생길을 가게 된다는 것이다.

陰은 물질이요 陽은 정신이니 陰의 성분이 과다한자는 물질적 본능적 색정적이요 陽의 성분이 과다한 자는 정신적 이상적 환상적이니 현실인 물질보다 이상과 환상에 치우쳐 물질에 고통을 겪게된다.

五行의 성분도 그와 같은 것이니 오행중에 木은仁 火는禮 土는信 金은義 水는智를 의미한다. 그러나 오행의성분이 과다하면 문제가 일어난다 따라서 과다한 것은 줄여주고 모자라는 것은 체워 주어야 되는 것이니 陽氣가 모자라고 허약한 사람은 陽(木火 : 寅卯·己午)운을 만나고 陰氣가 부족하고 허약한 사람은 陰(金水 : 辛酉·亥子)운을 만나야 건강도 회복되고 운세도 좋아지게 되는 것이다. 그러나 陰旺者가 다시 陰운을 만나고 陽旺者가 또다시 陽운을 만나면 운세도 나빠지고 건강도 나빠지며 심지어 죽기까지 한다고 말한다.

이밖에도 선천적인 四柱를 보면 타고난 성품과 인격 능력과 기질 부귀와 빈천 부모형제와 처자식관계 친구와 대인관계 수명의 장단을 알 수 있게 되고 도둑놈 살인강도 거칠고 잔인한 자 착하고 인자한 자 너그럽고 부드러운 자 인색한 자 주색을 좋아하는 자 하극상 하는 자 이랬다 저랬다 변덕이 심한 자 등 그 사람의 모든 것을 알 수 있게 된다는 것이다.

둘째 : 四柱의 日干과 月支

四柱는 八字로 구성되어 있고 八字는 四干四支로 구성되어 있다. 그 四干四支 중에 가장 중요한 위치를 차지하고 있는 것이 바로 日干과 月支라고 하였다.

왜냐하면 日干은 주인공인 나를 의미하고 月支는 四柱의 중심이요 苗(묘)자리요 원동력인 동시에 후천운을 알아보는 기준이 되기 때문이다.

日干은 주인공인 나를 의미함으로 日主(일주)라고 말한다. 가령 日干이 甲이면 甲日主 또는 甲木日主 乙이면 乙木日主라고 말하는데 甲乙木日主가 寅卯월에 출생했다면 日主인 내가 왕성한 氣를 지니고 태어난 것이고, 또한 木(少陽)체질이라는 것을 알 수가 있다(月支 : 寅卯).

月支는 계절을 의미하고 계절은 힘을 의미하는 것이니 만물은 태어난 계절에 따라 힘의 왕약이 결정되는 것이다. 따라서 日干을 비롯한 年月時干의 힘은 모두 月支에 대조하여 판단하게 되는 것이다(月支가 지닌 에너지의 비중은 四柱 전체의 약 70%).

이 日干과 月支 중심의 四柱는 송나라 徐子平에 의하여 개발 되었다고 한다.

3. 후천운(大運 작성법)

후천운은 다음과 같은 방법에 의하여 만들어졌다. 선천운은 四柱八字로 구성되어 있고 四柱八字는 四干四支로 구성되어 있으며 四干四支는 陰陽五行 十干十二支로 표시되어 있다.

그 八字로 구성된 비밀의 암호문 속에 내가 태어나서 죽을 때까지 걸어가야 할 운명의 시나리오가 모두 함축되어 있다. 그 운명의 시나리오가 구체적으로 무엇인가를 알아보기 위해서는 앞으로 걸어가야 할 인생 길의 이정표를 찾아야 한다. 그 운명의 이정표에 따라 내가 가야할 후천운이 결정되기 때문이다.

이정표는 선천운의 年干에 표시되어 있다. 선천운이 乙卯, 壬午, 丙午, 庚寅 이라면 年干의 乙木이 바로이정표가 되는 것이다.

그러나 가는 길의 방향은 여자인가 남자인가에 따라 완전히 달라진다. 한날한시에 태어난 쌍둥이일지라도 하나는 남자 또 하나는 여자라 할 때 이 두 사람의 운명길은 완전히 달라지는 것이다. 남자는 역행하고 여자는 순행하기 때문이다. 순행이냐 역행이냐 하는 문제가 바로 年干의 이정표 乙木에 의하여 결정되는 것이다.

陰陽상으로 볼 때 여자는 陰이요 남자는 陽이다. 그리고 乙木은 陰이요 甲木은 陽이다.

남자의 경우 生年의 干(年干)이 陽일 때에는 陽男이라 말하고 陰일 때에는 陰男이라 말한다. 반면에 여자의 경우 年干이 陽일 때에는 陽女 陰일 때에는 陰女라고 말한다. 따라서 陽男은 순행하고 陰男은 역행한다. 반대로 陰女는 순행하고 陽女는 역행한다.

```
┌ 陽男 : 순행        ┌ 陰女 : 순행
└ 陰男 : 역행        └ 陽女 : 역행
```

```
   순행    ←  (陽男)
              (陰男)  →   역행
   순행    ←  (陰女)
              (陽女)  →   역행
```

그러나 순행이든 역행이든 가는 길에 무슨 일이 일어날 것인가에 대한 문제는 月支 午에서 결정된다. 왜 그런가.

月支는 四柱의 중심이라 하였다. 즉 月支는 氣의 원동력이요 에너지원이요 苗(묘)자리다. 그러므로 묘자리에서 자라난 묘목은 묘자리인 月支에서 뻗어나간다. 따라서 月支가 바로 대운의 출발점이 되는 것이다.

```
庚 丙 壬 乙 →(이정표)
寅 午 午 卯
       └→ (대운의 출발점)
```

月支는 내가 태어난 계절 내가 태어난 그 달을 의미하는 것이니 남자의 경우 60甲子의 순서에 따라 壬午를 기준점(출발점)으로하여 거꾸로 역행하게 되고 여자는 순행하게 되는 것이다.

```
63 53 43 33 23 13 3            8 18 28 38 48 58 68
己 戊 丁 丙 乙 甲 癸    壬     辛 庚 己 戊 丁 丙 乙
丑 子 亥 戌 酉 申 未    午     巳 辰 卯 寅 丑 子 亥
     女命(순행)    ←┘  └→   (역행)男命
```

이와 같이 태어난 계절의 壬午(月柱)를 출발점(기준점)으로 하여 60甲子의 순서에 따라 남자는 역행하고 여자는 순행하는데 순행하는 대운은 순운 역행하는 대운은 역운이라 한다.

그런데 여기에서 또 하나 알아야 할 것은 대운이 몇 살 때부터 시작되느냐 하는 것이다.

大運은 四柱를 10년 동안 맡아서 관리하기 때문에 10년마다 바뀌어진다. 즉 대운은 10년 동안의 운세이다. 가령 태어나서 두 살 때부터 대운이 시작되었다면 2 12 22 32 42…… 이런 식으로 10년마다 바뀌어지면서 운세도 바뀌어진다. 그렇다면 각자의 대운은 몇 살 때부터 시작되는가 대운의 시작은 다음과 같은 계산법에 의하여 알 수 있게 된다.

大運은 月支에서 출발하기 때문에 태어난 계절 태어난 달을 기준으로 하여 따지게 된다. 즉 한 달은 30일이기 때문에 30일을 가지고 대운 10년을 계산한다. 그럼으로 3일이 1년에 해당된다. 따라서 3이라는 숫자가 대운계산의 기본수가 되는 것이다.

예컨대 앞의 1975년 6월 29일(양력) 출생자의 경우 남자는 역운이고 여자는 순운이다. 따라서 남자는 출생일인 29일을 기준으로 하여 29일부터 그 달의 入節日인 6월 6일까지의 날짜 수를 세어서 3으로 나누고 여자는 순운임으로 29일부터 그 다음달의 입절일인 7월 8일까지의 날짜 수를 세어서 3으로 나눈다.

남자의 경우 그 달의 입절일까지의 날짜 수는 23이 되고 여자의 경우 그 다음달 입절일까지의 날짜 수는 9가 되는데 이것을 각각 3으로 나누면 8과 3이라는 숫자가 나온다. 바로 이 8과 3이 대운의 출발점이 되는 것이다. 즉 남자는 출생 후 8세부터 여자는 출생 후 3세부터 대운이 시작되는 것이다.

庚丙壬乙 ⎤
寅午午卯 ⎦ 선천운

73 63 53 43 33 23 13 3 ⎤
庚 己 戊 丁 丙 乙 甲 癸 ⎥ (女命) 대운
寅 丑 子 亥 戌 酉 申 未 ⎦

```
78 68 58 48 38 28 18  8
甲 乙 丙 丁 戊 己 庚 辛      (男命) 대운
戌 亥 子 丑 寅 卯 辰 巳
```

이와 같이 아무리 한날한시에 태어난 쌍둥이 일지라도 대운이 어느 방향으로 흐르느냐에 따라 男子와 女子의 운명은 크게 달라지는 것이다. 또한 후천운에 의하면 비록 同性의 쌍둥이일지라도 언제나 같이 살면서 행동하게 되면 거의 똑같은 운명의 길로 가게되고 서로 떨어져 살면서 서로 다른 직업 다른 환경 속에서 살아가면 그들의 운명 또한 크게 달라지는 것이다. 해마다 쌍둥이가 같은 대학에 합격하는 경우가 바로 여기에 해당되는 것이다.

本命처럼 西北方 용신(用神)의 방향으로 진출한 사람은 크게 발전하고 東南方 흉신의 방향으로 진출한 사람은 만사 실패로 끝날 확률이 큼으로 方位의 중요성도 크게 작용되는 것이다.

그렇다면 후천운인 大運과 선천운인 四柱는 서로 어떤 관계가 있으며 또한 어떤 작용을 하게 되는가. 이것은 다음과 같이 설명된다.

4. 선천운과 후천운

命은 선천운과 후천운으로 구성된다. 타고난 八字를 선천운이라 말하고 대운, 세운, 월운 등 미래의 운명을 후천운이라 말한다.

선천운은 각자 타고난 능력이요 그릇이라 한다면 후천운은 타고난 능력을 발휘하는 인생무대와 같다. 따라서 아무리 그릇이 크고 능력이 있을지라도 활동무대가 없으면 무용지물이 되는 것이요, 별능력이 없어도 활동무대가 많으면 이름나고 돈 벌게되는 것이다. 또한 인생 길은 마치 뱃길과 같은 것이기에 제아무리 성능 좋은 배라도 폭풍에는 견딜 수 없고 암초에는 속수무책이듯이 아무리 보잘것없는 낡은 배라도 순풍의 뱃길을 만나면 무사히 목적지에 도달할 수 있게 되는 것이다. 그래서 선천운보다 후천운이 좋아야 되는 것이라 한다.

대운은 10년 동안의 운세를 의미하고 세운은 1년 동안의 운세, 월운은 1달동안의 운세, 일운(일진)은 1일의 운세, 시운은 1시간의 운세를 의미한 다. 즉 대운 속에는 10년의 세운이 들어 있고 세운 속에는 12달의 월운이 들어있고 월운 속에는 30일의 일진이 들어있고 일진 속에는 24시간의 시운이 들어있는 것이다. 따라서 제아무리 八字가 좋아도 대운이 나쁘면 화를 당하게되고 아무리 대운이 좋아도 세운이 나쁘면 화를 당하고 아무리 세운이 좋아도 월운이 나쁘면 화를 당하게되는 것이니 八字보다 대운이 좋아야하고 대운보다 세운이 좋아야하고 세운보다 월운이 좋아야 하고 월운보다 일진이 좋아야하고 일진보다 시운이 좋아야하고 시운보다 초운이 좋아야하는데 초운이란 바로 이 순간을 의미하는 것이니 사람은 누구나 다 지금 이 순간에 무엇을 하고 있느냐가 중요한 것이라고 말할수있다.

학교나 연구실에서 열심히 공부를 하고 있는 사람 사무실이나 공장에서 땀흘리고 있는 사람, 전방후방에서 총들고 있는 사람, 시장에서 장사하는 사람, 농사짓는 사람, 사업하는 사람, 정치하는 사람, 도둑놈, 사기꾼 소매치기, 날치기, 살인강도 등 지금 이 순간에 무얼 하고 있느냐가 중요한 것이다.

아무리 기구한 팔자를 지니고 태어났더라도 지금 이순간부터 부단히 노력하면서 마음을 닦아나가면 하늘이 나를 도와줄 것이요, 제아무리 좋은 팔자를 지니고 태어났을지라도 인생을 헛되이 살아가게 되면 도리어 화를 당하게 되는 것이다.

이와 같이 인생의 운명은 선천운보다 후천운인 대운세운의 무대가 더욱 중요하다는 것을 말해주고 있는 것이니 좋은 운을 만나면 기회를 놓치지 말고 더욱 열심히 노력해야 된다는 것이다.

좋은 운이냐 나쁜 운이냐를 판단하는 방법은 다음에 구체적으로 설명할 것이지만 허약한 八字를 지니고 태어난 사람은 왕운을 만나야 좋고 왕성한 八字를 지니고 태어난 사람은 쇠운을 만나야 좋은 것이며 뜨거운 八字는 차가운 운을 만나고 차가운 八字는 더운 운을 만나야 좋은 것이니 이를 用神판단법이라 말하는 것이다.

가령 亥子월 엄동설한에 태어나 陰氣가 왕성한 사람은 따뜻한 陽을 용신으로 삼고 巳午월 뜨거운 여름철에 태어나 陽氣가 왕성한 사람은 시원한

陰을 용신으로 삼는데 용신이란 八字의 주인공인 내가 필요로 하는 것을 의미한다.

陽을 필요로 하는 사람이 대운이나 세운에서 陽을 만나거나 陰을 필요로 하는 사람이 陰을 만나게되면 크게 발전하는 것이요 반대로 陽을 필요로 하는 사람이 陰을 만나거나 陰을 필요로 하는 사람이 陽을 만나게 될 때 그 사람은 크게 실패할 뿐만 아니라 심지어 죽기까지 한다. 이와 같이 대운을 보면 언제 무슨 일이 일어날 것인지를 당장 알 수 있게 되는 것이다.

大運은 10년 동안의 운세요 무대이기 때문에 天于地支(于支)를 각각 5년씩 나누어 보게 된다.

예컨대 丙子대운 壬牛대운은 于支가 모두 다르기 때문에 丙子대운은 丙火로 5년 子水로 5년 각각 나누어서 보게된다. 그러나 丙午대운 壬子대운처럼 于支가 모두 같을 경우 丙午대운은 火로 10년 壬子대운은 水로 10년을 보게되는 것이다.

가령 陽을 필요로 하는 사람이 壬午대운을 만났다하자. 이런 경우 기회는 왔으나 장애물이 많아 능력을 제대로 발휘할 수 없게 되는데 壬水陰운이 물러가는 5년 후에 비로소 운이 좋아지는 것이다. 한편 陰을 필요로 하는 사람의 입장에서 볼 때 우선 좋은 기회가 주어지기는 했으나 5년 후에는 吉이 凶으로 바뀌어지는 것임으로 陰운이 계속되는 5년 동안에 열심히 노력해야 된다는 것이다.

그러나 大運은 天于보다 地支를 더욱 중요시하는데 그 이유는 地支의 비중이 天于보다 훨씬 크기 때문이다. 그렇다면 대운 속에 들어있는 세운은 어떻게 볼 것인가.

大運은 10년 동안의 운세요 세운은 1년 동안의 운세이다. 즉, 대운 속에 열 개의 세운이 들어 있다.

대운은 地支를 중요시하지만 세운 월운 일운 시운은 天于을 중요시한다.

가령 陽을 필요로 하는 사람이 壬午세운을 만났다하자. 이때 역시 앞의 대운처럼 일회일비를 하게 된다. 壬午세운에서 壬水는 陰이요, 午火는 陽이기 때문이다. 이런 경우 天于인 壬水로부터 직접적인 피해를 당하게 되지만 地支인 午火의 도움으로 간접적인 구제를 받게 된다. 반면에 丙子세운을 만났을 때에는 天于인 丙火의 직접적인 도움으로 吉함이있으나 地支

인 子水에 의하여 간접적인 피해를 당하게 되는 것이다. 그럼으로 세운은 天干을 더욱 중요시하는 것이다. 그렇다면 대운과 세운은 서로 어떤 관계가 있으며 어떤 작용을 하게 되는가.

四柱보다 대운이 좋아야하고 대운보다 세운이 좋아야 하고 세운보다 월운이 좋아야 한다고 말하였듯이 대운은 좋고 세운이 나쁘면 그해는 만사불성이다.

세운과 월운, 월운과 일진 일진과시운도 그와 같은 것이니 현재 이 시간이 가장 중요하다는 것을 또다시 알 수 있는 것이다.

선천운과 후천운의 비중을 다시 요약해 본다면 사주보다 대운 대운보다 세운, 세운보다 월운, 월운보다 일진, 일진보다 시운의 비중이 더욱 큰데 선천운은 약 30% 후천운은 70%비중을 차지한다. 따라서 선천운보다 후천운이 더욱 좋아야 된다는 것을 알 수 있다. 그렇다면 무엇이 좋고 무엇이 나쁘다는 것인가.

吉凶판단의 기준은 무엇이며 吉凶에 대한 설명은 구체적으로 어떻게 해야 되는가.

제 2 장

공식 푸는 법

운명의 공식은 八字로 구성되어 있고 八字는 陰陽五行 十干十二支로 표시되어 있다. 하늘이 내려준 이 비밀의 암호문을 해독하고 설명하기 위해 다음과 같은 방법이 사용되었다.

첫째 : 用神판단법
둘째 : 吉凶판단법
셋째 : 六神통변법

그러나 用神을 판단하기 위한 전 단계로 六神이란 무엇이며 十二운성이란 무엇인지를 먼저 알아야 한다.

본시 우주대자연은 五行의 相生相剋과 氣의 왕쇠강약으로 설명되었듯이 六神은 相生相剋으로 설명되고 十二운성은 氣의 왕쇠강약으로 설명된다. 이 육신과 십이운성은 운명을 풀어보고 설명하기위한 수단방법의 하나인데 구체적인 의미는 다음과 같다.

六神(육신)

八字는 陰陽五行 十干十二支로 구성되어 있다. 그러나 八字는 五行이 아닌 六神으로 풀이하고 설명하기 때문에 五行을 六神으로 바꾸어 설명하게 된다.

六神이란 나의 부모형제와 처자식을 의미하고 사회무대에서 나의 모든 대인관계와 직업직위 명예와 부귀를 얻기 위한 수단방법 등을 의미한다.

인생의 희로애락 길흉화복은 대인관계에서 이루어지는 것임으로 편의상 이 모든 것에 이름을 하나씩 만들어 설명하게 된다. 그런데 묘한 것은 五行의 相生相剋에 의하여 이름이 만들어지고 설명되었다는점이다.

알다시피 相生相剋이란 木火土金水등 우주만물은 상호 어떤 관계 어떤 작용을 하는 가에 대한 설명이다. 즉, 木生火 火生土 土生金 金生水 水生木을 相生이라 말하고 木剋土 土剋水 水剋火 火剋金 金剋木를 相剋이라 말한다. 이 相生相剋원리를 만물의 일부인 우리 인간에 그대로 결부시켜 설명한 것이 바로 六神이다.

가령 내(我)가 木日主라면 相生相剋에 의하여 木이 生하는 것은 火 木을 生하는 것은 水 木이 剋하는 것은 土 木을 剋하는 것은 金이다. 따라서 我生者는 火 生我者는 水 我剋者는 土 剋我者는 金이다. 여기에서 木生火 火는 내가 낳은 我生者이니 자식을 의미하고 水生木 水는 나를 낳은 生我者이니 母를 의미하고 木剋土 土는 내가 극하고 지배하는 我剋者이니 처를 의미하고 金剋木 金은 나를 극하고 지배통치하는 剋我者이니 父 또는 夫(남편)를 의미한다. 그리고 나(我)와 똑같은 木은 同我者이니 같은 뱃속에서 태어난 형제자매를 의미한다.

그리고 육친관계가 아닌 사회무대에서는 두 가지의 의미로 설명되는데 同我者인 木은 같은 반 같은 고향의 친구들을 의미하고 같은 소속 집단의 동료 동지 동업자 등을 의미한다. 또한 我生者인 火는 나에게 기회를 주는 자 또는 출세의 기회를 의미하고 生我者인 水는 나를 母처럼 보호하고 도와주는 스승 직장의 상사 또는 문서 인장 가옥 학문 지식 등을 의미하고 我剋者인 土는 내가 지배하고 다스리는 나의 부하 또는 내 마음대로 주무르는 재물을 의미하고 剋我者인 金은 나를 극하고 다스리는 윗사람(상사) 또는 벼슬과 명예 직위를 의미한다. 그런데 이 모든 것을 정상과 비정상으로 따져서 이름이 만들어진다. 정상이냐 비정상이냐 하는 것은 陰과 陽으로 따지는데 -陰과 -陰 +陽과 +陽은 陰과 陽이 각각 편중되었으니 비정상이고 -陰과 +陽은 서로 조화를 이루었으니 정상적인 관계가 된다(- + 부호는 편의상 붙였음).

陰陽상 甲丙戊庚壬은 陽이요 乙丁己辛癸는 陰이다.

내가 만약 甲木日主라면 我剋者인 戊己土가 나의 처가 되는데 다 같은 처라도 陰陽으로 따져 甲木戊土는 陽과 陽 이렇게 비정상적인 관계임으로 戊土는 첩이 되고 甲木己土는 陰陽의 조화를 이루었으니 己土는 정상적인 나의 처가 된다.

　五行이 陰陽과 相生相剋으로 따져져서 六神으로 바뀌어진 것임으로 甲木日主와 戊土의 관계에서 甲과 戊는 五行이 陽으로 편중되었음으로 戊土에는 偏財라는 이름이 붙여지고 甲과 己는 五行이 陰陽의 조화를 이루어 정상적인 관계가 성립되었음으로 己土에는 正財라는 이름이 붙여진다. 이 같은 원리에 따라 만들어진 六神이름은 그림과 같다.

도표　六神의 正과 偏

甲木日主(陽)		
陽 (偏)	五　行	陰 (正)
甲(比扁)	木	乙(劫財)
丙(食神)	火	丁(傷官)
戊(偏財)	土	己(正財)
庚(偏官)	金	辛(正官)
壬(偏印)	水	癸(正印)

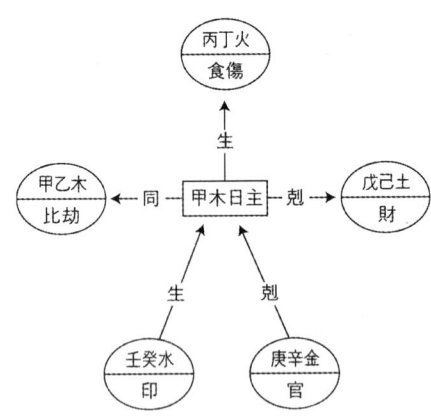

그림 43　六　神

比肩　┐
劫財　┘ 比劫　　偏財　┐
　　　　　　　　正財　┘ 財星

食神　┐
傷官　┘ 食傷　　偏官　┐
　　　　　　　　正官　┘ 官星

　　　　　　　　偏印　┐
　　　　　　　　正印　┘ 印星

甲木日主가 아닌 乙木日主 丙火日主 丁火日主 戊土日主 己土日主 庚金日主 辛金日主 壬水日主 癸水日主 역시 相生相剋과 陰陽의 조화 부조화로 따져서 이름이 만들어지는데 이것을 六神이라 말한다.

그러나 중요한 것은 六神은 나에게 어떤 영향을 주느냐 하는 것이다. 六神은 五行의 相生相剋원리에 따라 만들어졌듯이 주인공인 나의 에너지(氣)를 弱化시키기도 하고 强化시켜 주기도 하는 작용을 한다.

나의 氣를 强化시켜주는 六神은 同我者와 生我者인 比劫과 印星이요 弱化시키는 六神은 我生者인 食傷我剋者인 財星 剋我者인 官星이다. 왜냐하면 이것들은 나와 相生작용도 하고 相剋작용도 하기 때문이다.

氣의 强弱은 六神의 相生相剋에 의하여 이루어지는 물리적인 강약의 변화 외에도 시간의 흐름에 따라 이루어지는 氣의 본질적인 왕쇠강약의 변화가 있는데 이것은 十二運星에 의하여 설명된다.

十二運星(십이운성)

陰陽五行 十干十二支로 구성된 비밀의 암호문을 보다 알기쉽게 풀어보기 위해 편의상 만들어진 이름이 바로 六神이요, 十二運星이다. 六神은 五行의 相生相剋원리를 바탕으로하여 설명되었지만 十二운성은 五行의 氣를 바탕으로하여 설명된다.

우주만물은 그 무엇이나 다 氣 를 지니고 있는 것이라 하였듯이 木은 木氣를 지니고 있으며 火는 火氣를 土는 土氣를 金은 金氣를 水는 水氣를 지니고 있다. 그러나 만물의 氣는 계절의 변화에 따라 旺相休因死를 거듭하고 있다.

예컨대 木氣는 봄철에 가장 왕성하고 火氣는 여름에 金氣는 가을에 水氣는 겨울에 가장 왕성하다. 즉 甲乙木氣는 寅卯월에 가장 왕성하고 丙丁火氣는 巳午월에 庚辛金氣는 申酉월에 壬癸水氣는 亥子월에 가장 왕성하다. 그러나 五行(十干)의 氣는 고정불변이 아니라 계절마다 달마다 변화하고 있다.

만물의 일부인 우리인간도 그와 같은 것이니 寅卯월 봄에 태어난 甲乙木日主는 가장 왕성한 氣를 지니고 태어난 것이며 巳午월 여름에 태어난 丙丁火日主 申酉월 가을에 태어난 庚辛金日主 亥子월 겨울에 태어난 壬癸水日主도 역시 가장 왕성한 氣를 지니고 태어난 것이다. 그러나 氣는 고정불변이 아니라 하였듯이 각자 타고난 氣의 왕약과 변화를 좀더 알기 쉽게 설명하기 위해 편의상 태어난 달에다 12개의 별 이름을 붙여서 長生 沐浴 冠帶 建祿 帝旺 衰 病 死 墓 絶 胎 養이라 하였다. 이렇게 12개의 별로 구성된 十二運星을 통하여 氣의 변화를 측정하는 척도로 사용하게 되는 것이다.

도표　十二運星

十二운성 日主(日干)	長 沐 冠 生 浴 帶	建 帝 衰 祿 旺	病 死 墓	絶 胎 養
甲	亥 子 丑	寅 卯 辰	巳 午 未	甲 酉 戌
乙	午 巳 辰	卯 寅 丑	子 亥 戌	酉 申 未
丙(戊)	寅 卯 辰	巳 午 未	甲 酉 戌	亥 子 丑
丁(己)	酉 申 未	午 巳 辰	卯 寅 丑	子 亥 戌
庚	巳 午 未	甲 酉 戌	亥 子 丑	寅 卯 辰
辛	子 亥 戌	酉 申 未	午 巳 辰	卯 寅 丑
壬	甲 酉 戌	亥 子 丑	寅 卯 辰	巳 午 未
癸	卯 寅 丑	子 亥 戌	酉 申 未	午 巳 辰

十干이 六神이라는 이름으로 바뀌어졌듯이 十二支는 十二運星이라는 이름으로 바뀌어졌는데 甲日主가 亥子丑 겨울에 태어났으면 달마다 長生 沐浴 冠帶라는 별이름이 붙여지고 寅卯辰 봄에 태어났으면 建祿 帝旺 衰 巳午未 여름태생이면 病 死 墓 申酉戌 가을태생이면 絶 胎 養이라는 별이름이 각각 붙여지는 것이다.

예컨데 甲日主가 자기 계절인 寅이나 卯월에 태어났으면 조견표와 같이 寅은 建祿 卯는 帝旺이 됨으로 가장 왕성한 氣를 지니고 태어났음을 당장 알게 되는 것이다.

그러나 아무리 왕성한 氣를 지니고 태어났더라도 시간의 흐름에 따라 왕쇠강약을 거듭하고 있는 것이니 大運을 보면 氣의 변화를 한눈으로 알 수 있게 되는 것이다.

여기에서 참고로 알아두어야 할 것은 같은 五行인데도 불구하고 陽干과 陰干의 十二운성이 어째서 다른가 하는 것이다. 그 이유는 陰陽의 특성 때문이다.

陰陽상으로 볼 때 甲丙戊庚壬은 陽이요, 乙丁己辛癸는 陰이다. 그리고 陰陽의 특성상 陽은 순행하고 陰은 역행한다. 예컨데 같은 五行이라도 丙火는 陽이니 낮과 태양을 상징하고 丁火는 陰이니 밤과 별을 상징한다. 따라서 丙火태양은 아침인 寅에서 떠가지고 卯辰巳午未申酉戌亥子丑으로 정상적인 순행을 하면서 저녁인 酉에서 진다. 즉, 丙火는 寅에서 長生하고 酉에서 死한다. 그러나 丁火인 별은 陰이니 저녁인 酉에서 떠가지고 申未午巳辰卯寅丑子亥戌로 역행하면서 아침인 寅에서 진다. 즉, 丁火는 酉에서 長生이고 寅에서 死가 된다. 다시말해 태양인 丙火는 아침(寅)에 떴다가 저녁(酉)에 지고 별인 丁火는 저녁(酉)에 떴다가 아침(寅)에 진다. 이와같이 陰과 陽의 상반된 특성에 따라 十二운성 역시 달라질 수밖에 없는데 他五行도 그와 같은 것이다.

十干 중에 陽干은 순행하고 陰干은 역행한다. 따라서 陽甲은 亥에서 長生이고 陰乙은 午에서 長生 陽丙은 寅에서 長生이고 陰丁은 酉에서 長生이다.

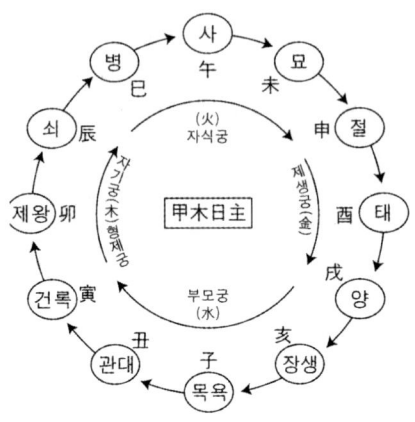

그림 44 十二運星

앞의 六神은 주인공의 육친을 비롯하여 사회무대에서 벌어지는 온갖 사건들을 설명하기 위해 만들어진 것이고 十二運星은 본질적으로 氣의 왕쇠 강약에 따라 이루어지는 인간의 생로병사와 흥망성쇠를 설명하기 위해 만들어졌기 때문에 타고난 十二운성을 보면 그 사람의 능력이나 성격기질을 금방 알 수 있게 된다는 것이다.

十二運星중에 長生 沐浴 冠帶는 부모궁이니 六神의 印星과 같고 建祿 帝旺은 자기궁이니 六神의 比劫과 같은 것이다. 그럼으로 장생 목욕 관대 건록 제왕은 왕강한 氣를 지닌 별들이고 쇠 병 사 묘 절 태 양은 허약한 별들이다.

만약 타고난 十二운성의 氣가 왕성한 사람은 성격이나 기질도 왕강함으로 만난을 극복 기어이 큰일을 성취할 수 있고 氣가 허약한 사람은 아무런 조화를 부리지 못하고 남에게 의지하게 되는 것이다. 또한 十二운성이 거칠면 언행도 거칠고 十二운성이 부드러우면 언행이 단정하고 온유함을 알 수 있게 된다. 성격이나 기질뿐만 아니라 소년 청년 중년 말년의 운세와 부모형제 처자식과의 인연을 알 수 있고 인간의 수명에 대해서도 알 수 있게 된다는 것이다.

天地만물은 氣의 왕쇠강약에 따라 영고성쇠 하듯이 氣가 왕성할 때에는 모든 일에 능동적 적극적이지만 氣가 死絶墓에 이르면 에너지가 다 바닥난 것이니 결국은 죽음에 이르르게 되는 것이다. 죽음의 요인은 여러 가지로 설명할 수 있지만 본질적으로 시간의 흐름에 따라 이루어지는 氣의 왕쇠강약에 의하여 인생은 생로병사 하는 것이다.

그럼 12개의 이름이 붙여진 十二運星은 구체적으로 무엇을 의미하는가.

첫째 : 胎(태)

떠돌던 영혼이 새로운 육신을 만나 잉태하는 과정을 일컬어 胎라고 말한다. 즉, 무엇인가 시작해보려는 막연한 생각을 가지는 상태를 상징적으로 나타내는 것을 태라고 말한다.

둘째 : 養(양)

태아가 자라나 만삭이 되어 출생직전에 이르는 과정, 즉 어떤 계획을 세우고 체계적인 청사진을 만드는 상태를 상징하는 별을 양이라고 말한다.

셋째 : 長生(장생)

세상에 태어나 모유를 먹으며 힘차게 자라나는 과정을 장생이라 한다. 즉, 이제 막 돋아난 새싹처럼 생기발랄한 상태를 장생이라 말한다.

넷째 : 沐浴(목욕)

母의 품을 떠나 자라나는 미성년의 과정. 즉, 세상물정을 모르고 제멋대로 노는 것을 상징하는 별을 목욕이라 말한다.

다섯째 : 冠帶(관대)

청년이 되어 결혼하는 과정. 그러나 아직까지 완전히 성숙된 인생이 아님으로 인정사정없이 자기고집대로 살아가는 과정을 일컬어 관대라고 말한다.

여섯째 : 建祿(건록)

육체적 정신적으로 성숙하여 사회에 나가 능력을 발휘하고 출세하는 과정. 즉, 자수성가를 상징하는 별을 건록이라 한다.

일곱째 : 帝王(제왕)

정신적 육체적으로 완전히 성장하여 산전수전 다 겪고 능소능대한 경지에 이르른 상태. 문자 그대로 十二운성 중에 힘이 가장 왕성한 별이 바로帝王星이다. 月支가 제왕이면 가장 왕성한 氣를 지니고 태어난것임.

여덟 번째 : 衰(쇠)

에너지가 쇠퇴해지는 과정을 일컬어 쇠라고 말한다. 앞의 제왕을 클라이막스로하여 인간의 에너지는 점점 쇠퇴해지기 시작한다.

아홉번째 : 病(병)

육체적 정신적으로 더욱 쇠약해져서 병이 찾아드는 상태를 일컬어 병이라 말한다.

열번째 : 死(사)

육신은 기능을 잃어 죽은 몸과 같고 정신만으로 살아가는 과정.

열한번째 : 墓(묘)

육신·정신 모두가 기능이 마비되어 무덤에 드는 과정.

열두번째 : 絶(절)

육체와 정신이 완전히 단절되어 새로운 육신을 찾아 부활을 시도하는 잉태직전의 상태. 즉, 氣(陽)와 体(陰)가 분리되어 氣만 남아 떠돌아다니는 상태를 절이라 한다.

※ 인생의 후반기에 대운이 사묘절로 나가면 죽음에 이르렀다는 것을 알 수 있고 장생·목욕·관대·건록·재왕으로 나가면 건강한 말년을 보내게

된다고 해석한다.

이 十二운성은 인간이 타고난 氣의 강약과 그 변화를 통하여 인생의 흥망성쇠와 운명의 길흉에 대하여 설명해 준다. 따라서 운명판단에 결정적인 역할을 하게되는 용신판단법 역시 十二운성이 사용되는 것이다.

1. 用神판단법

用神은 六神과 十二운성에 의한 판단뿐만 아니라 八字가 어떻게 구성되어 있느냐에 따라 다음과 같은 다양한 방법에 의하여 판단된다.

用神 판단법 {
中和法 → { 陰陽法
            旺弱法

旺從法
病藥法
통관법
五行四季節
格局用神法
}

첫째 : 中和法(중화법)

중화법은 陰陽法과 旺弱法 두 가지로 설명된다.

본시 우주대자연은 陰陽의 조화에 의하여 생성되었듯이 우주의 모든 것은 조화의 균형이 깨어질 때 문제가 발생한다.

너무 뜨거워도 너무 차가워도 너무 강해도 너무 약해도 너무 많아도 너무 적어도 문제가 발생하는 것이니 뜨거운 것은 쉬원하게 찬 것은 따뜻하게 강한 것은 약하게 약한 것은 강하게 해줌으로서 중화된 조화를 이루게 된다. 즉, 강한 것에는 약한 것이 필요하고, 약한 것에는 강한 것이 필요하고, 뜨거운 것에는 찬 것이 필요하고, 차가운 것에는 더운 것이 필요한데 이 필요한 대상을 일컬어 用神 또는 희신이라 말하고 필요없는 대상을 忌

神 또는 흉신이라 말한다.

그러나 八字가 어떻게 구성되어 있느냐에 따라 용신이 달라지는 것이다.

(1) 陰陽法(음양법)

기후에 따라 필요한 대상이 조절된다하여 調候(조후) 용신법이라고도 말한다.

봄여름은 陽이요, 가을겨울은 陰이다. 뜨거운 것은 陽이요, 차가운 것은 陰이다. 봄여름에 태어났으면 더운 八字이니 쉬원한 陰을 필요로 하고, 가을겨울에 태어났으면 차가운 팔자이니 따뜻한 陽을 써야한다. 따라서 四柱의 月支가 陽이면 陰이 용신이고 月支가 陰이면 陽이 용신이다.

月支陽→寅卯辰(春生)　　　　　巳午未(夏生)
月支陰→申酉戌(秋生)　　　　　亥子丑(冬生)

月支陽이면　陰용신　　$\left\{\begin{array}{l}\text{天干} → 庚辛壬癸己 \\ \text{地支} → 申酉亥子丑辰\end{array}\right.$

月支陰이면　陽용신　　$\left\{\begin{array}{l}\text{天干}→甲乙丙丁戊 \\ \text{地支}→寅卯巳午未戌\end{array}\right.$

여기에서 戊土는 陽土(건토) 己土는 陰土(습토) 未戌은 陽土(未중 丁火 戌중 丁火) 辰丑은 陰土(辰중 癸水 丑중 癸水)

그러나 단순히 月支 하나만 보고 용신을 판단하는 것이 아니라 四柱전체를 보고 판단해야 된다.

예컨데 午월태생(月支午)이 他干他支에 陰이 많거나 子월생(月支子)이 他干他支에 陽이 많으면 문제가 달라진다. 陰이 많으면 陽이 용신이고 陽이 많으면 陰이 용신이 된다. 따라서 대운이나 세운에서 각자 필요한 五行을 만나야 만이 발전할 수 있다. 만약 陰旺者가 다시 陰운을 만나고 陽旺者가 또다시 陽운을 만나면 생명이 위중해진다.

陰은 물질이요 陽은 정신이니 陰을 용신으로 삼는자는 물질과 육체적인 분야에서 功名을 이루고 陽이 용신인자는 정신과 문화적인 분야에서 공명을 이룬다.

(2) 旺弱法(왕약법)

易學은 力學이기 때문에 힘(氣)을 위주로 하여 吉凶과 흥망성쇠를 판단하고 설명하게 된다. 모든 물질계를 지배하는 것은 힘이라 하였듯이 인간의 운명도 힘의 지배를 받게 된다는 것이다.

타고난 氣가 왕성한 자는 적극적 능동적으로 기어이 큰일을 성취할 수 있고 타고난 기가 허약한 자는 아무런 조화를 부리지 못하고 남의 지배를 받으면서 살아가게 된다. 그 타고난 氣가 왕성한지 허약한지에 따라 用神이 결정된다. 氣가 왕성한 자를 身旺者라 말하고 허약한 자를 身弱者라 한다.

身旺者 → 日干(日主)을 기준하여 月支의 十二운성이 건록이나 제왕이면 身旺者

身强者 → 月支의 十二운성이 장생 목욕 관대이면 身强者(신왕도 신약도 아닌 중간 형태)

身弱者 → 月支의 十二운성이 병사묘절 태양이면 身弱者(쇠는 신강 또는 신약으로 본다)

그러나 앞의 陰陽法처럼 아무리 月支에서 제왕성을 얻었다 하여도 他干他支에 日主의 힘을 弱化시키는 食傷 財宮이 많거나 쇠병사묘절태양이 많으면 身强 또는 身弱으로 전락되고 月支에서 허약한 별을 얻었더라도 天干地支를 막론하고 주위에 印比 또는 장생 건록 제왕이 많으면 신왕자로 군림하게 되는 것이다. 身旺者는 넘치는 힘을 소모시켜야 되고 身弱者는 역부족이니 힘을 보강시켜야 한다. 따라서 신왕자는 食傷財宮을 용신으로 삼고 신약자는 오로지 印比를 용신(희신)으로 삼는다.

身旺者

　　　희신　｛　食神·傷官(기회·능력·발휘·출세)
　　　　　　　正財·偏財(재물·흑자이재)
　　　　　　　正官·偏官(벼슬·명예·승진)

　　　기신　｛　比扁·刼財(경쟁자·겁탈자·절도·강도·손재)
　　　　　　　正印·偏印(실직·문서·인장·불리)

　단 官旺하면 印 용신 官弱有財하면 生官하는 財용신 無官有財하면 生財하는 食傷용신 印多하면 剋印하는 財용신 比刦이 많으면 剋比하는 官을 용신으로 삼는다.

身强者

　　　희신　｛　比肩·刼財(협력자)
　　　　　　　正印·偏印(귀인·문서·흑자)
　　　　　　　食神·傷官(기회·능력발휘)
　　　　　　　단:有財하면 食傷을 못씀

　　　기신　｛　正財·偏財(손재·적자·파산)
　　　　　　　正官·偏官(관재·중병·죽음)
　　　　　　　단:有印하면 官星희신

身弱者

　　　희신　｛　比肩·刼財(협력자)
　　　　　　　正印·偏印(귀인·문서·흑자)
　　　　　　　四柱에 印比가 있으면 그것이 곧
　　　　　　　발전의 원동력이 된다.

　　　기신　｛　食神·傷官(유혹·사기·구설수)
　　　　　　　正財·偏財(손재·적자·파산)
　　　　　　　正官·偏官(관재·중병·죽음)

　단 官旺有印하면 印용신 財旺하면 比刦용신 財印이 같이 있으면 剋財하는 比刦용신 官比刦이 같이 있으면 印용신 月支 아닌 他支의 財官은 약하기 때문에 比刦은 재물이나 벼슬을 빼앗아가는 기신이 된다.

　月支의 힘은 가장 왕성하기 때문에 月支의 財는 財旺 官은 官旺이라고 말한다.

財旺身弱者는 財가 나보다 강한 것이니 財가 주도권을 잡게 된다. 그럼으로 財旺身弱者는 大運에서 旺地를 만나 힘이 강해질 때 비로소 財를 취할 수가 있다.

五行은 세월따라 상대적으로 旺相休囚死하듯이 日主와 희신기신은 고정불변이 아니라 역시 旺相休囚死한다. 따라서 아무리 身旺者일지라도 대운에서 死絶地를 만나면 身弱이 되는 동시에 상대적으로 財나 官은 왕성해지는 것이니 여지껏 원수와 같던 印比는 도리어 희신이 되고 身弱者가 旺地를 만나면 지금까지 희신으로 작용하던 印比는 하루아침에 원수로 돌변하는 대신 도리어 財官이 희신으로 작용되어 비로소 부귀를 취할 수 있게 되는 것이다.

어제의 희신이 오늘에는 기신이 되고 오늘의 기신이 내일에는 희신이 되듯이 적과 동지는 영원한 것이 아니라 어제의 동지가 오늘에는 원수가 되고 오늘의 적이 내일에는 동지가 될 수 있다는 진리를 우리는 氣의 상대적인 왕쇠강약의 원리를 통하여 알 수 있게 되는 것이다. 이 旺弱法은 어느 개인이든 국가이든 힘을 가져야 한다는 교훈을 주고 있는 것이다.

둘째 : 五行사계절(오행사계절)

앞의 旺弱法과 陰陽法에 대한 보충설명이 바로 五行四季節이라 할 수 있다.

五行은 계절의 변화에 따라 필요로 하는 대상도 변화하는데 뜨거운 陽의 계절에 필요했던 물이 차가운 陰의 계절에는 필요없게 되고 차가운 陰의 계절에 필요했던 햇빛이 뜨거운 陽의 계절에는 원수와 같은 존재가 되는 것이니 계절따라 변하하는 五行의 용도를 참고삼아 대강 알아보기로 한다.

(1) 木

春生木(봄에 태어난 木)은 아직 한기가 남아 있으니 丙火로 보온해주고 癸水로 영양을 주며 土로 뿌리를 내려주고 庚金으로 가지를 쳐주면 훌륭한 제목감이 된다. 즉, 春木은 득령한 旺木이니 食傷(火) 財(土) 官(金) 印

(水)을 필요한 희신으로 쓴다. 그러나 아무리 필요한 희신이라도 너무 많으면 불리함으로 많은 것은 剋하고 모자라는 것은 생부해야 된다.

夏木은 뜨거운 여름나무이니 癸水가 필요하고 庚辛金으로 전지하면서 生水해주고 丁火로 庚金을 연금 해주면 더욱 좋다. 뜨거운 여름나무에 또다시 뜨거운 태양은 원수와 같다. 그러나 未월후에는 한기가 발생함으로 丙火를 희신으로 쓸 수도 있다.

秋木은 다 자라난 가을나무이니 庚金으로 벌목하고 丁火로 庚金을 연금하는 것이 좋다. 그러나 申월은 아직 여름의 火氣가 남아있으니 水를 쓴다.

冬木은 겨울나무이니 丙火 戊土 庚金이 필요한데 겨울은 水旺節이니 戊己土로 剋水하게 되는 것이다.

(2) 火

春火는 봄의 태양이니 火氣가 왕성해지기 시작한다. 水도 쓸 수 있지만 아직 火氣가 약함으로 印星인 木을 쓴다.

夏火는 득령한(때를 만난) 火旺節의 태양이니 壬癸水로 식혀주고 庚辛金으로 生水한다. 뜨거운 여름에 다시 木火를 쓰지는 못한다. 즉, 夏火는 旺火이니 財(金) 官(水)을 희신으로 쓴다.

秋火는 가을태양이니 火氣가 약해진다. 水剋火는 불리함으로 土剋水하고 弱火를 木으로 生火함이 좋다.

冬火는 겨울태양이니 水旺 火衰하다. 따라서 木으로 水를 설기하는 동시에 火를 생부하며 土剋水함이 吉하다(水旺함으로). 즉, 冬火는 木火土를 희신으로 쓴다.

(3) 土

春土는 木旺 土死하니(第二部:五行의 氣:旺相休囚死 참조) 火로 生土하고 木으로 生火함이 吉하다. 또한 土에는 水를 뿌려주는 것이 좋다. 즉, 春土에는 木火水가 필요하다.

夏土는 土가 뜨거우니 水가 필요하다. 木으로 土를 갈아주고 火로 오곡을 성장시켜 준다. 즉, 水火를 겸용하고 木도 사용한다.

秋土는 가을土이니 火로 보온하고 水를 뿌려준다. 즉, 가을은 金旺節이니 水로 金을 설기하고 火로 剋金하고 火生土함이 吉하다.

冬土는 겨울의 土이니 火로 보온하고 木으로 生火하고 土로 剋水함이 吉하다(冬水는 旺水임으로).

(4) 金

春金에는 火를 쓴다(봄은 아직 한기가 남아있으므로). 春金은 木旺 金囚하니 土로 生金하고 金으로 剋木함이 吉하다. 즉, 春金은 火土金을 필요로 한다.

夏金은 火旺 金死하니 水로 剋火하고 土로 生金함이 吉하다. 뜨거운 여름이니 木火는 凶하다.

秋金은 得令한(때를 만난) 旺金이니 木火水를 쓴다. 土金은 六神상 印比이니 凶하다.

冬金은 겨울金이니 金이 차갑다. 火로 보온하고 木으로 生火하고 丁火로 연금(鍊金)해주는 것이 吉하다.

(5) 水

春水 봄은 아직 한기가 남아있으니 火로 보온하고 土로 剋水함이 吉하다(봄에는 물(水)이 넘쳐흐르기 쉬움으로). 또한 봄은 木旺節이니 金으로 剋水함이 吉하다.

夏水는 여름의 水이니 火는 旺하고 상대적으로 水는 囚하다. 따라서 金水(육신상印比)를 쓴다. 뜨거운 여름에 또다시 木火는 大凶하다.

秋水는 가을의 水이니 金旺水相하다. 따라서 木火金水를 겸용한다.

冬水는 득령한 水旺節의 水이니 水氣가 왕성하다. 따라서 丙火를 쓰고 木으로 生火하고 土로 剋水함이 吉하다. 金水는 六神상 印比이니 凶하다.

이와같이 계절에 따라 뜨거운 것은 차게, 차가운 것은 따뜻하게, 强한 것은 약하게, 弱한 것은 강하게 함으로서 中和된 조화를 이루게 되는데 여기에는 相生相剋원리가 그대로 적용된 것이다.

셋째 : 旺從法(왕종법)

왕종법은 전왕법(專旺法)이라고도 말한다. 四柱가 거의 甲乙木으로 구성되어 있거나 丙丁火 또는 戊己土 또는 庚辛金 또는 壬癸水로 구성되어 있으면 어쩔 수 없이 그 五行의 세력을 따라야 한다는 것이다 .다시 말해 六神상 印比 또는 食傷 또는 財 또는 官으로 四柱가 구성되어 있으면 그 六神이 바로 용신이 된다는 것이다. 그러나 이 왕종법은 이해되는 점도 있으나 中和法에는 위배되지 않나 생각된다.

넷째 : 病藥法(병약법)

문자 그대로 병을 약으로 고쳐주는 것을 병약용신법이라 말한다.

예컨데 木이 용신이면 木을 剋하는 것은 金이니 金은 병이 되고 金을 剋하는 火가 약이 되는 것이다. 六神상 木이 印星이라면 印을 剋하는 財가 병이 되고 財를 剋하는 比劫이 약으로 쓰이는 것이다. 이 병약법 역시 相生相剋원리가 그대로 적용된 것이다.

다섯째 : 통관법

四柱八字가 두五行으로 相剋되어 있을 때 相剋을 相生으로 바꾸어 상극관계를 해소시켜 주는 것을 통관법이라 말한다.

예컨데 木火土 土金水 水木火 火土金 金水木의 경우 木土사이에 火가 끼어들면 木生火生土가 되어 모두 相生관계가 이루어지는데 木土사이에 火가 통관하였으니 火가 용신이 되는 것이다. 이 통관법 역시 相生相剋의 원리가 그대로 적용된 것이다.

여섯째 : 格局(격국) 용신법

格局은 四柱의 가치를 판단하는 기준이 되기도 하는데 格이 제대로 갖추어지면 부귀를 누리고 그렇지 않으면 빈천하다고 말한다.

격국은 月地를 기준으로하여 月地에서 이루어지는 內格 月地外에서 이루어지는 外格이 있는데 거의 내격이다.

예컨데 月地에 寅이 있고 天干에 戊 또는 丙 또는 甲이 透干(투간:나타남) 되어 있으면 格局이 성립된 것으로 보게 되는 것이다. 왜냐하면 寅中에는 戊丙甲의 뿌리가 모두 지장되어 있기 때문이다. 그럼으로 格局이 성립되려면 天干의 五行은 반듯이 月地에 뿌리를 가져야 되는 것이다. 그러나 뿌리가 形冲破害되어 있으면 格局이 깨어지고 天干의 五行 역시 겹치면 깨어진다.

(1) 內格(내격)

天干에 食傷이 투간되고 月地지장간에 食傷의 뿌리가 있으면 食傷格 天干에 財星이 투간되고 月地에 뿌리가 있으면 財格天干에 官殺이 투간되고 月地에 뿌리가 있으면 官殺格 天干에 印星이 투간되고 月地에 뿌리가 있으면 印格 주인공인 日主(日干)가 月地에 뿌리를 가지고 있으면 건록(또는 양인:羊刃)格 단 天干의 五行이 혼잡되면 불리하다(예:甲乙 또는 丙丁 또는 戊己 庚辛 壬癸)이 內格의 용신판단법은 앞의 旺弱法과 거의 동일하다. 예컨데 身弱者가 財格 또는 官格을 이루면 印比가 용신이고 身旺者는 食傷財官이 용신이다.

(2) 外格(외격)

四柱가 거의 印比로 구성되어 있고 地支에 印比가 合局을 이루면 종강격 四柱가 거의 食傷으로 구성되어 있고 食傷이 地에 合局을 이루면 종아격 四柱가 거의 財 또는 官으로 구성되어 있고 地支에 合局을 이루면 종재격 또는 종관격이라 말하는데 이를 從格(종격)이라 한다.

그런가하면 木日主가 地支에 木局을 이루면 곡직인수격 火日主가 火局을 이루면 염상격 水日主가 水局을 이루면 윤하격 金日主가 金局을 이루면 종혁격 土日主가 辰戌丑未를 이루면 가색격이라 말한다.

이 外格의 용신판단법은 앞의 旺從法과 동일하다. 예컨데 염상격을 이루었으면 木火(印比)가 용신이며 金水(財官)는 기신이 된다는 것이다. 염상격이란 四柱八字가 뜨거운 것을 의미하는데 어째서 염상격에 木火가 용신이 되는가? 뜨거운 것은 金水를 사용하여 식혀주어야 될 텐데 어째서 또

木火를 써야된단 말인가. 이것은 陰陽의 中和法에 위배되지 않는가.

이상으로 여러 가지 형태의 용신판단법에 대하여 알아보았는데 用神은 陰陽法과 旺弱法을 위주로하여 판단하되 月支를 기준으로하여 陰이 용신인가 陽이 용신인가를 먼저 판단한 후에 旺弱法에 의한 六神상의 희신기신을 판단해야 된다.

그러나 중요한 것은 用神은 왕성해야 되고 주인공인 나(日主)는 더욱 왕성해야 된다는 것이 절대조건이다. 왜냐하면 주인공인 내가 해게모니(주도권)를 잡아야 되기 때문이다.

일곱째 : 用神의 조건

1. 용신은 有根有力해야 된다. 가령 木이 용신이라면 木은 地支에 뿌리(寅卯)가 있어야 되는데 月支의 뿌리는 힘이 가장 왕성하지만 他支의 지장간에 뿌리가 있어도 무방하다.
2. 용신은 生旺해야된다. 十二운성상 寅卯는 木의 건록제왕이며 亥子丑은 장생목욕 관대인데 장생건록 제왕을 편의상 生旺이라 약칭한다.
3. 용신을 생부해야 된다. 용신木을 생부하는 것은 水(地支는 亥子水)
4. 대운이 용신의 운으로 흘러야 한다. 즉, 용신木은 寅卯운을 만나야 한다.

바꾸어 말해 용신이 無根無力하면 대운세운에서 뿌리를 내려야하고 용신이 死絶되어 있으면 生旺운을 만나야 하고 용신이 剋沖되어있으면 이를 풀어주고 생부하는 운을 만나야 되고 용신이 形沖破害空亡되어 있으면 대운세운에서 旺地를 만나 원기를 회복해야 제구실을 할 수 있게 되는 것이다.

用神을 剋沖하거나 설기하거나 形沖破害合 空亡 등으로 인하여 제구실을 못하거나 용신이 死絶地에 들거나 辰戌丑未의 墓庫地에 들면 크게 凶한 것이니 용신에 의지하든 日主는 파산 질병 옥고 비명횡사 등 재난을 당하게 된다는 것이다.

이와같이 用神은 命의 吉凶을 판단하는 기준이 됨으로 용신이 무엇에 영향을 받느냐 하는 것을 자세히 관찰해야 된다.

2. 吉凶판단법

용신은 相生相剋과 形冲破害合空亡 등에 의한 물리적인 영향을 받기도 하고 生旺死絶에 의한 왕쇠강약의 영향을 받기도 한다.

相生相剋과 干冲干合은 四柱의 天干과 대운 세운 월운일운(일진)의 天干 사이에서 작용되고 支冲支合 形破害 등은 四柱의 地支와 대운 세운 월운 일진의 地支사이에 작용된다. 원래 五行의 상생상극, 십간의 충합 그리고 五行의 왕상휴수사(왕쇠강약)는 자연의 법칙이지만 이것을 자연의 일부인 우리 인간에 그대로 적용시켜 운명의 길흉과 흥망성쇠를 알아보는데 사용 하였고 오장육부와 질병을 알아내고 다스리는데 사용한 것이었다.

첫째 : 天干의 작용

(1) 相生
상생은 단순한 것이 아니라 다음과 같은 여러 가지의 깊은 뜻이 있다.

• 힘을 주고받는 관계(생부와 설기) → 예컨데 木生火의 相生관계는 木 이 火를 낳은 것이니 木은 母, 火는 子의 관계이다. 따라서 母木은 子火를 낳아 길러주느라 힘이 빠지고 子火는 힘이 강해진다. 힘이 빠지는 것을 설 기라고 말하며 힘을 넣어주는 것을 생부(生扶)라고 말한다. 木生火에서 木 은 火를 생부하는 것이니 木氣는 설기되고 火氣는 강해진다. 즉, 木은 火 에게 힘을 빼앗긴다.

이 원리에 따라 用神은 생부해야 吉하고 용신이 설기되면 凶하다. 가령 용신이 木이라면 木을 생부하는 것은 水, 木을 설기하는 것은 火이다. 그 러나 기신(흉신)을 생부하면 도리어 凶事가 일어난다.

• 쌍방간의 수량 → 세상만사가 다 그러하듯이 너무 많아도 탈이요, 너 무 적어도 문제이다. 그럼으로 많은 것은 剋하고 적은 것은 生扶해야 된 다. 예컨데 木木木生火는 木이 너무 많아 火가 꺼지는 것이니 金剋木해야

되고 木生火火火는 火가 너무 많아 木이 심하게 설기됨으로 木은 금방 타버리고 마는 것이니 水生木하여 木을 생부하면서 또 한편으로는 火를 剋하고 土로 多火를 설기해야 된다(水剋火·火生土). 여기에서 많다는 것은 두 개 이상을 말한다.

• 서로 도우는 관계(상부상조) → 木火는 相生이다. 여기에서 木을 剋하는 것은 金, 火를 剋하는 것은 水, 火를 설기하는 것은 土. 그러나 火를 해치는 水와 土는 木에 의하여 흡수되고 剋되어 火는 안전하게 보호되는 것이요, 木을 剋하는 金은 火에 의하여 剋됨으로서 木은 보호를 받게 되는 것이다. 이와 같이 해치려는 것들을 서로 물리치면서 상부상조하는 관계가 바로 相生의 원리이다. 따라서 用神이 相生되어 있으면 그 어떤 五行이 오더라도 무사할 수 있게 되는 것이다.

(2) 相剋

한쪽이 다른 한쪽 편을 지배하여 무용지물로 만드는 것을 相剋이라 말한다. 木剋土는 木이 土를 지배하는 것이다. 따라서 用神을 剋하면 凶하고 忌神을 剋하면 도리어 吉하다. 모든 물질계를 지배하는 것은 힘이라 하였듯이 相剋은 힘을 바탕으로 한 力學的인 관계로 쌍방간의 승패를 따지게 된다.

• 쌍방간의 수량 → 앞의 相生처럼 木木木剋土는 木이 너무 많아 土가 심하게 剋되는 것이니 金剋木하여 木氣를 눌러주고 木剋土土土는 土가 너무 많아 도리어 木이 역극당하는 것이니 水生木하여 木을 생부해야 木은 제구실을 할 수 있게 된다.

마치 한 마리의 사자가 여러 마리의 하이에나에게 쫓기는 것처럼 힘이 모자랄 때에는 생부해야 제구실을 할 수 있게 된다는 것이다

• 쌍방간의 힘의 왕약 → 春木 夏火 秋金 冬水는 때를 얻었으니(得令: 得時) 왕성한 五行이요, 秋木 冬火 春金 夏水는 때를 잃었으니(失令) 쇠약한 五行이다. 따라서 秋金은 秋木을 쉽게 지배한다. 그러나 春木 春金의 경우 春木은 旺木인 반면에 상대적으로 春金은 쇠약(囚)하기 때문에 도리

어 木剋金이 된다. 그럼으로 土生金하여 金을 생부해야 金은 제구실을 할 수 있게 된다(五行의 旺相休囚死 참조).

이와같이 氣의 旺弱은 五行의 수량보다 氣를 위주로하여 따져야 된다. 天干보다 地支의 힘이 훨씬 강하기 때문이다.

(3) 干冲 干合

甲戊 戊壬 壬丙 丙庚 庚甲은 +陽과 +陽 乙己 己癸 癸丁 丁辛 辛乙은 -陰과 -陰의 相剋이다(干冲). 그러나 甲己 戊癸 壬丁 丙辛 庚乙은 -陰과 +陽의 相剋임으로 干合이 된다(十干의 冲合론 참조).

그러나 乙戊 己壬 癸丙 丁庚 辛甲은 -陰과 +陽의 相剋이지만 合이 아니다. 이런 경우 상극은 상극이지만 陰陽의 상극임으로 사랑의 매와 같은 작용을 한다. 예컨데 丁庚의 상극은 상극이 아니라 丁火는 庚金을 연금하여 도리어 庚金을 강하게 만들어주는 작용을 한다. 干合은 十干중에 5쌍이 결합한다 하여 五合이라고 말하기도 하고 6번째의 干과 결합한다하여 六合이라고 말하기도 한다. 그리고 干冲은 7번째의 干과 충돌 살해한다 하여 七殺이라고도 말한다.

• 干合의 작용 → 用神을 合하면 크게 凶하고 凶神을 合하면 도리어 吉하다.

그리고 庚日主와 乙卯 丙日主와 辛酉처럼 日主와 合하는 것은 가장 묘한데 乙과 辛은 각각 뿌리를 가졌음으로 더욱 吉하다. 丁亥(戊甲壬) 辛巳(戊庚丙)처럼 日干日支가 合되어도 吉하다.

干合은 四柱의 이웃끼리만 이루어지고 한단계 넘어서 이루어지는 合은 별로 큰 영향을 주지 않는다.

合은 陰陽의 合이니 日主와 合되면 배우자와 백년해로하지만 日主가 아닌 他干과 合하면 日主를 외면한 것이니 크게 凶하나. 天干地支를 막론하고 合이 많으면 색을 좋아한다.

• 干合이 깨어지는 경우 → 合은 陰陽의 合이니 男女의 情을 의미한다.

따라서 合은 언제나 1:1 2:2 3:3으로 짝지어서 이루어지고 1:2 1:3의 合은 성립되지 않는다. 예컨대 丙辛合이 대운이나 세운에서 丙 또는 辛을 만나면 1:2의 合이 됨으로 合은 깨어지는 것이다.

(예) 干合

$$1:1 \begin{cases} 乙亥 \\ 壬午 \\ 丁巳 \\ 甲辰 \end{cases} \quad 2:2 \begin{cases} 己丑 \\ 己巳 \\ 甲午 \\ 甲辰 \end{cases} \quad 1:2 \begin{cases} 丙子 \\ 壬辰 \\ 丁未 \\ 壬寅 \end{cases}$$

(예) 干合의 해소

$$\begin{cases} 癸丑 \\ 丁巳 \\ 壬子 \quad 壬丁合인데 丁이 癸에게 冲剋됨. \\ 己丑 \end{cases}$$

乙亥 壬午 丁己 甲辰 그리고 己丑 己巳 甲午 甲戌은 1:1 2:2의 合이고 丙子 壬辰 丁未 壬寅은 1:2의 合이다.

또한 癸丑 丁巳 壬子 己酉처럼 壬丁合인데 丁이 癸에게 剋冲되어도(水剋火) 역시 合은 깨어진다.

• 干冲의 작용 → 용신을 冲하면 凶하고 흉신을 冲하면 도리어 吉하다. 干冲역시 干合처럼 天干의 이웃에서만 이루어진다.

(예) 干冲(四柱의 경우)

$$\begin{cases} 戊午 \\ 壬戌 \\ 庚申 \\ 辛巳 \end{cases} \qquad \begin{cases} 丁巳 \\ 辛亥 \\ 戊戌 \\ 辛卯 \end{cases}$$

戊午 壬戌 庚申 辛巳 그리고 丁巳 辛亥 戊戌 辛卯는 干冲인데 地支의 冲合은 그 효과가 서서히 나타나지만 天干의 冲合은 그 결과가 당장 나타나기 때문에 가장 무서운 작용을 한다.

• 쌍방간의 수량 → 앞의 相剋처럼 干冲은 쌍방간의 힘의 대결이기 때문에 그 승패역시 쌍방간의 수량과 氣의 旺弱에 따라 결정된다. 庚:甲 庚庚:甲甲은 1:1 또는 2:2의 싸움이요 庚:甲甲 또는 庚庚:甲은 2:1의 싸움이니 많은 쪽에서 어긴다. 그러나 1:1 또는 2:2 처럼 힘이 비슷할 때에는 수량을 초월한 氣의 旺弱으로 그 승패를 가리게 된다.

• 쌍방간의 힘의 旺弱 → 春木 夏火 秋金 冬水는 힘이 왕성하고 秋木 冬火 春金 夏水는 쇠약하다. 따라서 왕성한 五行은 쇠약한 五行을 지배하게 된다. 즉, 秋金은 秋木을 쉽게 지배한다. 그러나 春金은 春木에게 도리어 역국당한다.

• 干冲을 해소하는 방법 → 合하여 묶어놓으면 冲의 작용이 정지된다. 예컨데 甲庚冲은 乙로 庚을 묶어놓고(乙庚) 庚丙冲은 辛으로 丙을 묶어버린다(丙辛).

丙壬은 丁으로 壬戊는 癸로 戊甲은 己로 合하면 그 작용이 해소된다는 것이다.

둘째 : 地支의 작용

(1) 支合(六合)
+ - + - + - + - + -
子丑寅卯辰巳午未申酉戌亥 이 가운데 -陰과 +陽이 合하면 전혀 새로운 五行으로 변한다.

子丑合土 亥寅合木 卯戌合火 酉辰合金 申巳合水 午未合火

• 支合의 작용 → 용신을 合하면 凶하고 흉신을 合하면 도리어 吉하다. 支合이나 支冲 역시 干合干冲처럼 가까운 이웃끼리만 작용하고 한단계 넘은 것은 별로 큰영향을 미치지 못한다.

(예) 支合支冲 干合干冲(四柱의 경우)

$$\left\{\begin{array}{l}丙戌\\辛卯\\丙戌\\辛卯\end{array}\right.\quad\left\{\begin{array}{l}辛丑\\丙申\\辛巳\\丙申\end{array}\right.\quad\left\{\begin{array}{l}戊午\\壬戌\\庚申\\辛巳\end{array}\right.\quad\left\{\begin{array}{l}癸酉\\壬戌\\庚辰\\巳卯\end{array}\right.\quad\left\{\begin{array}{l}丙子\\辛丑\\戊申\\壬戌\end{array}\right.\quad\left\{\begin{array}{l}丁巳\\辛亥\\戊戌\\辛卯\end{array}\right.\quad\left\{\begin{array}{l}戊午\\甲子\\丁巳\\癸卯\end{array}\right.$$

干合이든 支合이든 合은 陰陽 有情의 合이니 팔자에 合이 많으면 정에 얽매어 발전할 수 없고 호색음란하다고 말한다.

三合 → 세개의 地支가 하나의 조직체를 이루어 막강한 세력을 형성하였음으로 이를 三合局이라 말한다. 세 개의 支는 十二운성의 장생 제왕 묘를 말한다.

甲의 장생은 亥 제왕은 卯 묘는 未(木局)
丙의 장생은 寅 제왕은 午 묘는 戌(火局)
庚의 장생은 巳 제왕은 酉 묘는 丑(金局)
壬의 장생은 申 제왕은 子 묘는 辰(水局)

亥卯未는 木局인데 甲乙木이 각각 지장되어 있고 寅午戌은 火局이니 丙丁火가 암장되어 있고 巳酉丑은 金局이니 庚辛金이 암장되어 있고 申子辰은 水局이니 壬癸水가 각각 지정되어 있다.

세 개의 地支가 아닌 두 개로만 이루어진 合을 半合이라 말하는데 이를테면 亥卯未가 아닌 亥卯 또는 卯未 또는 亥未로 이루어진 合을 半合局이라 말한다. 이처럼 合이 이루어지면 그 세력이 워낙 왕강하기 때문에 形冲破害등 그 어떤 것이 오더라도 절대로 파괴되지 않는다.

(예) 三合方合(四柱의 경우)

$$\left\{\begin{array}{l}甲申\\庚午\\丙戌\\庚寅\end{array}\right.\quad\left\{\begin{array}{l}甲戌\\丙寅\\庚辰\\己卯\end{array}\right.$$

• 方合→十二운성의 건록 제왕 쇠 의 合을 方合局이라 말한다.

甲의 건록은 寅　제왕은 卯　쇠는 辰(木局)
丙의 건록은 巳　제왕은 午　쇠는 未(火局)
庚의 건록은 申　제왕은 酉　쇠는 戌(金局)
壬의 건록은 亥　제왕은 子　쇠는 丑(水局)

三合은 사방에서 모여 이루어진 집단이지만 方合은 같은 집안끼리 모여서 이루어진 조직체이기 때문에 반듯이 세 개의 地支가 결합되어야만이 성립된다. 따라서 方合은 半合이 없다. 그런데 여기에서 하나 알아두어야 할 것은 일단 合이 이루어지면 地支가 무엇이든 모두 合된 五行으로 바뀌어진다는 것이다. (예 : 寅 午 戌은 모두 火가 됨.)

• 三合方合의 작용 → 合은 강력한 세력을 의미한다. 예컨데 木日主가 地支에서 水局을 이루면 水旺浮木하는 것이니 木은 정처없이 표류하게 된다. 그러나 他支 또는 대운세운에서 寅卯운을 만나 得根 得地하면 능히 대업을 이룰 수 있고 또한 日支와 세운의 支가 合되거나 三合되어도 좋은 기회를 얻게 된다. 그러나 他支에서 刑冲破害하면 吉이 凶으로 바뀌어진다.

(2) 支冲

+ - + - + - + - + - +
子丑寅卯辰巳午未申酉戌亥 이 가운데 -陰과 -陰 +陽과 +陽의 충돌이 바로 支冲이다. 그런데 十二支중에서 寅卯辰은 木巳午未는 火, 申酉戌은 金, 亥子丑은 水인데 木火는 陽이고, 金水는 陰이니 크게 볼 때 支冲은 陰과 陽의 싸움이다. 陰陽의 싸움은 싸움이 아니라 男女의 情을 의미한다. 따라서 支冲은 두가지의 작용을 하게 된다.

• 支冲의 작용 → 먼저 支冲은 상대를 무용지물로 만드는 작용을 한다. 用神午火는 四柱 또는 대운세운에서 子를 만나 子午冲되면 午는 제구실을 못하는 것이니 크게 凶한 일이 발생하게 된다고 해석한다.

다음에는 애정적인 작용이다.
寅申 巳亥 子午 卯酉 중에서 寅申巳亥는 十二운성상 장생의 冲이니 어릴

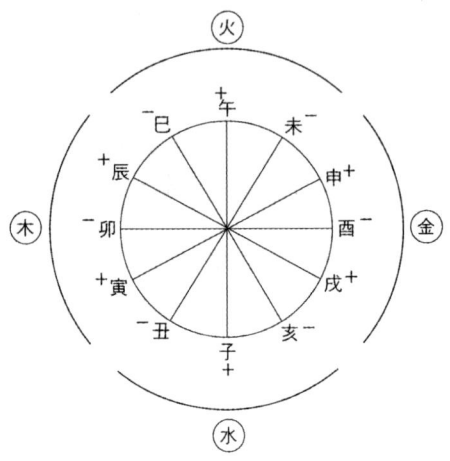

그림 45 支冲

때부터 애정이 싹트는 것이요 子午卯酉는 제왕의 冲이니 장년의 애정을 의미한다. 따라서 四柱에 寅申巳亥 子午卯酉가 있으면 일생을 두고 애정 때문에 풍파가 일어나고 가정을 망치는 수가 있는데 특히 子午卯酉는 木火金水의 목욕에 해당됨으로 자식을 두고 정부와 야반도주 하게 됨을 암시한다는것이다.

또한 四柱의 日支는 처궁임으로 이곳이 冲되어 있거나 대운세운에서 冲되면 처와 이별 또는 사별하게 되고 月支가 冲되면 제아무리 身旺者일지라도 힘을 못쓰게 된다.

그러나 冲하여 좋은 것이 있다. 辰戌丑未를 四庫 또는 四墓(十二운성의)라고 말한다. 이 墓庫는 冲해야 吉하다. 왜냐하면 冲하여 창고문이 열려야만이 그 속에 들어 있는 용신을 꺼내어 쓸 수 있기 때문이다.

(3) 形破害

支冲보다는 그 피해가 적지만 경우에 따라 매우 凶한 작용을 하는 것이 바로 形破害이다. 따라서 용신을 형파해하면 凶한 일이 발생하고 대운세운

方合局	三合局	形
寅 卯 辰	申 子 辰	三形 三形 自形
巳 午 未	寅 午 戌	三形 自形 三形
申 酉 戌	巳 酉 丑	三形 自形 三形
亥 子 丑	亥 卯 未	自形 三形 三形

에서 日支를 형파해하거나 세운에서 대운의 支를 형파해하면 역시 흉사가 일어나는데 日支는 처궁이니 처에게 흉한 일이 일어난다.

• 形 → 地支의 三合方合局에서 이루어지는데 寅巳申三形 丑戌未三形 子卯三形이 있고 辰辰 午午 酉酉 亥亥 自形이 있다.

寅巳申三形은 身旺者는 吉하고 身弱者는 凶하다. 丑戌未三形은 무정하고 냉정하고 친구와 은인을 해치는 배은망덕한 形이라하여 無恩形이라고도 말한다. 子卯三形은 무례하고 흉폭한 形이라하여 無禮形(무례형)이라고도 말하며 辰辰午午 酉酉亥亥自形은 인내심이 없어 중도에서 포기하는 形이다. 신왕자는 능히 形을 이겨낼 수 있으나 신약자는 역부족임으로 흉사를 당하게 된다는 것이다.

• 破 → 五行의 相生원리에 따라 局이 局을 설기하여 파괴하는 것을 破라고 말한다.

亥 寅 ｜ 寅파亥	卯 午 ｜ 午파卯	未 戌 ｜ 戌파未	(木局) (火局) (火) (木)	相 生	巳 申 ｜ 申파巳	酉 子 ｜ 子파酉	丑 辰 ｜ 辰파丑	(金局) (水局) (水) (金)	相 生

木生火 金生水에서 火는 木을 설기하고 水는 金을 설기하였으니 木은 火에게 파괴되고 金은 水에게 파괴된 것이다. 즉, 火는 木을 파괴하였고 水는 金을 파괴한 것이다. 그래서 火파木이고 水파金이다.

寅파亥 午파卯 戌파未는 火파木이요 申파巳 子파酉 辰파丑은 水파金이 된다.

* 害 → 합하여 정을 나누는데 冲이 나타나 방해하는 것을 害라 한다.

해는 방해하는 것이므로 사랑(데이트) 약혼 결혼 친목 단합 등의 날짜에는 방해자가 나타날 수도 있으니 害日은 피하는 것이 좋다고 한다.

도표　害

합 {	子 丑	──	未 (子未해)
합 {	寅 亥	──	巳 (寅巳해)
합 {	卯 戌	──	辰 (卯辰해)
합 {	午 未	──	丑 (午丑해)
합 {	申 巳	──	亥 (申亥해)
합 {	酉 辰	──	戌 (酉戌해)

(4) 空亡

十干十二支를 처음부터 순서대로 배열해나가면 맨 끝에 두 자리가 빈다.

甲乙丙丁戊己庚辛壬癸××
子丑寅卯辰巳午未申酉戌亥

만약 十干十支 또는 十二干十二支라면 天干地支 모두다 아귀가맞아 빈자리가 안생기지만 十干十二支이기 때문에 두 개가 남는다. 60甲子에는 모두 12개가 남는데 이것을 空亡이라고 말한다. 즉, 비었다는 것을 의미한다.

예컨대 甲子日柱는 戌亥공망 乙丑日柱 丙寅日柱……癸酉日柱역시 戌亥공망이고 甲寅 乙卯 丙辰……癸亥日柱는 子丑이 공망이다.

• 空亡의 작용 → 申酉 또는 寅卯가 용신인데 이것이 공망이면 申酉 寅卯는 무용지물이 되고 또한 아무리 득령한 身旺者일지라도 月支가 空亡 또는 形冲破害되어 있거나 대운세운에서 空亡 死絶 形破害되면 無氣力해지는 것이다. 月支가 아닌 他支(年支·日支·時支) 역시 그와같은데 年月은 조상과 부모형제 日時는 처와 자식 또한 年月은 소년청년기 日時는 중년말년기를 각각 의미하는 것이니 年月이 空亡이면 부모의 은덕을 누릴 수 없고 인생의 초반에 공치는 것이며 日時가 공망이면 처자식의 인연이 박하고 중년말년운 이 허무하다는 것을 알 수 있게된다. 또한 空亡은 일진을 중요시하는

도표 日柱 기준(空근 조견표)

六十甲子										空근
甲子	乙丑	丙寅	丁卯	戊辰	己巳	庚午	辛未	壬申	癸酉	戌亥
甲戌	乙亥	丙子	丁丑	戊寅	己卯	庚辰	辛巳	壬午	癸未	申酉
甲申	乙酉	丙戌	丁亥	戊子	己丑	庚寅	辛卯	壬辰	癸巳	午未
甲午	乙未	丙申	丁酉	戊戌	己亥	庚子	辛丑	壬寅	癸卯	辰巳
甲辰	乙巳	丙午	丁未	戊申	己酉	庚戌	辛亥	壬子	癸丑	寅卯
甲寅	乙卯	丙辰	丁巳	戊午	己未	庚申	辛酉	壬戌	癸亥	子丑

경향이 있는데 가령 寅卯공망이면 寅이나 卯일이 액일이고 방위상 東方에 모든 일이 불리하다. 이사 거래 계약 재판 등 공망일은 피하는 것이 吉하다고 해석한다.

• 空亡의 해소 → 공망은 대운세운에서 같은 공망이나 冲 또는 合으로 그 작용이 모두 해소됨으로 일석이조의 효과를 얻게 된다.

(5) 支藏干(지장간)

四柱의 원리를 연구하다보면 누구나 다 쉽게 이해할 수 없는 부분이 더러 있다는 것을 알 수 있는데 그중에 하나가 바로 支藏干이다. 지장간을 문자그대로 해석하자면 地支에 암장되어 있는 十干의 根氣라 말할 수 있음으로 十干은 지장간에 의하여 생성되고 에너지를 공급받는다.

十干을 창조한 원동력이요 에너지원인 지장간은 도표에 표시되어 있는 바와 같이 한달을 三氣로 나누어 寅월初氣에는 戊土의 氣가 7일동안 작용하고 中氣에는 丙火의 氣가 또 7일 동안 작용하고 末氣인 正氣에는 甲木의 氣가 16일동안 맡아서 영향력을 행사하고 그 다음달인 卯월 辰월 巳월…… 역시 도표와 같다.

도표   지장간

十二支 氣	寅	卯	辰	巳	午	未	申	酉	戌	亥	子	丑
初氣 (余氣)	戊 7	甲 10	乙 9	戊 7	丙 12	丁 9	戊 7	庚 10	辛 9	戊 7	壬 10	癸 9
中氣	丙 7		癸 3	庚 7	己 9	乙 3	壬 7		丁 3	甲 7		辛 3
末氣 (正氣)	甲 16	乙 20	戊 18	丙 16	丁 11	己 18	庚 16	辛 20	戊 18	壬 16	癸 20	己 18

이와 같이 1년 12달 달이면 달마다 氣면 기마다 각각 여러 根氣가 분담하여 영향력을 발휘한다. 그달의 初氣를 余氣라고 말하며 末氣(말기)를 正氣라고 말하는데 말기인 正氣는 작용하는 힘이 가장 강하고 작용하는 기일이 가장 길기 때문에 쓰다남은 氣가 그다음달까지 넘어가서 영향력을 행사하게 된다. 그래서 그 다음달의 初氣를 余氣(여기)라고 말한다.

그런데 하나 궁금한 것은 어찌하여 달이면 달마다 氣면 기마다 3, 7, 9, 10, 11, 16, 18, 20일로 각각 다르게 작용하느냐 하는 것이다. 또한 어째서 卯월 酉월 子월의 中氣만 빠졌느냐 하는 것이다. 그러나 분명한 것은 봄은 木旺節이니 寅卯辰월은 甲乙木氣가 담당하는 기일이 가장 길고 여름은 火旺節이니 巳午未월에는 丙丁火氣가 담당하는 기일이 가장 길고 가을 겨울인 申酉戌 亥子丑월에는 庚辛金氣 壬癸水氣가 담당하는 기일이 가장 길다는 사실이다. 이 지장간의 원리를 정확하게 알 수는 없으나 다만 四柱를 풀어보기 위한 하나의 방법으로서 지장간의 正氣를 기준으로하여 六神을 분간하고 또한 지장간을 통하여 氣의 旺弱을 판단하는데 쓰이고 있는 것이다.

예컨데 甲日主가 寅월에 태어났으면(月支寅) 寅은 十二운성의 건록이며 寅의 正氣 甲은 六神상 比肩이라는 것을 알 수 있다. 그러나 氣의 旺弱은 단순히 月支만 가지고 판단하는 것이 아니라 年支 日支 時支 등 他支의 지장간에 甲乙木氣가 암장되어있으면 역시 甲日主는 뿌리를 가진 것이니 身旺者로 보게 된다는 것이다

日主(日干) 뿐만 아니라 年干 月干 時干의 五行도 역시 四支의 어디에든 지장간에 뿌리가 있느냐 없느냐, 즉 有根이나 無根이냐에 따라 旺弱을 분간하게 된다.

그러나 여기에서 끝나는 것이 아니라 주인공의 잠제된 운명을 알아보기 위해 지장간의 깊숙한 곳에까지 자세히 관찰하는 것이 중요하다는 것이다.

支藏干의 작용→지장간은 天干地支를 막론하고 四柱의 어디에든 上下左右로 교류하면서 상호작용 하는데 그 형태는 다음과 같이 相生相剋이 될 수도 있고 冲과 合이 될 수도 있다.

① 相生相剋

四柱의 年支 月支 日支 時支에서도 相生相剋이 이루어진다(支生支·支剋支).

寅卯木-巳午火-辰戌丑未土-申酉金-亥子水-寅卯木은 相生이요(支生支) 寅卯木-辰戌丑未土-亥子水-巳午火-申酉金-寅卯木은 相剋(支剋支)이니 만약 月支가 쇠약하면 他地에서 생부해야 吉하다.

天干地支에서도 상생상극이 이루어진다. 甲子 乙亥 丙寅 丁卯 등은 支生干이요 甲午 乙巳 丙辰 丁丑 등은 干生支이다.

또한 甲申 乙酉 丙子 丁亥는 支剋干이요 甲辰 乙丑 丙申 丁酉는 干剋支이다. 예컨데 甲乙木日主가 年支 또는 月支에 亥子 印星이 있으면 支生干하여 母의 은덕을 크게 받을 수 있고 申酉金이 亥子水를 생부하면 더욱 吉하다. 그러나 辰戌丑未土가 亥子水를 剋하면 母의 은덕은커녕 이별 또는 사별하게 된다고 해석한다.

天干에서 지장간을 冲剋하기도 한다.
乙巳(戊庚丙) 乙은 巳중 戊土를 剋하고
乙丑(癸辛己) 乙은 丑중 己土를 冲하고
戊申(戊壬庚) 戊는 申중 壬水를 冲하고
庚寅(戊甲壬) 庚은 寅중 甲木을 冲한다.

또한 지장간끼리 相生相剋 작용도 한다. 巳중 戊土와 丑중 辛金은 土生金이요, 丑중 癸水와 巳중 丙火는 水剋火이며, 申중 戊土와 丑중 辛金역시 土生金이요, 申중 庚金과 寅중 甲木은 金剋木이요, 寅중 甲木과 申중 戊土는 木剋土가 되는 것이니 地支속에 숨어있는 五行의 작용도 자세히 관찰할 필요가 있다는 것이다.

그런가 하면 天干地支가 모두 相冲되는 경우도 있는데(干冲 支冲 참조)

$$\left[\begin{array}{l} 庚申 \\ 甲寅 \end{array} \right. \qquad \left[\begin{array}{l} 辛酉 \\ 乙卯 \end{array} \right. \qquad \left[\begin{array}{l} 壬申 \\ 丙寅 \end{array} \right. \qquad \left[\begin{array}{l} 癸亥 \\ 丁巳 \end{array} \right.$$

甲寅日主가 庚申에게 冲剋당하였으니 甲寅日主는 질병 손재 교통사고 노상봉변 부모형제 처자식 등 나와 나의 육친들 마저 재난을 당하게 된다고 해석한다.

② 合
지장간끼리 暗合하기도 하고 天干과 지장간이 합하기도 하며 天干地支가 모두 합하기도 한다.

申(戊壬庚)
午(丙己丁) 〕 壬丁合

卯(甲乙)
申(戊壬庚) 〕 乙庚合

午(丙己干)
酉(庚辛) 〕 丙辛合

이와 같이 지장간끼리 서로 暗合하여 정을 통하니 한가롭게 쉴 틈이 없어진다.

天干과 지장간이 합하기도 한다.
甲午(丙己丁)   乙巳(戊庚丙)   丙戌(辛丁戊)   丁亥(戊甲壬)

日柱의 干支가 합하는 것은 冲을 두려워하지 않기 때문에 매우 吉하다.

또한 干支가 모두 합하는 경우도 있다.
〔 甲寅
  己亥

〔 丙申
  辛巳

〔 戊戌
  癸卯

〔 庚子
  乙丑

이런 경우 정과 유혹의 사슬에 묶여 꼼짝 못하고 당하게 되는 것이니 모든 일을 멈추고 가만히 있는 것이 상책이다.
이와 같이 지장간은 天干地支를 막론하고 相生相剋과 冲合작용을 하는데 日支처궁에 희신인 財가 있으면 처덕을 볼 수 있지만 日支가 冲剋되면 처와 이별사별하게 된다. 또한 日主와 지장간의 暗合은 숨겨둔 애인(정부)을

의미한다.(예 : 日主(日干) 丙 지장간 辛· 日主(日干) 庚 지장간 乙 ·
日主(日干) 辛 지장간 丙)

만약 年干에 희신인 食神이 있고 月支지장간에 偏印이 있으면 부모의 상
속은 받을 수 있으나 중년이후에 도식으로 파산하게 된다. 반대로 年干에
희신인 財星이었고 地支에 식신상관이 있으면 재물을 크게 모은다. 이와
같이 지장간에서 상생작용을 하면 남 모르게 음덕이 많고 상극작용을 하면
숨어있는 복병에게 예측할 수 없는 재난을 당하게 된다는 것이다. 그러면
지금까지의 설명을 참고하여 다음과 같이 예를 하나 들어 보기로 한다.

③ 예(四柱)
　　　乙亥(戊甲壬)
　　　壬午(丙己丁)
　　　丁巳(戊庚丙)
　　　甲辰(乙癸戊)

丁火日主가 득령하였고 月支日支의 지장간에 뿌리가 있으니 身旺者이다.
그뿐만 아니라 年干時干의 甲乙木이 年支時支에 각각 뿌리를 가지고 있으
면서 日主를 생부하니 丁火日主는 身旺者임이 틀림없다.

六神과 十二운성으로 따져보아도 天干地支에 印比가 많고 건록 제왕이
많음으로 역시 신왕자이다. 따라서 食傷 財官이 용신이고 陰陽法으로 볼
때에는 陽氣가 왕성함으로 金水陰이 용신이다. 그러나 本命은 天干에 甲乙
木이 많기 때문에 木을 剋하고 月上壬水를 생부하는 庚辛金을 용신으로 써
야한다. 年支日支時支의 지장간에 庚金 壬癸水는 각각 冲合되어 그 본질이
크게 감소되었음으로 대운이나 세운에서 庚辛申酉운을 만나야 발전하게 된
다. 天干地支(지장간)에서 작용되는 相生相剋과 冲合은 앞의 ① ②를 참조
하여 따져보면 된다.

(6) 貴人과 煞(귀인과 살)
命의 吉凶을 좀더 정확하게 판단하기 위한 방법으로서 귀인이라는 것이

있고 살이라는 것이 있다.

貴人이란 문자그대로 나를 보호하고 도와주는 수호신과 같은 것임으로 六神의 印星과 같은 작용을 한다. 그러나 煞은 나에게 해로움을 주는 것이니 귀인은 吉하고 살은 凶하다. 귀인과 살은 헤아릴 수 없을 정도로 많은데 그 중에서도 우리들의 귀에 익은 몇몇가지만 알아보기로 한다. 살은 무조건 나쁜 것이 아니라 팔자가 어떻게 구성되어 있느냐에 따라 좋을 수도 나쁠 수도 있다.

• 貴人(천을귀인·태극귀인·천복귀인·문성귀인) → 위급한 상황에 처했을 때 화를 모면해주는 작용을 한다. 즉, 凶을 吉로 바꾸어 복을 준다. 그러나 아무리 나를 지켜주고 도와주는 귀인일지라도 너무 많으면 凶하고 形沖破害 空亡되어도 凶하다.

• 도화살 → 十二운성의 沐浴에 해당된다. 남녀를 막론하고 팔자에 도화살이 있으면 호색음란하다고 말한다. 대운세운에서 또다시 도화가 겹치면 더욱 그러하다.

도표 귀인(日干을 기준하여 地支를 본다)

日干 貴人	甲	乙	丙	丁	戊	己	庚	辛	壬	癸
天乙貴人	丑未	申子	酉亥	酉亥	丑未	申子	丑未	寅午	卯巳	卯巳
太極貴人	子午	子午	卯酉	卯酉	辰戌 丑未	辰戌 丑未	寅亥	寅亥	申巳	申巳
天福貴人	未	辰	巳	酉	戌	卯	亥	申	寅	午
文星貴人	巳	午	申	酉	申	酉	亥	子	寅	卯

도표 각종 煞(日支를 기준하여 地支를 본다)

煞 \ 日支	亥卯未	寅午戌	巳酉丑	申子辰
도 화 살	子	卯	午	酉
역 마 살	巳	申	亥	寅
겁　　살	申	亥	寅	巳
망 신 살	寅	巳	申	亥

• 역마살 → 별볼일 없으면서 여기저기를 분주히 돌아다니는 것을 역마살이라 한다. 대운세운에서 역마가 또 겹치면 더욱 심해지는데 보따리를 싸들고 여기저기를 돌아 다니는 것을 의미하기 때문에 천한인생임을 알 수 있다. 역마는 合으로 묶거나 空亡운이 되면 그 작용이 해소되지만 刑沖하면 더욱 날뛰다가 먼 타향에서 객사하는 몸이 되고 만다.

그러나 八字가 유능유력하면 도리어 해외에 돌아다니면서 재능을 발휘하게 된다.

• 겁살 → 문자 그대로 겁탈 강탈 손재 손명 상해 불구 부정불화 질병 관제구설 노상봉변 비명횡사 등 겁살맞아 죽거나 재난당하는 것을 겁살이라 한다.

• 망신살 → 너무 믿고 방심하다가 도난 사기 사업실패 명예훼손 등 망신 당하는 것을 의미하는데 대운세운에서 또 겹치면 凶한 일이 더욱 가중된다.

• 양인살 → 양인(羊刃)은 日干을 기준하여 陽干은 제왕, 陰干은 관대에 해당하는데 제왕은 六神상 劫財이니 양인살은 흉폭하고 무례한 특성이 있다.

도표 羊刃(양인)

日 干	甲	乙	丙	丁	戊	己	庚	辛	壬	癸
羊 刃	卯	辰	午	未	午	未	酉	戌	子	丑

財를 剋하는 것은 劫財이니 日支처궁에 양인이 있거나 財와 양인이 同柱(財下양인)하거나 대운세운에서 양인이 財를 剋하면 처와 재물을 잃게 된다. 특히 양인이 많거나 상관 겁제 등 흉악한 六神과 같이 있으면 손재 손명 극처 극부(剋父) 단명 또는 칼에 의한 비명횡사하거나 남의 밑에서 下人노릇을 하거나 노동 구걸로 연명하게 된다고 해석한다.

財뿐만 아니라 印比 食傷 官殺 등 거의 모든 육신과 같이 있어도 凶한데 다만 身旺者가 七殺(偏官)을 희신으로 쓸 경우 양인은 도리어 吉하다.

• 괴강(魁罡) → 日柱가 庚辰 庚戌 壬辰 戊戌이면 괴강이라고 말한다. 이것은 강력하고 용감한 기질을 나타내는데 장생 건록 제왕 귀인 등을 가진자는 복이 많다고 말한다.

이상으로 吉凶판단에 필요한 여러 가지의 원리와 방법에 대하여 알아보았는데 用神이 死絶空亡되거나 形冲破害合되면 凶하다고 보는 것이요, 用神이 生旺하면 吉하다고 보는 것이다.

결론적으로 주인공인 日主와 주인공이 필요로 하는 용신은 모두다 힘이 왕성해야 吉하고 쇠약하면 凶하다는 것을 말해주고 있다. 그렇다면 무엇이 어떻게 하여 吉하고 凶하다는 것인가. 이 문제에 대한 설명이 바로 六神통변이다.

3. 六神통변법

用神이 무엇이냐 하는 것만 알 수 있으면 八字의 吉凶판단은 누구나다 쉽게 할 수가 있게 되었다. 그러나 문제는 언제 무엇이 어떻게하여 吉하고 凶한가를 구체적으로 설명해야 된다.

八字를 제아무리 잘 풀었다 하여도 설명을 제대로 못한다면 그것은 마치 소리안나는 TV와 같은 것이요 변사없는 무성영화와 같은 것이 되고 만다.

타고난 八字는 주인공의 능력이요 대운세운은 능력을 발휘하는 인생무대와 같은 것이다. 그 인생무대에 등장하는 사람들은 주인공인 나의 부모형제와 처자식이 될 수도 있고 또한 나의 친구 동기동창이 될 수도 있으며 나의 부하 상사 또는 스승도 될 수 있다. 나와 그들 사이에서 이루어지는 모든 사건들은 六神의 相生相剋과 形冲破害合 生旺死絶 空亡 등으로 설명되는 것이니 이를 육신통변이라 말하는 것이다.

첫째 : 六神의 종류

잘났던 못났던 주인공은 어디까지나 본인인 나이기 때문에 나의 모든 대인관계와 내가 추구하는 부귀영화는 나를 중심으로한 五行의 相生相剋으로 따져서 분류된다. 내가 만약 木日主라면 나의 인간관계와 내가 추구하는 부와 귀는 다음과 같다.

木日主인 내(我)가 똑같은 木을 보면 比肩劫財, 火를 보면 食神傷官, 土를 보면 正財偏財, 金을 보면 正官偏官, 水를 보면 正印偏印이 되는데 이것을 다시 陰과 陽으로 따져서 다음과 같이 세분된다.

甲木은 陽이요, 乙木은 陰이다. 내가 만약 甲日主(日干)라 한다면 甲이 甲(寅)을 보면 比肩 乙(卯)을 보면 劫財, 乙日主가 乙(卯)을 보면 比肩, 甲(寅)을 보면 劫財가 된다.

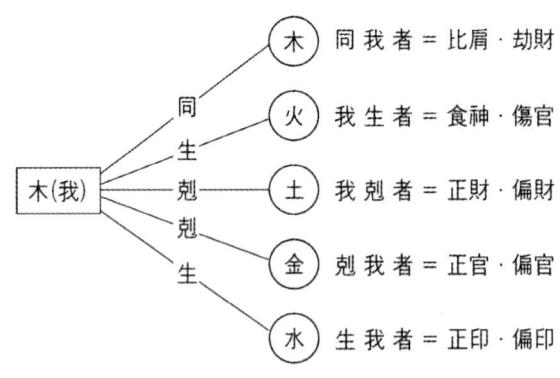

그림 46 六 神

日干 \ 六神/干支		比肩	劫財	食神	傷官	偏財	正財	偏官	正官	偏印	正印
甲	天干	甲	乙	丙	丁	戊	己	庚	辛	壬	癸
	地支	寅	卯	巳	午	辰戌	丑未	申	酉	亥	子
乙	天干	乙	甲	丁	丙	己	戊	辛	庚	癸	壬
	地支	卯	寅	午	巳	丑未	辰戌	酉	申	子	亥
丙	天干	丙	丁	戊	己	庚	辛	壬	癸	甲	乙
	地支	巳	午	辰戌	丑未	申	酉	亥	子	寅	卯
丁	天干	丁	丙	己	戊	辛	庚	癸	壬	乙	甲
	地支	午	巳	丑未	辰戌	酉	申	子	亥	卯	寅
戊	天干	戊	己	庚	辛	壬	癸	甲	乙	丙	丁
	地支	辰戌	丑未	申	酉	亥	子	寅	卯	巳	午
己	天干	己	戊	辛	庚	癸	壬	乙	甲	丁	丙
	地支	丑未	辰戌	酉	申	子	亥	卯	寅	午	巳
庚	天干	庚	辛	壬	癸	甲	乙	丙	丁	戊	己
	地支	申	酉	亥	子	寅	卯	巳	午	辰戌	丑未
辛	天干	辛	庚	癸	壬	乙	甲	丁	丙	己	戊
	地支	酉	申	子	亥	卯	寅	午	巳	丑未	辰戌
壬	天干	壬	癸	甲	乙	丙	丁	戊	己	庚	辛
	地支	亥	子	寅	卯	巳	午	辰戌	丑未	申	酉
癸	天干	癸	壬	乙	甲	丁	丙	己	戊	辛	庚
	地支	子	亥	卯	寅	午	巳	丑未	辰戌	酉	申

(甲日主의 경우)

甲(比肩)　　　丙(食神)　戊(偏財)　庚(偏官)　壬(偏印)

乙(劫財)　　　丁(傷官)　己(正財)　辛(正官)　癸(正印)

地支는 지장간의 正氣로 본다.

寅(戊丙甲) : 寅의 정기는 甲(比肩)

卯(甲 乙) : 卯의 정기는 乙(劫財)

여기에서 正印을 인수라고 말하기도 하고 偏官을 七殺이라고 말하기도 한다. 그리고 比肩劫財를 比劫 食神傷官을 食傷 正財偏財를 財星 正官偏官을 官星 正印 偏印을 印星 그리고 印星과 比劫을 印比라고 약칭한다(제2장:六神론 참조).

둘째 : 六神의 의미

육신은 陰陽의 조화 부조화 정상 비정상으로 따져서 분류되었고 또한 五行의 상생상극으로 따져서 분류되었듯이 육친관계를 한단계 넘어서 따질 때에는 역시 상생상극원리가 그대로 적용된다.

• 比劫(同我者) → 나와 같은 母에서 태어난 형제자매 여자의 경우 남편의 첩, 사회무대에서는 동기동창, 동료동지, 동업자, 친구 등이 비견겁제이다. 따라서 比劫이 희신인 경우 이들의 도움으로 財官을 얻게되지만 기신(흉신)일 경우 이들은 나의 경쟁자, 대립자, 밀고자, 고소자, 중상모략자로 돌변하여 나의 財와 官을 빼앗아가는 원수가 된다.

• 食傷(我生者) → 내가 낳은 것이니 여자의 경우 자녀가 된다. 그러나 언니인 比劫의 자녀 또한 食傷이기 때문에 족하도 된다. 남자의 경우 木日主는 火가 食傷이다. 그러나 食傷은 木日主의 사위도 되고 장모도 되며 할아버지도 된다. 왜냐 木日主의 딸은 金, 金의 남편은 火, 木日主의 처는 土, 土의 母는 火, 木日主의 父는 金, 金의 父역시 火, 즉 父의 父는 火이기 때문이다.

사회무대에서의 食傷의 의미는 출세의 기회 또는 기회를 주는자, 권고자, 유혹자 등을 의미한다. 따라서 식신상관이 희신인 경우 취직, 결혼, 사업확장, 시험합격 각종 선발대회 또는 각종 선거에 당선함으로서 출세의 기회가 열리고 기신이면 유혹이나 감언이설에 속아 사기 당하고 재(財)를 잃게 된다고 해석한다. 다음에도 다양한 해석이 계속된다.

• 財星(我剋者) → 내가 지배하는 대상임으로 나의 처를 의미하고 사회무대에서는 나의 부하 또는 내 마음대로 다루는 財를 의미한다. 그러나 같

은 財星이라도 正財는 정상임으로 나의 본처와 고정자산을 의미하고 偏財는 비정상임으로 나의 첩, 나의 유통자산을 의미한다. 財星이 희신인 경우 취직, 결혼, 사업확장, 흑자, 기신인 경우 실직, 질병, 사기, 손재, 파산 당한다고 해석한다.

• 官星(剋我者) → 나를 지배하는 나의 父, 여자의 경우 남편 남자의 경우 결혼 후에는 자녀. 그러나 같은 官星이라도 正官은 정상적인 나의 父, 偏官은 비정한 계부 그리고 사회무대에서의 의미는 나의 상사, 윗사람, 벼슬, 명예를 상징한다. 따라서 官星이 희신인 경우 취직, 승진, 합격, 당선 각종 인허가 취득. 기신인 경우 관제구설, 명예손상, 실직, 재판패소, 중병, 옥고, 사망 등 재난을 당하게 된다고 말한다.

• 印星(生我者) → 나를 낳아 길러주는 母 또는 이모(母와 같은 자매임으로) 그러나 같은 印星이라도 正印은 정상적인 나의 母, 偏印은 비정한 계모 또한 사회무대에서의 의미는 나를 母처럼 도와주는 후원자, 스승, 윗사람 또는 인장, 문서, 가옥 또는 교육, 학문, 지식, 덕망, 귀인 등을 상징한다. 따라서 印星이 희신인 경우 母와 人德이 있고 교육을 제대로 받으며 취직, 합격, 당선, 승소, 사업확장, 인장, 문서, 부동산문제 유리. 기신인 경우 실직, 좌천, 불합격, 인장, 문서, 보증 계약, 재판 등 모든 것이 불리하다고 해석한다.

六神가운데 財官印은 吉星이요, 傷官, 劫財(羊刃), 七殺(偏官) 등은 凶星으로 본다. 그러나 八字가 어떻게 구성되어 있느냐에 따라 희신으로 작용된다.

셋째 : 六神의 相生相剋

六神은 八字를 해독하고 설명하기 위해 편의상 만들어진 이름에 불과한 것임으로 육신의 이름, 그 자체는 아무런 의미가 없고 日主와 六神, 六神과 六神은 서로 어떤 작용을 하느냐가 중요한 것이다. 육신은 원래 五行의 상생상극에 의하여 분류되었듯이 육신과 육신 사이에도 역시 상생상극 작용을 한다.

(1) 六神의 相生

木-火-土-金-水-木은 相生이듯이 比劫-食傷-財-官-印은 相生이다.

여기에서 食神傷官과 財의 相生을 食神生財 또는 傷官生財 財와 官의 相生관계는 財生官 官印의 相生을 官生印 또는 官印相生(殺印相生)이라 말한다.

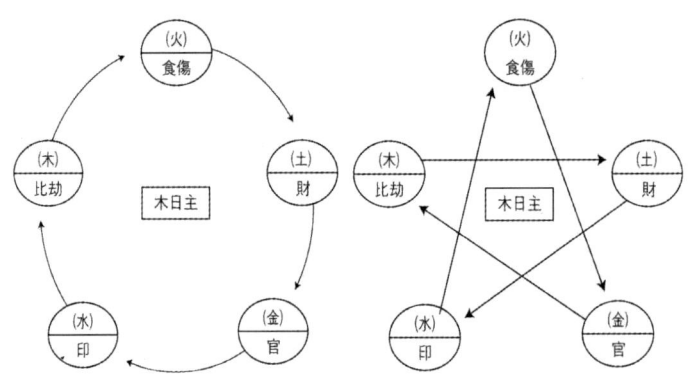

그림 47 六神의 相生   그림 48 六神의 相剋

(2) 六神의 相剋

木-土-水-火-金-木은 相剋이듯이 比劫-財-印-食傷-官-比劫은 相剋이다.

여기에서 偏印이 食神을 剋하는 것을 식신도식이라 말하고 食神이 七殺(偏官)을 剋하면 식신제살(食神制殺) 傷官이 正官을 剋하면 剋官이라고 말한다.

相生은 힘을 주고받는 관계이고 相剋은 강자가 약자를 지배하여 무용지물로 만드는 것이니 財生官의 경우 財는 설기되고 官은 강해지며 財剋印의 경우 印은 財의 공격으로 인하여 무용지물이 된다는 것이다 그러나 쌍방간의 힘의 旺弱에 따라 승패가 좌우된다(相生相剋론 참조).

넷째 : 六神통변

모든 물질계를 지배하는 것은 힘이라 하였듯이 동물의 세계도 인간의 세계도 힘센 자가 해게모니를 잡게 된다.

본시 인생무대라는 것은 재물싸움이요, 벼슬싸움의 현장이니 돈과 벼슬은 身旺者만이 가질 수 있고 身弱者는 무거운 짐이요 험악한 산길과도 같은 것이다. 그러나 돈과 벼슬은 영원한 것이 아니라 없어지기도 하고 생겨나기도 하는 것이니 돈 때문에 울고 웃고 벼슬 때문에 울고 웃는다.

인생의 희로애락과 흥망성쇠와 길흉화복은 六神의 相生相剋으로 설명되고 形冲破害合空亡으로 설명되며 또한 十二운성의 生旺死絶 등 힘(氣)의 왕쇠강약으로 설명된다. 따라서 日主도 六神도 힘이 있어야 된다는 것이 절대조건이다.

만약 四干四支가 모두 건전하고 生旺하면 능소능대한 재능을 발휘하여 기어이 성공 길에 오르지만 四柱八字가 거의 形冲破害合 空亡으로 얼룩져 있거나 死絶되어있으면 그 본질이 크게 감소되어 기능을 잃게 되는 것이니 아무리 대운세운에서 印比운이나 生旺地를 만나더라도 발전을 기대할 수 없게 된다는 것이다

身旺者는 食傷財官이 희신이요, 印比가 기신이다. 身弱者는 역부족이니 印比가 희신이요 食傷財官이 기신이나.

八字의 吉凶은 희신기신을 기준으로하여 판단하는 것이니 희신을 생부하거나 희신이 生旺地에 들면 크게 吉하고 희신이 剋冲되거나 形冲破害合 空亡 死絶墓地에 들면 크게 凶하다. 그러나 기신을 剋冲하거나 기신이 死絶墓 空亡地에 들면 도리어 吉하고 기신을 생부하거나 기신이 生旺地에 이르면 크게 凶하다.

吉하다는 것은 財官印에 의한 富貴와 人德을 의미하는 것이요, 凶하다는 것은 실직, 사기, 손재, 파산, 명예훼손, 이별, 사별, 빈천, 구걸, 옥살이, 질병, 노상봉변, 비명횡사 등 온갖 흉사를 의미하는 것이다.

• 六神의 相生相剋 → 食傷生財하면 재물이 얻어질 기회가 주어지고 財生官하면 재물로 벼슬을 얻게 되고 官生印하면 학문과 지식과 덕망을 통하

여 명예와 벼슬을 얻게 되고 印이 日主를 생부하면 주인공인 나에게 발전의 기회가 주어진다. 그러나 官殺이 日主를 剋하면 내 생명이 위태로워지고 比劫이 剋財하면 처와 재물을 잃게 되며 財剋印하면 나의 母 나의 후원자와 이별사별 하게 되고 印이 食傷을 剋하면 기회를 잃게 되고 여자는 자식을 잃게 되며 傷官이 正官을 剋하면 자식과 벼슬을 잃게 되고 여자는 남편을 잃게된다. 따라서 용신은 생부해야 吉하고 기신은 剋冲해야 吉하다. 반대로 용신이 剋冲되거나 설기되면 크게 凶하고 기신을 생부해도 그와 같다.

• 六神의 生旺死絶 沐浴空亡 → 生旺은 힘이 왕성한 것이요, 死絶空亡은 힘이 쇠약한 것이요, 沐浴은 헛되어 힘을 낭비하는 것이니 주색과 풍류를 상징한다.

比劫이 死絶墓空亡 沐浴과 同柱하면 형제가 무기력한 것이니 일찍 이별사별 하게 되고 食傷이 그러하면 生財할 능력이 없어지고 여자는 자식이 무능무력하고 자신은 첩이나 기생 팔자이다. 또한 財星이 그러하면 처와 재물 복이 없고 처가 호색가이니 정조를 지키지 못하고 개가하게 된다. 官星이 그러하면 명예와 벼슬을 잃고 여러 사람 앞에서 망신당하는 일이 생기며 자식 마저 잃게 된다. 여자는 남편이 무능무력하고 주색을 밝히게 된다. 또한 印星이 그러하면 人德이 없고 母와 일찍 이별사별 하게 되고 母가 풍류인임을 암시한다. 그러나 印이 生旺하면 母가 유능 유력하니 母의 덕이 크다. 比劫이 生旺하면 복이 많고 자식 또한 유능 유력하고 財가 生旺하면 처와 재물 복이 있으며 官星이 生旺하면 등과급제 벼슬이 높고 여자는 귀한 남편을 얻게 된다.(예 : 甲日主己亥는 財(己)가 장생(亥)도 되고 공망(亥)도 됨으로 장생의 본질은 크게 감소된다고 해석한다. 甲日主辛卯은 官(辛)이 제왕(卯) 甲日主 戊子는 財(戊)가 沐浴(子)이다.)

• 六神의 形冲破害合空亡 → 가령 午火가 財 또는 官 또는 印이라하자. 午火가 形冲破害合空亡이면 부귀와 인덕은 없다고 보게 된다. 따라서 재물이나 벼슬, 부모나 처자식의 인연이 박한 것이니 이별 또는 사별하게 된다는 것이다.

甲戌乙亥日主는 申酉공망이요 申酉는 官星이다. 庚戌辛亥日主는 寅卯공망인데 寅卯는 財星이다. 즉,

甲戌乙亥日主는 官이공망이요 庚戌辛亥日主는 財가 공망이다.

庚申日主는 寅과 寅申冲이니 比肩(申중庚)이 財(寅木)를 冲한 것이다(辛酉日主卯). 이런 방식으로 따져서 地支의 六神이 形冲破害合 空亡되면 크게 화를 당하고 심지어 죽기까지 하는데 통변(설명)은 각각의 六神으로 하면 된다.

• 六神의 合 → 合은 有情의 합이니 日柱와 합하는 것은 吉하고 他干他支와 합하는 것은 凶하다. 예컨데 甲日主와 己丑 丙日主와 辛酉 庚日主와 乙卯 壬日主와 丁巳는 財干合인데 財는 각각 뿌리를 가지고 있으니 더욱 吉하다. 財는 처와 재물을 의미함으로 처와 단합하여 일생을 두고 경사로운 일이 계속된다고 해석한다.

丁亥(戊甲壬) 辛巳(戊庚丙)은 日主(日干)와 日支지장간의 官合이다. 만약 대운세운에서 官合이 이루어질 경우 官의 부름을 받아 벼슬길에 오르게 된다.

日主인 나와 합하면 부부 백년해로하고 경사로운 일이 많지만 他干과 合하거나 身弱者일 경우 흉사가 일어난다고 해석한다.

• 六神의 支合三合 → 亥寅 또는 亥卯未처럼 日支가 합하거나 대운세운에서 合을 이루어도 역시 吉하다. 그러나 他支에서 이를 形冲破害하면 吉이 凶으로 바뀌어진다.

丙丁火日主는 己酉丑이 財局 申子辰이 官局이다. 財局을 이루면 財旺身弱한 것이니 욕심 하나는 대단하지만 여자와 재물 때문에 말할 수 없는 고통을 당하게 되고 官局을 이루면 官旺身弱한 것이니 질병 가난 관재구설 비명횡사하게 된다.(羊刃 또는 七殺의 旺地를 만나도 그와 같다) 그러나 대운세운에서 得根하여 日主의 힘이 왕성해지면 흉사를 모면하고 발전할 수 있게 된다. 만약 身旺者가 대운세운에서 合地를 만나면 일대 호기로서 능소능대한 재능을 발휘하여 크게 부귀를 얻게되지만 傷官이 局을 이루면

官星이 심하게 상함으로 조상이름을 더럽히고 나자신의 명예와 벼슬을 잃게 되며 자식마저 잃게 된다.

도한 比肩이 局을 이루었는데 食傷은 없고 財만 있으면 처와 재물을 잃게 된다. 그러나 無財하면 탈이 없지만 財운을 만나면 필히 재난을 당하게 된다. 처(財)의 입장에서 볼 때 比肩은 剋我者인 官殺이니 처가 반듯이 변심하게 된다는 것이다.

• 六神이 많을 경우 → 比劫이 많으면 財를 심하게 剋冲함으로 여자를 만날 수 없게 되는 것이니 比劫을 누르는 官殺운을 만나야 결혼도 하고 자식도 보게 된다. 食傷이 많으면 官殺을 심하게 剋冲함으로 여자는 남편 남자는 자식과 벼슬을 잃게 되고 또한 財多하면 剋印하니 母와 이별사별하고 교육을 제대로 받지 못하게 된다. 官多하면 日主인 내가 공격을 받는 것이니 자식(官殺)의 손에 맞아 죽거나 중병으로 죽게 된다. 그럼으로 剋官하는 食傷운을 만나거나 官殺을 설기하고 日主인 나를 도와주는 印比운을 만나야 비로소 기운을 차리게 된다.

• 六神의 희신 기신 → 比劫이 희신일 경우 친구나 형제로부터 도움을 받지만 기신일 경우 친구나 형제로부터 피해를 당한다. 食傷이 희신이면 좋은 기회가 주어지고 기신이면 구설수가 생긴다. 여자 희신일 경우 자식복이 있고 기신이면 자식걱정이 생긴다.

財가 희신일 경우 남자는 여자복 재물복이 있고 기신이면 여자와 돈 때문에 고통을 당한다. 官이 희신이면 명예와 벼슬을 얻게되고 여자는 남편복이 있다. 그러나 기신이면 벼슬과는 인연이 없고 여자는 남편복이 없다. 印이 희신이면 인덕 부모덕이 있고 교육을 제대로 받게되며 덕망이 크지만 기신일 경우 인덕이 없다고 해석한다.

(1) 比肩 劫財
• 相生相剋의 원리에 따라 八字에 比劫이 많으면 처와 재물복이 없고 아예 처음부터 독신으로 살아가게 된다. 官殺로 多比劫을 剋하지 못하고

도리어 역극당함으로써 자녀가 무기력해진다고 해석하는데 다음에도 이와 같은 방법으로 해석되어진다.

- 女命에 比劫이 많으면 官殺이 무기력해짐으로 부부불화하고 독신아니면 첩의 팔자이다.
- 比劫이 기신으로 작용될때는 친구나 형제가 나를 미워하고 시기 질투하고 중상모략하고 방해한다. 그러나 희신으로 작용하면 친구 형제들이 나를 도와준다.
- 身旺者가 比劫이 많으면 형제 때문에 집안이 가난하고 불화반목 한다.
- 比肩이 三合局(方合局)을 이루면 극처극재 함으로서 처가 변심하고 재물이 날아간다.
- 比肩이 同柱하거나 天干에 나타나있거나 三合局(方合局)을 이루면 필히 두 집을 거느리거나 여러번 결혼하고 부부인연이 박하다.
- 身旺財弱者가 比劫을 보거나 身旺者가 比劫이 많은데 세운에서 財를 보면 처와 재물을 잃게 되고 생명까지 위험하다.
- 身旺財弱者가 比劫을 보면 겁탈자가 되어 절도강도 들치기, 날치기, 마약밀수, 도박 등으로 큰 화를 당한다.
- 身弱財旺者는 比劫이 다다익선이다. 특히 劫財者는 용맹대담하고 요행심 투쟁심이 강함으로 친구 형제 동기동창들과 밀수 도박 투기사업 산림 토지개발 등으로 뜻밖에 큰 재물을 모으게 된다.

- 신약자의 사주에 印 財 劫財가 같이 있으면 印을 버리고 겁재를 써야 한다. 그러나 이런 경우 배우지 못한 천한 인생이다.
- 八字에 劫財와 財가 같이 있으면 일생을 두고 도둑과 노름 때문에 신세를 망치게 되며 劫財가 많으면 처와 재물 때문에 피살되거나 심판을 받게 된다. 劫財와 劫財가 同柱해도 그와 같다.
- 劫財 傷官 七殺 羊刃은 凶星이다. 이 모두가 같이 있으면 칼로 상하기 쉽고 변사 단명 또는 노동 구걸로 연명한다. 劫財와 傷官은 남을 속이

고 사기협잡하고 버릇없으며 배은망덕한 무례자이다.

- 四柱八字에 比劫羊刃이 많으면 財官印이 무력해짐으로 일찍 부모와 이별사별하고 재물과 처첩이 상한다. 만금을 벌어도 아무소용없고 재혼삼혼 하게 되며 여자는 剋夫하게 된다.

- 甲寅日主甲寅 乙卯日主乙卯처럼 日主가 똑같은 比肩을 보면 比肩으로부터 시비소송 사기 누명 중상모략 또는 복병의 기습으로 재난을 당하는 수가 있다.

- 財나 官이 득령하면(月支財官) 比劫이 다다익선이다. 그러나 月支가 아닌 他支의 財官은 약한 財官임으로 比劫은 빼앗아가는 기신으로 작용한다.

- 劫財를 다스리는 것은 官殺이다. 劫財가 기신인 경우 남은 재산이라도 官殺인 자녀에게 맡겨야 한다.

(2) 食神 傷官

- 이것은 에너지를 소모하는 별이다. 이 식상이 많으면 정신적인 소모로 인하여 머리가 좋고 신경과민이며 경박하고 말이 많다. 또한 육체적인 소모에 의하여 남녀를 막론하고 호색음란하다. 따라서 상관운에는 색란, 손재, 손명, 관제구설이 있다.

- 食神은 음식의 별이니 식신이 왕성하면 의식주가 풍부하고 몸이 비대하다. 그러나 식신도식인 경우 母의 젖을 못얻어 먹고 음식을 얻어먹지 못해 몸이 왜소하고 추하며 남의 밑에서 굴욕적인 생활을 하게 된다.(식신도식은 식중독에 조심)

- 傷官은 正官을 剋함으로 下剋上하는 특징이 있다. 남자는 父와 윗사람을 극하고 직장에서는 상사를 극한다. 여자는 남편을 극함으로 傷官正官이 같이 있으면 일생을 두고 남자인연이 박하다.

- 女命 日支배우자궁에 傷官이 있으면 남편이 횡사하고 男命 日時에 傷官이나 劫財가 있으면 처자식이 상한다. 女命,食傷이 희신이면 자식복이 있지만 기신이면 자식에게 버림당한다.

(3) 財

• 比劫 食傷 財 官 등 모든 육신은 겹치거나 혼잡되면 일생을 두고 직업이나 사업에 변화가 많고 성패와 파란이 많다고 말한다.

• 財를 용신으로 삼는자는 比劫운에 죽음을 당하는 수가 있으나 食傷財운(財旺운)에 재물을 모은다.

• 財는 처 印은 母와 학문의 별이다. 財剋印하면 고부간에 불화하고 재물은 가졌더라도 못배운 하천한 인생이다.

• 財와 比劫(또는 羊刃)이 같이 있으면 처와 재물복이 없고 대운세운에서 만나면 처와 재물 때문에 칼에 의하여 죽는 수도 있다.

• 財旺身弱者는 처가 나보다 강한 것이니 무서운 처에게 종속되어 굴욕적인 생활을 하게 되고 財弱 比劫多者는 일생을 두고 뜬구름처럼 떠돌아다니며 구걸이나 도둑질로 연명하게 된다. 그러나 財旺하면 比劫이 다다익선이다. 財旺신약자는 財를 감당할 수 없으니 언제나 돈과 여자를 조심해야된다고 해석한다.

• 男命 財多者는 이여자 저여자를 좋아하고 女命 財多者는 음란한 인생이다.

• 食傷生財하거나 日支에 희신이 있으면 반듯이 처덕을 보게 된다.

• 月支의 財가 墓와 같이 있으면 인색하고 財와 沐浴이 같이 있으면 처첩이 음란하여 부정을 저지른다.

• 財旺身弱者가 食傷 또는 財生殺운을 만나면 처와 재물을 빼앗기고 죽음을 당하는 수도 있다. 羊刃을 만나도 그와 같다.

• 財生官者는 재물로 벼슬을 사고 官印相生者는 학문과 지식으로 벼슬을 한다.

• 財多者는 多女한 것이요 官多者는 多男한 것이니 부부해로하기 어렵고 필히 재혼하게 되고 재물이나 건강이 안좋다.

• 偏財는 유통자산임으로 자꾸 써야 吉하다.

• 地支에 財局을 이룬 재왕신약자는 돈이든 여자든 독점욕이 대단하지만 역부족이므로 돈과 여자로 하여금 도리어 화를 당한다.

• 正財가 合되거나 沐浴과 같이 있으면 본처가 부정을 저지르고 偏財가 그러하면 첩이 음난하고 부정을 저지르게 된다.

- 天干의 財는 比劫운에 처와 재물을 잃게 되지만 지장간에 숨어 있는 財는 안전하게 보호받는다.
- 財용신인자가 지장간에 比劫 羊刃이 숨어있으면 남몰래 도둑을 맞고 比劫이 나타나있으면 도둑과 노름으로손재한다. 比劫이 合局을 이루고 세운에서 財를 만나도 손재 손처한다.
- 財下에 比劫이 숨어있으면 도둑에게 처를 빼앗기거나 상처하게 된다.

富命
- 신왕자로서 食神生財하고 財生官하는자.
- 財旺身弱한데 比劫이 있는 자
- 身旺財弱한데 食傷이 有力한자
- 身旺印旺하고 官殺이 弱한데 財득령한자
- 身旺印旺하고 食傷이 弱한데 財局을 이룬자
- 富命은 財위주로 살아가되 官(貴)을 탐하면 풍파가 일어난다

貧命
- 財旺身弱한데 食傷 또는 官殺多者
- 財旺身弱한데 比劫이 弱한자
- 財旺(財多)身弱하여 比劫을 쓰는데 官殺이 比劫을 剋한자
- 身弱有印인데 財剋印한자
- 身弱印弱한데 食傷이 왕성한자
- 身旺財弱하여 食傷을 쓰는데 剋하는 印이 있는자
- 身旺財弱한데 劫財 또는 官殺이 財를 설기하는자
- 比劫이 많아 身旺한데 財弱 無食傷인자
- 官殺旺하여 印을 쓰는데 財局을 이룬자
- 財가 冲合되었거나 財가 기신이거나 희신을 剋破한자는 貧命

(4) 官
- 正官은 文官 偏官(七殺)은 武官이다.

- 벼슬길은 官印相生보다 財生官 또는 支生官이 빠르다고 말한다.
- 日柱와 官合이면 귀명이다. 그러나 冲破되면 凶하다.
- 正官傷官이 同柱하거나 地支에 傷官이 숨어있거나 正官이 기신이거나 死絶墓空亡이면 父의 교육 학교교육을 받을 수 없으니 천한 인생이다.
- 身旺者가 대운이 官星 또는 財星운으로 시작되면 어릴 때 부터 부귀를 얻고 크게 이름을 날린다.
- 六神상 正은정상 偏은 비정상이다. 偏官은 나의 父가 서자 또는 양자임을 암시하고 偏印은 나의 母가 첩이나 계모임을 암시한다.
- 남녀를 막론하고 官殺혼잡 多食傷多合이면 호주 호색 호변 한다.
- 女命 官殺이 혼잡 되었거나 同柱하거나 官多하면 一夫종사못하고 호색음란하다. 食傷이 많고 水가 많아도 그와 같다.
- 女命, 관살이 기신인 경우 남편복이 없고 별 이유없이 맨날 얻어맞는다.
- 女命 官殺이 합되어 있으면 본처아닌 첩이다.
- 女命 官殺이 많거나 合局을 이루면 호색음란 누가 내 남자인지 모를 창부 또는 첩이 되며 子午卯酉 도화살이 있어도 그와 같다.
- 官殺이 많거나 局을 이루거나 官殺의 旺地 또는 생부운을 만나면 가난 질병 불구 단명 옥사 또는 비명횡사한다.
- 七殺을 食神 도는 印星으로 다스리는데 이것이 冲合되면 만사불성이다. 그러나 地支에 인수 식신이 암장되어있거나 日主가 旺地를 만나면 능히 七殺을 다스릴 수 있게 된다.
- 七殺이 많으면 인수하나로도 다스릴 수 있지만 식신하나로는 역부족이다. 七殺인수 식신은 모두 왕성해야 제구실을 할 수 있게 된다.
- 재나관이 기신이라면 재관을 탐하지도 취하지도 말아야한다. 그것들을 탐할수록 망신을 당하고 흉사가 생기기때문이다.
- 만약 甲日主가 庚辛官殺을 보고 庚辛이 申酉旺地로 行運하면 생명이 위태로워진다. 그러나 亥子水地(印星)에 이르면 殺印相生하고 巳午火地(食傷)에 이르면 食神制殺하여 능히 功名을 이루고 전화위복이 된다.

貴命

- 身旺한테 財生官하고 官印相生된자.
- 身弱官旺한테 인수(正印)가 있는자.
- 官弱印旺하면 財生官하고 剋印하여 印을 버려야 貴命이다.

賤命(천한命)

- 身弱官旺하여 印을 쓰는데 剋印된자
- 身弱官多한데 無印인자 또는 印이 약한 자 또는 財局을 이룬자
- 身旺官弱한데 설기하는 旺印이 있거나 正官傷官이 같이 있거나 官星
이 무근무력 하거나 財生官하는데 財를 극 한자
- 身旺하고 比劫이 많은데 無財無官 또는 官弱한 자는 천한 인생이다.

(5) 印

- 有印無官자는 官운에 無印有官자는 印운에 官印相生하여 이름을 떨친
다. 官印이 同柱해도(官下印) 그와 같다.
- 官殺이 局을 이루면 마치 폭탄을 안고 있는 거와 같다. 그러나 天干
에 인수가 있으면 殺印相生함으로서 도리어 공을 이루게 된다.
- 印局을 이룬 木日主는 水旺浮木하는 것이니 정처 없이 표류하게 된
다. 그러나 日主가 得根得地하면 도리어 발전한다.
- 印多하면 官이 설기되고 食傷이 剋됨으로 자식과 부모 덕이 없고 여
자는 夫子와 인연이 박함으로 독신자가 된다.
- 偏印이 食神을 극하면(식신도식) 식중독 약물중독으로 사망하게 된
다. 形冲破害가 겹치면 필히 악사한다고 해석한다.
- 官印相生자는 명예위주로 살아가게 되고 食傷生財자는 재물위주로 살
아가게 되며 財득령자는 일생을 두고 재물에 신경을 쓰고 官득령자는 명예
와 벼슬에 신경을 쓰게 된다. 또한 有官無印자는 벼슬은 있으나 덕망이 없
으니 존경을 받을 수 없고 有印無官자는 덕망은 있으나 벼슬이 없으니 고
독한 인생이요 또한 有官無財자는 귀하되 재물이 없으니 청빈한 인생이요
有財無官자는 재물은 있으나 귀하지 못한 즉 천한 인생이다. 그러나 대운

세운에서 無가 有를 만날 때 비로소 모든 것을 얻게 된다. 만약 四柱에 財官印이 모두 회신으로 나타나있으면 일생을 두고 부귀와 공명을 이루게 된다. 그러나 財官印이 剋冲되거나 形冲破害合 空亡地에 들거나 死墓絶地에 들면 그 모든 것을 잃게 된다.

• 財官印 등 모든 육신은 혼잡 되거나 겹치는 것은 凶하다. 四柱에 이 것들이 많으면 직업이 자주 바뀌고 파란이 많다. 만약 財官印이 각각 둘이면 부모가 둘이요 처와 남편이 각각 둘임을 암시한다.

또한 比劫(羊刃)이 많으면 용맹포악하고 흉폭 무례하며 食傷이 많으면 경솔 경박하고 상속과 의식이 풍부하더라도 방탕하게 되며 財官이 많으면 물질적 정신적으로 혼탁하고 빈곤하며 印이 많으면 뜻은 높고 귀하나 성사될 수 없고 合이 많으면 다정하고 음탕하며 身旺한테 기신이 많으면 아무런 능력이 없으니 구걸로 살아가게 되며 財旺(財多) 身弱者는 욕심과 아집이 대단하고 인색하며 융통성 없는 인생이다.

또한 沐浴이 많으면 호색음란 풍류인생인데 財官印 아래 沐浴이 있으면 부모가 풍류인이요 처와 남편이 풍류인생이니 같이 못살고 이별하거나 개가하게 된다.

• 사주팔자가 거의 형충파해합 공망으로 얼룩져 있거나 地支에 合局을 이루었거나 음양오행이 편중되었거나 용신이 冲合되어 있거나 상관 칠살 (양인) 겁제등 악신이 많으면 미음과 행동이 간악함으로 익한짓을 일삼다가 그 자신 악사하게 된다고 해석한다.

4. 종합편

四柱의 年柱는 조상과 부모의 氣가 어려있는 곳이요, 인생의 초년기를 담당하는 곳이다.

月은 母와 형제의 자리요 인생의 청년기 日時는 처자식의 자리요 인생의 중년 말년운을 관장하는 곳이다. 따라서 年月에 희신이 있고 生旺하면 부모형제 덕이 있고 인생의 초년운이 吉하다 日時에 희신이 있고 旺相하면 처자식의 덕이 있고 중년말년운이 길하다고 말한다.

그러나 年月에 기신이 있거나 冲剋 死絶空亡 形冲破害合되어 있으면 부모형제덕을 볼 수 없고 인생의 초년운이 불우하며 日時에 기신이 있거나 冲剋 死絶空亡 形冲破害合되어있으면 처자식의 인연이 박하고 인생의 중년말년운이 허무하다.

만약 年에 剋官하는 傷官이 있으면 父와 이별 또는 사별하게 되고 月支는 나의 가문을 상징하는 곳이니 月支에 比劫이 있으면 출생시 가문의 재물이 줄어들고 食神이 있으면 의식이 풍부하고 기예의 집안이며 傷官이 있으면 父가 상하고 財星이 있으면 사업가의 가문이며 官星이 있으면 공무원이나 벼슬의 가문이요, 엄격한 집안인데 官星이 比劫을 剋함으로 형제가 상한다고 해석한다.

또한 日支는 처궁이니 日支에 比劫이 있으면 처와 이별 사별하게 되고 傷官이 있으면 남편과 이별사별하고 時에 剋子하는 육신이 있으면 자녀와 이별사별 하게 된다.

첫째 : 年月日時의 生旺死絶 空亡 形冲破害合

年支에서 아무리 旺氣를 띠고 있더라도 이곳이 形冲破害 空亡되어 있으면 조상과 부모의 혈통은 변함이 없으나 부모의 은덕을 누릴 수 없고 인생의 초년운이 불우하다. 또한 日時가 아무리 生旺하더라도 이곳이 形冲破害 空亡되어 있으면 처자식의 인연이 박하고 중년말년운이 불우하다고 말한다.

만약 月支의 財官이 形冲되어 있는데 또다시 羊刃을 만나면 필히 재난을 당하고 생명이 위태로워진다. 또한 日支 배우자궁이 形冲 空亡이면 배우자의 복이 없고 이별 또는 사별하게 되며 時支가 空亡이면 無子하거나 무기력하고 말년운이 허무하다.

年月에 財官印의 희신이 나타나 있고 이것이 生旺하다면 필히 조상부모가 부귀함을 의미하지만 이것이 剋冲되어 있거나 形冲破害合 空亡死絶되어 있으면 조상의 운기가 무기력한 것이니 빈천한 가문출신임을 알 수가 있다.

年月에 傷官 劫財 七殺 등의 기신이 있으면 부모가 빈천하고 자신의 초년운이 불우하다. 만약 天干에 財가 있고 財下에 比劫이 숨어있거나 他支에 숨어있으면 처와 재물이 상하며 年干에 食神이 있고 地支에 偏印이 숨어있으면 부모의 상속은 받을 수 있으나 중년이후에 파산하게 된다.

年月支가 生旺하면 초년운이 왕성하고 日時가 生旺하면 중년말년이 왕성하고 중년 이후에 출세한다. 특히 日支가 生旺하면 根氣가 왕성한 것이니 언제나 오르고 또 오르려고 노력하게 된다. 그러나 死絶空亡이면 무기력한 것이니 의욕을 잃게 된다. 그럼으로 四柱를 관찰하는 데 있어서 가장 먼저 해야될 것은 陰陽五行이 균형된 조화를 이루었는지 아니면 편중되었는지를 살펴보고 난 다음 四干四支를 관찰해 보아야 한다.

만약 四干이 모두 건전하고 有根有力하면 큰일을 성취할 수 있으나 冲剋無根無力하면 아무런 조화를 부릴 수 없게 된다. 또한 四支도 그와 같은 것이니 形冲破害合 空亡으로 얼룩져 있거나 死絶되어 있으면 뿌리가 상하고 썩은 것이니 天干의 싹은 시들어 죽게 된다는 것이다 그러나 四支가 모두 生旺하고 건전하다면 누구나 믿을 수 있는 인격자로서 훌륭한 출세를 하게 된다.

둘째 : 성격과 기질

인생의 운명은 성격과 기질에도 많은 영향을 받게 된다고 말한다.

타고난 기질이 강한 자는 기어이 마음먹었던 일을 성취하게 되고 허약한 자는 큰 일을 성취할 수 없게 된다. 또한 성격차이로 인하여 불화반목하고 부부이혼도 하게 된다. 정치하는 사람도 사업하는 사람도 거의 자기성격대로 정치하고 사업한다.

타고난 기질은 月支를 기준으로하여 身旺身弱으로 따지고 성격은 日支를 기준으로 한 十二운성과 六神으로 따지게 되며 또한 팔자전체의 陰陽과 五行으로 따지기도 한다.

(1) 陰陽으로 본 성격

• 陽多者 → 정신적 문화적 종교적 이상(환상)적 외적 직선적이고 급한 성격

- 陰多者 → 물질적 본능적 색정적 현실적 내적 음흉 정복적인 성격

(2) 五行으로 본 성격

五行상의 성격은 旺弱으로 따진다.

- 木日主(仁) → 신왕자는 인자하고 인정 동정 눈물 자비심 순수온화 총명한데 木多者는 자립심이 부족하다. 신약자는 무정 질투 인색 우유부단 하다.
- 火日主(禮) → 예의 사리분명 총명 다변. 火多者는 과격 성급 폭발적인 성격. 신약자는 무례 경솔 경거망동 다변 무결단
- 土日主(信) → 신왕자는 신의 성실 신용 저축성 중용 土多者는 인색하고 이랬다 저랬다 주체성 융통성이 없다. 신약자는 인색 무정 아집 辰多 戌多者는 싸움 시비를 좋아한다.
- 金日主(義) → 신왕자는 의리 강한 의지 결단력 성급 金多者는 격렬 신약자는 우유부단 유시무종 하찮은 일에 집착

- 水日主(智) → 신왕자는 지력왕성 권모술수 작전계획이 능함. 水多者 는 음흉, 의심, 잔인, 호색. 신약자는 지력무 주관무 우유부단.
- 陰陽五行이 편중된 자 → 편견 아집 투쟁 불화반목 地支에 合局을 이룬자도 그와 같다.
- 五行이 相剋相冲하고 形冲破害 羊刃인 자 → 냉정 불신 과격 이해타산 육친불화 심독하여 비명횡사 하는 수가 있다.

신왕자는 강자에 강하고 약자에 약하고 신약자는 강자 약자에게 모두 약하고 신강자는 강자에 약하고 약자에게는 강하게 행동하는 경향이 있다.

(3) 十二운성으로 본 성격

- 長生 → 온유, 원만, 감수성 예민
- 沐浴 → 변동변화, 경거망동, 갈팡질팡, 풍류, 기분, 색정적인 특성
- 冠帶 → 고집, 투지, 호전적, 안하무인, 유아독존, 불화반목
- 建祿 → 온유, 총명, 치밀, 자존심. 그러나 사교성, 융통성이 없고 자

수성가한다.

• 帝旺 → 아집, 투지, 강한 의지, 호탕함. 건록제왕은 十二운성중에 가장 강력한 별이니 여자의 경우 절대로 남편에 꺾이지 않고 결혼후에도 사회활동을 하는 특성이 있다.

• 衰 → 온순, 순종, 소극적, 패기가 없다

• 病 → 눈물, 동정, 다정다감, 봉사정신 그러나 변덕이 심하고 패기가 없다

• 死 → 온순, 온유, 말이 없고 결단력 패기가 없고 기우가 많다

• 墓 → 구두쇠, 저축심, 내성적, 무기력

• 絶 → 순진순수, 인내심무, 변덕변화

• 胎 → 온순, 인간미. 그러나 변덕변화, 우유부단, 안일, 무노력

• 養 → 온순, 원만, 봉사정신

十二운성가운데 病, 胎, 絶, 沐浴 등은 이랬다저랬다 일관성이 없고 변덕이 많다는 공통점이 있고 冠帶와 帝旺은 성격이 너무 과격하고 病死墓養은 허약하기 때문에 부부해로가 어렵고 墓는 결혼을 여러번 하는 수도 있다.

火多火旺者, 食傷多者 목욕, 병, 묘, 절, 태, 양者는 성격이 급하고 일관성이 없으며 이랬다 저랬다 하는 성격이니 말조심 해야 한다.

(4) 六神으로 본 성격

• 比肩 →

희신인 경우:인정, 우정, 아량, 온유, 협동심. 比多者는 독선, 아집, 모남.
기신인경우:독선, 아집, 불화반목, 투쟁심, 경쟁심, 중상모략, 모난성격

• 劫財 →

희신인 경우:협동심, 용맹대담, 모험, 솔직순수, 호기심, 劫多者는 유시무종
기신인 경우:무례, 흉폭, 오만불손, 요행심, 투쟁심, 절도, 강도, 겁탈

• 食神 →

희신인 경우:온화, 인정, 너그러움, 사교성. 食神多者는 고집, 융통성무
기신인 경우:고집, 우유부단

- 傷官 →

희신인 경우:사교성, 다재다능, 傷官多者는 下剋上, 유아독존, 경박, 경솔

기신인 경우:무례, 교만거만, 반항, 시비, 비판, 불평불만, 下剋上, 劫財
　　　　　　　의 성정과 비슷함

- 正財 →

희신인 경우:근면절약, 인정, 정직, 신임, 책임감. 正財多者는 우유부단

기신인 경우:우유부단, 망설임

- 偏財 →

희신인 경우:사교수완, 친절, 융통성, 기분파. 偏財多者는 풍류, 낭비

기신인 경우:풍류, 낭비

- 正官 →

희신인 경우:공명정대, 온후, 도량, 언행단정, 正官多者는 일관성무

기신인 경우:일관성 무, 수완무(無)

- 偏官(七殺) →

희신인 경우:정의감, 책임감, 적극적, 영웅적, 호탕, 위풍당당, 의리. 偏
　　　　　　　官多者는 일관성 무, 편견, 아집

기신인 경우:흉폭, 투쟁심, 거칠고 일관성이 없다. 七殺이 두 개 이상이
　　　　　　　면 그 누구도 상종못할 잔인하고 질긴성격이다.

- 正印 →

희신인 경우:인정, 자비, 도량, 성실, 덕성풍부, 두뇌우수, 正印多者는
　　　　　　　평범한 성격

기신인 경우:평범, 수완부족.

- 偏印 →

희신인 경우:쎈스가 빠르고 임기응변에 능함. 독창성 풍부. 偏印多者는
　　　　　　　편견, 일관성무

기신인 경우:편견, 권태, 유시무종

셋째 : 궁합과 결혼

궁합이란 陰陽의 조화를 의미한다. 뜨거운 것은 陽, 차가운 것은 陰, 강

한 것은 陽, 약한 것은 陰, 많은 것은 陽, 적은 것은 陰, 큰 것은 陽, 작은 것은 陰, 긴 것은 陽, 짧은 것은 陰, 넓은 것은 陽, 좁은 것은 陰이듯이 陽月生은 陰月生과 身旺者는 身弱者와 강하고 거친성격은 부드럽고 온유한 성격자와 비대한 사람은 마른사람과 큰사람은 작은 사람과 얼굴이 넓은 사람은 좁은 사람과 균형된 조화를 이루게 되는 것이니 이를 궁합이라 말한다. 이와 같이 서로 반대되는 사람들 끼리 어울려야 궁합이 맞는다. 그러나 비슷한 성격과 기질을 지닌 사람들 끼리는 서로 배척하게 된다. 가령 온순하고 부드러운 A는 거칠고 무례한 B와 같은 사람을 좋아한다. 그러나 B와 B는 서로 배척한다. 즉, A는 B,B를 좋아하지만 B와 B는 서로 싫어하고 배척한다. 이러한 이치를 염두에 두고 사람을 소개 시켜주어야 한다.

寅卯辰(陽)월생은 → 申酉戌(陰)월생과
巳午未(陽)월생은 → 亥子丑(陰)월생과

木旺者는 → 火土金多者와
火旺者는 → 土金水多者와
土旺者는 → 金水木多者와
金旺者는 → 水木火多者와
水旺者는 → 木火土多者와

比劫多者는 → 食傷多者와
食傷多者는 → 印比多者와

冠帶帝旺者는 → 衰病死墓絶胎養者와 균형된 조화를 이루게 된다. 즉, 강자와 강자, 약자와 약자 끼리는 궁합이 맞질 않는다.

이와같이 서로가 필요로하는 희신을 배우자로 삼게 되듯이 결혼 역시 희신의 운에 하게 된다. 즉, 身弱者는 印比운에 身旺者는 食傷財官운에 결혼을 하는데 여자는 財官운에 남자는 食傷財운에 결혼을 하게 된다. 또한 日支合되는 운에 하기도 한다.

四柱의 日支는 배우자궁이요, 六神상 財는 처, 官은 남편이다.

日支 배우자궁에 희신이 있거나 財 또는 官이 旺相한 경우(生旺한 경우) 배우자가 유능유력하고 용모 또한 아름다우며 양가집 출신임을 알 수가 있다.

그러나 日支가 形冲破害空亡되어 있거나 財官이 없거나 있더라도 形冲空亡이거나 약하거나 설기되면 배우자 덕을 볼 수 없게 되고 또한 財官이 기신(흉신)인 경우도 그와 같다.

만약 日支月支가 相冲되어 있으면 청년 중년기에 배우자와 이별 또는 사별하게 되고 日支時支가 相冲이면 중년말년에 배우자와 이별사별 하게 된다고 말한다.

官:傷官 財:比劫(羊刃)이 같이 있어도 그와 같으며 대운세운에서 冲合되거나 形冲破害 死絶墓 空亡沐浴을 만나더라도 그와같은데 財 또는 官下에 沐浴이 있으면 배우자가 호색가이니 같이 살기 어렵다.

日支배우자궁이 목욕 관대 제왕 사 묘 절 태 양은 부부인연이 박하다.

특히 女子는 정조가 생명이라 하였다. 身旺한테 陰이 태왕하거나 官殺이 약한 여성은 남편을 우습게 보고 호색음탕하다.

水는 정력을 상징하고 食神傷官은 에너지의 소모를 의미하고 官殺은 남자를 의미하고 合은 정을 의미한다. 女命에 水多하거나 食傷이 많거나 官殺이 혼잡되었거나 官多하면 색정에 못이겨 一夫종사하기 어렵게 된다. 또한 身旺官弱하거나 傷官이 剋官하거나 比劫이 많아 官이 무기력하거나 印이 많아 官이 설기되거나 官이 無根無力하거나 官이 他干과 合되어있거나 天干地支에 合(또는 三合方合)이 많거나 寅申巳亥 子午卯酉(도화)가 있으면 남자를 우습게 보고 자기멋대로 놀아나면서 호주 호색 호음하게 된다.

넷째 : 자녀론

六神상 남자는 官殺 여자는 食傷이 자녀의 별이다. 時支 자식궁에 희신이 있거나 食傷 官殺이 왕성한 경우 자식이 많고 유능유력하며 자녀의 별이 희신인 경우도 그와 같다. 그러나 時支가 形冲破害 死絶空亡되어 있거나 食傷 官殺이 形冲空亡이거나 약하거나 설기되면 無子하고 有子하더라도 무능무력하다. 또한 食傷官殺이 기신인 경우도 그와 같으며 四柱八字가 어느 한 五行으로 편중되어도 그와 같다.

다섯째 : 독신론

남녀를 막론하고 比肩劫財가 많으면 財官이 剋沖됨으로 배우자를 만날 수 없게 되고 女命 傷官이 많거나 官殺이 많아도 一夫종사 못하고 화류계로 진출하게 된다.

여섯째 : 부모론

六神상 官은 父. 印은 母.

年月 부모궁에 官印 또는 財가 희신으로 나타나있고 왕성한 경우 가문이 좋고 부모가 유능유력하니 부모덕이 크다. 그러나 官印이 沖剋되어 있거나 形冲破害 死絶空亡되어있거나 官 또는 印이 기신인 경우 부모덕을 볼 수 없게 된다. 예컨데 年月에 傷官正官 財印이 같이 있으면 부모가 상한다. 그러나 年月에 官印이 있고 日이나 時에서 財가 生官해주면 부귀한 집안으로 부모가 유능유력하다.

만약 年月에 財印이 같이 있고 日이나 時에 官이 있으면 財生官 官生印 즉 官이 통관되어 凶이 吉로 바뀌어진다.

대운이니 세운에서 官이 傷官을 보면 剋父하게 되고 印이 財를 보면 剋母하게 된다.

일곱째 : 형제론

六神상 比肩劫財가 형제의 별이다.

月柱형제궁에 比劫이 희신으로 나타나있고 왕성한 경우 형제가 유능유력하고 형제덕이 크다. 그러나 月에 比劫을 치는 官殺이 있거나 比劫이 形冲破害 死絶空亡되어 있거나 比劫이 기신인 경우 형제덕을 볼 수 없고 불화반목 이별사별한다.

여덟째 : 수명과 질병

陰陽五行이 균형된 조화를 이루고 形冲破害合 死絶空亡이 없는 동시에 대운이 用神을 생부하거나 용신의 生旺地로 흐르면 무병 장수하게 된다. 그러나 陰陽五行이 편중되어 있거나 形冲破害合空亡으로 얼룩져 있거나 대운이 用神을 冲合하거나 또한 기신(흉신)을 생부하거나 기신이 旺地에 들거나 身旺者가 印比 또는 旺地를 만나거나 身弱者가 食傷財官 또는 死絶墓空亡地를 만나면 생명이 위태롭다.

무엇이든 태왕한 것은 위험하다.

地支에서 財官印이 각각 局을 이루었는데 또다시 財官印을 만나면 필히 악사한다는 것이다. 五行상 水旺者가 또다시 水를 만나면 水에 의하여 목숨을 잃게 되고 木旺者는 木에 의하여 火旺者는 火에 의하여 土旺者는 土에 의하여 金旺者는 金에 의하여 목숨을 잃게 된다는 것이다.

질병문제 역시 五行의 旺弱과 五行의 相生相剋 形冲破害 五行의 희신기신으로 따지게 된다. 예컨데 甲乙(寅卯)木이 태왕하거나 태약하면 간담에 이상이 생기고 또한 庚辛(申酉)金에게 冲剋당해도 그와 같으며 丙丁(巳午)火 戊己(辰戌丑未)土 庚辛(申酉)金 壬癸(亥子)水 역시 상생상극과 왕약으로 따지게 되며 또한 희기신을 기준으로하여 따지기도 한다.

희신이 冲剋되거나 설기되거나 死絶되어도 몸에 이상이 생기고 기신을 생부하거나 기신이 왕지에 들어도 질병이 발생하여 불구아니면 목숨을 잃게 된다고 말한다.

예컨대 다음의 사주는

①   丁丑   52 己亥   辰巳 : 공망
       乙巳   62 戊戌
       戊戌   72 丁酉
       壬子   82 丙申

戊土日主가 天干地支에 印比가 많고 月支 건록이니 신왕자로 보아야 한다. 따라서 壬子 財를 용신으로 삼는다. 오장육부상으로 볼 때 乙木은 간인데 뿌리가 없고 공망위에 있으니 원래 간이 안좋다.

乙亥년에 결혼을 하였는데 바로 그 해가 亥子丑 水局을 이루는 해이고 그 다음 해 역시 亥子丑 水局을 이루는 丙子년 乙亥월 癸丑일에 간질환으

로 사망하였다.

戊土는 뚝이요 亥子丑은 대 홍수이다 육신상 水는 재물이요 여자요 배우자이다. 또한 乙亥 대운에서 亥는 戊土日主의 絶地이다.

대운 세운 월운 일운(일자)에서 수국이 두 번씩이나 겹치니 乙木은 浮木 (부목)이 되어 간질환으로 복수가 차서 사망한 것이요 재물과 여자의 역공으로 인하여 사망한 것이요 또한 대운의 절지에서 절명한 것이다. 허약한 뚝이 대홍수를 어찌 막을수 있겠는가.

②   乙亥   31 戊寅   子丑 : 공망
        壬午   41 丁丑
        丁巳   51 丙子
        甲辰   61 乙亥
51세 ~ 61세 사이 丙子 대운 絶地에서 절명하였다.

아홉째 : 凶命
- 희신을 剋破하거나 기신을 생부한 자
- 財旺 또는 官旺 身弱한데 印比가 없는 자
- 殺旺身弱한데 無印 無食傷인 자
- 官이 용신인데 食傷이 많고 無財한 자 또는 官殺이 혼잡된 자
- 財가 용신인데 比劫이 많고 無食傷인 자
- 身旺하고 印比가 많은데 官殺약한 자
- 傷官 劫財 七殺 羊刃 등 凶星이 많은 자
- 命에 死絶墓空亡 沐浴 形冲破害合이 많은 자

열번째 : 吉命
- 身旺하고 食傷生財 또는 財生官 또는 官印相生한 자
- 身旺殺旺한데 食神制殺 또는 殺弱한데 財生殺한 자
- 身弱 財旺 또는 官旺한데 印比가 있는 자
- 身弱한데 官印이 相生된 자

• 用神이 건전하고 命에 刑冲破害合空亡 沐浴이 적고 陰陽五行이 골고루 균형된 조화를 이룬 자

열한번째 : 직업론(용신기준)
• 比肩 → 의사, 약사, 변호사, 기사 등 자유업
• 劫財 → 개발개척, 투기, 밀수, 도박, 스폿, 흥행업 등 자유업
• 食神 → 식료품, 생산업. 食神制殺 자는 무관, 법관, 정치. 食神生財자는 기업, 무역, 생산업
• 傷官 → 의술, 예술, 기술, 역술, 판검사, 기자, 그외 특수직
• 正財 → 기업, 금융, 경리
• 偏財 → 상업, 유통업, 무역, 금융, 투기, 증권, 밀수, 도박
• 正官 → 정치, 행정, 공무원. 官印相主자는 정치, 행정, 교육
• 偏官 → 무관, 법관, 특수기관. 食神制殺자는 무관, 법관. 殺印相生자는 의사, 약사, 문학, 예술, 종교, 文武를 겸함
• 正印 → 학문, 교육, 종교, 철학
• 偏印 → 문화, 예술(방송연예), 종교, 철학, 문학, 기술, 발명

• 陰용신자 → 물질과 육체적인 분야
• 陽용신자 → 정신과 문화적인 분야
• 木용신자 → 조림, 과수, 약초, 목축
• 火용신자 → 중화학, 기계, 제련, 핵, 원유, 가스, 화약 등 에너지
• 土용신자 → 토목, 광산, 농장, 전답개발
• 金용신자 → 군수(병기), 기계공업, 보석세공
• 水용신자 → 수력, 수로, 저수, 어업, 양어, 음료 등

제 3 장

四柱의 감정비법

四柱를 감정하는데 있어서 가장 어려운 것이 바로 용신판단법이라고 말한다.

용신은 命의 吉凶을 판단하는 기준이 됨으로 용신을 잘못판단하면 마치 첫단추 하나 잘못 끼워진 것처럼 四柱풀이 전체가 틀려진다.

어떤 사주는 쉽게 판단되는 것도 있고 또 어떤 것은 애매모호한 것도 있다. 앞에서 이미 설명한 여러 가지의 기본적인 용신판단법을 통하여 일단 용신이 가려지면 운명의 吉凶판단과 육신통변은 비교적 쉽게 할 수가 있게 된다.

예컨대 丙丁 巳午火가 용신이고 火는 육신상 財 또는 官이라 한다면 財운이나 財旺운 그리고 財를 생부하는 운에는 재물을 얻게 되고 官운에는 벼슬을 얻게 됨으로 크게 吉한 것이다. 그러나 財 또는 官이 剋合(冲合)되거나 설기되거나 死絶空亡地에 들거나 形冲破害合되는 운을 만나면 크게 凶하고 또한 기신의 운을 만나거나 기신을 생부하거나 기신의 旺운을 만나면 방해자 중상모략자가 나타나고 불화반목 시비 소송 옥고 질병 파산 이별사별 등 온갖 흉사가 일어나게 됨으로 크게 凶하다고 해석하는 것이다.

1. 吉凶판단의 요령

  吉하다는 것은 용신을 생부하고 기신을 극파하는 것이요, 용신이 왕지에 들고 기신이 사절지에 드는 것을 말한다. 반대로 凶하다는 것은 용신을 극파하고 기신을 생부하는 것이요, 용신이 사절지에 들고 기신이 왕지에 드는 것을 의미한다. 즉, 용신을 대운 세운 월운 일운 시운의 天干地支와 대조하여 용신의 운이나 용신을 생부하거나 용신이 왕성해지는 운에는 크게 吉하고 용신을 설기하거나 극파하거나 용신이 사절지에 들면 크게 凶하다. 또한 기신의 운이나 기신이 강해져도 그와 같다.

  첫째 : 四柱와 大運
  • 대운에서 용신을 생부하는데 사주의 他干에서 冲合(훼合)하면 상생작용이 정지됨으로 吉도 凶도 아닌 원래대로이다.
  • 대운에서 용신을 극합하는데 사주의 他干에서 대운을 극합하여도 그와 같다.

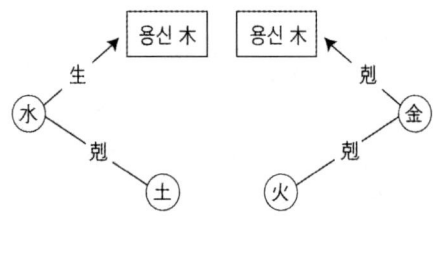

그림 49 예

둘째 : 사주와 세운

• 세운의 干支가 모두다 용신을 생부하면 大吉하고 극파하면 大凶하다.

• 세운의 干은 용신을 생부하는데 支가 干을 극충하거나 干은 용신을 극하는데 支가 干을 극충하면 吉凶 반반이다.

• 세운의 干이 용신을 생부하고 支에서 干을 생부하면 大吉하고 干이 용신을 극하는데 支에서 干을 생부하면 大凶이다.

• 세운의 干이 용신을 생부하는데 支에서 剋干하거나 支가 용신을 생부하는데 干剋支하면 吉이 감소된다.

• 세운의 干이 용신을 극하는데 支剋干하거나 支가 용신을 극하는데 干剋支하면 凶이 감소된다. 四柱와 月運 日運 時運의 관계도 이와같은 방법으로 따진다.

셋째 : 사주와 대운 세운

• 세운이 凶한데 사주에서 극합하는 경우 그 극합작용을 대운에서 도와주면(생부하면) 더욱 吉해진다.

• 세운이 吉한데 사주에서 극합하는 경우 그 극합작용을 대운에서 도와주면 더욱 凶해진다.

• 세운이 吉한데 사주에서 극합하는 경우 그 극합작용을 대운에서 정지시켜주면 다시 吉해진다.

• 세운이 凶한데 사주에서 극합하는 경우 그 극합작용을 대운에서 해소시켜주면 원래대로 다시 凶해진다.

• 세운이 吉한데 대운에서 생부하면 더욱 吉해지고 극하면 吉이 감소된다.

• 세운이 凶한데 대운에서 생부하면 더욱 凶해지고 극하면 凶이 감소된다.

이와같이 사주와 대운 세운 등 여기 저기에서 이루어지는 生剋작용은 다음과 같이 요약된다.

A는 B를 B는 C를 C는 용신을 생부하면 크게 吉하고 A B C 모두다

용신을 극하면 크게 凶하다. 또한 용신을 생부하는 A를 B가 극하거나 용신을 극하는 A를 B가 극하면 吉도 凶도 아닌 원래대로이다. 또한 용신을 극하는 A를 B가 극하는데 B를 C가 도와주면(생부) 더욱 吉해지는 반면에 용신을 도와주는 A를 B가 극하는데 B를 C가 도와주면 더욱 凶해진다. 이같은 원리는 다음에도 계속된다.

넷째 : 대운과 세운
• 대운세운이 모두 좋으면 大吉하고 모두 나쁘면 大凶하다. 좋다는 것은 용신을 도와주는 것이요, 나쁘다는 것은 용신을 극합하는 것을 말한다.
• 세운은 좋은데 대운이 나쁘고 세운은 나쁜데 대운이 좋으면 吉凶반반이다.
• 대운이 세운을 세운이 대운을 冲하면 시비 소송 관재 손재 인체손상을 입게 되고 습하면 유혹 색란 오판

다섯째 : 세운과 월운
• 월운은 좋은데 세운이 나쁘고 월운은 나쁜데 세운이 좋으면 吉凶반반이다.
• 월운이 세운을 세운이 월운을 冲하면 시비 소송 관재 손재 질병 인체손상을 당한다.(예:戊己土 희신인자:乙亥년 己丑월에 골절상을 입었다) 그러나 세운이 월운을 생부하면 소원이 성취된다. 예 : 土金희신인자 丙子년 戊己월 두달동안 운세가 좋았고 1998년 戊寅년부터 4년동안 좋은일이 계속된다.

여섯째 : 사주와 대운세운월운의 비중
• 사주는 吉한데 대운이 凶하면 吉 3 凶7 사주는 凶한데 대운이 吉하면 凶 3 吉 7
• 대운은 吉한데 세운이 凶하면 吉3 凶7 대운은 凶한데 세운이 吉하면 凶3 吉7
• 세운은 吉한데 월운이 凶하면 吉3 凶7 세운은 凶한데 월운이 吉하면

凶3 吉7

• 대운세운 吉한데 월운이 凶하면 吉5 凶5 대운세운은 凶한데 월운이
吉하면 吉5 凶5

• 사주와 대운 세운 월운 일운 시운이 모두 길하면 吉이 극에 이른 것
이요, 모두 나쁘면 凶이 극에 이른 것이다.

이와같이 사주보다 대운, 대운보다 세운, 세운보다 월운, 월운 보다 일
운, 일운 보다 시운의 비중이 더 크다는 것을 말해주고 있는데 그 비중은
언제나 3:7이다.

일곱째 : 육신의 吉凶

• 신왕자로서 正官傷官이 같이 있으면 통관하는 財운이나 傷官을 극하
는 인수운에 소원성취한다.

• 신약자로서 財印이 같이 있으면 극재하는 比劫운에 발전한다.

• 신약자는 七殺이 흉신이다. 따라서 살인상생하고 식사제살해야 된다.
그러나 財殺운을 만나면 흉사가 일어난다.

• 신약하고 財旺官旺한테 또다시 財官운을 만나거나 생부하는 운을 만
나면 화를 당한다.

• 신왕하고 財弱官弱한테 財官 또는 생부운 또는 왕운을 만나면 크게
발전한다.

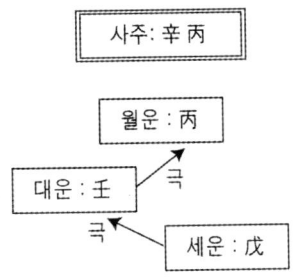

그림 50 예 사주(辛丙) - 대운(壬癸) - 세운(戊寅) - 월운(丙辰)

• 傷官多者는 신약한 것이니 인수운에 발전한다.

이상으로 吉凶판단의 요령을 다시 종합하여 다음과 같은 예를 하나 들어 본 후 실제 감정을 해 보기로 한다.

그림과 같이 辛金日主는 丙화와 합이 되어있고 대운은 壬癸이다. 이런 경우 1998년(戊寅년) 4월(丙辰)의 운세는 吉한가 凶한가.

본시 日主와 합된 사주는 가장 묘하다 하였다. 그런데 월운에서 丙火가 왔으니 合은 깨어진다. 원수같은 丙火를 극충하거나 합하여 원래대로 합이 성립되어야 吉하다.

마침 대운 壬水가 丙火를 극충하였음으로 다시 길해지는 것 처럼 보이지만 세운 戊土가 壬水를 극충함으로 인하여 결국 合은 깨어진다.

한편, 사주에 丙辛壬이 있어도 合은 깨어진다.

이런 경우 사주의 他干 또는 대운 세운 월운에서 丙辛壬을 극합(冲合)하면 다시 合은 성립되어 吉해진다.

2. 실제감정

乙卯　공망 : 寅卯
壬午　희신 : 土金水(食傷財官)
丙午　기신 : 木火(印比)
庚寅

※ 丑土를 제외한 辰未戌土는 쓰지 못한다. 왜냐하면 이것들은 六合 三合 方合되어 기신인 木火로 변하기 때문이다.

(女命)		(男命)	
3.癸未	43丁亥	8辛巳	48丁丑
13甲申	53戊子	18庚辰	58丙子
23乙酉	63己丑	28己卯	68乙亥
33丙戌	73庚寅	38戊寅	78甲戌

먼저 十二운성과 六神을 통하여 주인공의 능력과 인품 성격과 기질 부모 형제와 처자식 등 육친관계를 알아본 다음에 四柱八字가 어떻게 구성되어 있느냐를 관찰하면서 희신과 기신을 가려낸다.

그리고 희신기신을 大運의 天干地支에 대조하여 天干은 相生으로보되 상생이 안될 때에는 相剋으로 보고 地支는 十二운성의 生旺死絶 또는 形沖破害合空亡 등으로 운명의 길흉화복과 흥망성쇠를 판단하게 된다.

本命의 주인공은 年月에 官印이 상생되어 있으니 조상의 혈통이나 가문은 좋고 본인의 인품도 좋으나 官(壬) 印(乙)의 뿌리가 없거나 있어도 목욕 공망이니 부모가 풍류인생이요 무능무력하다. 특히 印星이 많으니 母가 여럿임을 암시하지만 이것이 공망되어 있으니 母가 무력하다. 그러나 月支 제왕이니 형제들이 모두 왕성하고 자수성가한다.

月上에 七殺이 나타나있으니 형을 극하고 時支 장생에 戊土食神이 암장되었으니 자녀가 유능유력하고 말년운이 吉한것처럼 보이나 時支 공망임으로 어찌 吉하다고만 할 수 있겠는가.

남녀를 막론하고 木火陽이 많음으로 성질이 불같이 급하고 직선적이며 솔직하다. 또한 月支日支에 제왕성이 있으니 위풍이 당당하고 자존심이 대단하며 누구에게도 꺾이지 않는 불굴의 투지와 노력으로 만난을 극복 기어이 성공길에 오르는 완강한 기질을 지니고 있다.

여자의 경우 身旺 官弱하고 日支 배우자궁에 己土傷官이 도사리고 있으니 남편과의 인연이 박하고 남자를 우습게 보는 성질이 있다.

남자역시 身旺 財弱하고 日支 처궁에 羊刃이 있으니 처연이 박하다. 그러나 그 와중에도 처궁에 희신인 傷官이 있으니 처가 남몰래 숨어서 내조하지만 官殺이 허약하니 자식복은 없겠다.

그 무엇이든 태왕하거나 태약하면 탈이 난다. 건강상으로 볼 때 丙丁陽氣가 태왕하고 金水陰氣가 허하니 심장소장이 태왕한 반면에 상대적으로 간담 폐장대장 신장방광이 허약하다. 따라서 심장이나 간담에 이상이 생기겠고 地支에 일점의 水氣도 없으니 신장방광에 이상이 생기고 정력이 약하다.

本命은 丙火日主가 득령하였고 寅午火局을 이루었으며 天干地支에 印比가 많으니 陰陽法으로보나 旺弱法으로 보나 木火陽이 기신이요, 金水陰이 희신이다. 즉, 甲乙寅卯辰 丙丁巳午未戌운은 凶하고 庚辛申酉 壬癸亥子 그리고 金水를 생부하는 戊己丑土운에 발전하게 된다.

얼핏보아 財官印이 모두 나타나있으니 부귀와 덕망과 인덕을 모두 다 갖춘 최고의 팔자처럼 보이나 뿌리가 없으니 이름뿐민 유명무실한 팔자이다.

丙火는 태양이요, 壬水는 호수, 癸水는 비구름이다.

비구름은 태양을 차단하지만 호수는 찬란한 태양을 수면에 반사시켜 온 천지에 그 이름을 크게 빛내어준다. 그러나 壬水가 매말라 제구실을 못하고 있는 것이 한이다.

다행히 여자의 경우 인생의 초반부터 西北方 용신의 운을 만났으니 일대 호기를 맞이하였지만 흉운인 丙戌운을 무사히 넘길 수만 있다면 향후 수십 년 동안 吉運이 계속된다. 그러나 이와는 정반대로 남자는 인생의 초반부터 東南方 흉신의 운을 만났으니 일대 풍파가 예상된다.

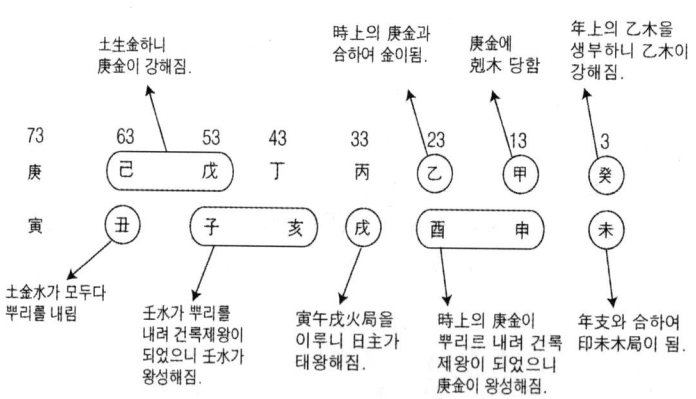

土生金하니
庚金이 강해짐.

時上의 庚金과
合하여 金이됨.

庚金에
剋木 당함

年上의 乙木을
생부하니 乙木이
강해짐.

73	63	53	43	33	23	13	3
庚	己	戊	丁	丙	乙	甲	癸
寅	丑	子	亥	戌	酉	申	未

土金水가 모두다
뿌리를 내림

壬水가 뿌리를
내려 건록제왕이
되었으니 壬水가
왕성해짐.

寅午戌火局을
이루니 日主가
태왕해짐.

時上의 庚金이
뿌리로 내려 건록
제왕이 되었으니
庚金이 왕성해짐.

年支와 合하여
印未木局이 됨.

그림 51 四柱와 大運(女命의 경우)

그렇다면 언제 무엇이 어떻게하여 吉하고 凶해지는가.

앞에서 설명한 모든 원리를 종합하여 운명의 길흉화복과 흥망성쇠를 대운별로 관찰해 보기로 한다.

• 3癸未운 → 癸水5년 未土5년으로 볼 때 癸水는 年干의 乙木을 생부하고 未土는 年支卯와 合하여 卯未木局을 이루었으며 時干의 庚金마져 癸水를 생부함으로 기신인 乙木印星이 더욱 왕성해지면서 凶이 가중된다. 印星은 母와 학업을 의미함으로 어린시절 母와 학업에 문제가 일어난다. 본시 印多하고 印下 목욕공망이니 부모덕은 없고 자수성가해야 된다.

• 13甲申운 → 18세까지 5년동안의 甲木운은 凶할 것 같지만 時上의 庚金이 剋木함으로 凶이 감소된다. 18세 이후 申운에는 희신인 庚金이 뿌리를 내려 건록이 되었으니 이때부터 운이 좋아진다.

• 23乙酉운 → 乙木은 時上의 庚金과 合하여 金이 되었고 희신인 庚金은 酉에 부리를 내려 제왕이 되었으니 강력한 힘으로 壬水를 생부하여 33세 丙戌운까지는 부귀를 누리겠고 결혼도 이때 하게 될 것이다.

• 33丙戌운 → 四柱의 日時支와 戌이 합하여 寅午戌火局을 이루니 이때가 바로 고비라 할 수 있다. 특히 戌은 丙火日主의 墓地에 해당됨으로 젊은 나이에 심장병이나 고혈압 또는 폐병으로 사망할까 걱정이다. 또한 丙火는 比肩임으로 친구나 동료로부터 중상모략 시비 소송 옥고 사망 등 화를 당하게 될 것이다. 다음 丁火운까지 무사히 넘길 수만 있다면 향후 수십년 동안 吉運이 계속된다.

• 43丁亥운 → 丁火는 月干의 壬水와 合하여 木이 되었는데 48세 이후부터는 北方水운으로 흐르니 크게 이름을 날린다.

53戊子운 63己丑운 73庚寅운가지 계속해서 희신인 土金水가 지배함으로 인생의 말년까지 부귀를 누리게 된다. 그러나 戊子운에 日支와 子午冲하니 배우자와 이별 또는 사별 등 이변이 생기겠고 78세 寅운부터는 또다시 木火운이 지배하는 반면에 희신인 土金水가 쇠운에 접어드니 이때가 운명의 종착역이 될 것이다.

남자의 경우도 역시 大運은 天干地支를 각각 5년씩 나누어 보게 되지만

天干보다 地支를 더욱 중요시 한다는 것을 염두에 두어야 한다.

가령 甲申乙酉 丙子丁亥운은 秋木 冬火이니 金水는 왕성하고 木火는 허약한 것이다. 그럼으로 대운이 申酉戌 亥子丑운으로 행하면 金水로 60년을 보게 된다. 天干보다 地支의 비중이 훨씬 크기 때문이다. 따라서 남자의 경우 8辛巳운부터 18庚辰운 28己卯운 38戊寅운 48丁丑운까지 木火운이 지배함으로 만사가 허사요 위기의 연속이다.

그러나 48세 丁丑운부터 58丙子운 68乙亥운 78甲戌운 88癸酉 98壬申운 등 인생의 중년 이후부터 西北方 金水운으로 흐르니 중년까지 파란을 겪다가 중년이후에 운이 열린다.

이와 같이 대운은 地支를 더욱 중요하게 보는데 本命은 土(食傷)운에 재능을 발휘하고 金(財)운에 재물을 얻게되고 水(官)운에 벼슬을 얻게되며 木火(印比)운에 경쟁 시비 중상모략 소송 패소 옥고 손재 손명 질병 횡사 등 재난을 당하게 된다.

그러나 이와 똑같은 팔자를 지니고 태어난 사람일지라도 서로 떨어져 살면서 서로 다른 직업 다른 환경에서 살아가거나 각자 얼마나 많은 노력을 하느냐에 따라 인생의 운명은 어느 정도 바뀌어질 수도 있는 것이다. 그래서 성공의 요인은 운명이 50% 나머지 50%는 태어난 환경 위치 직업 관상 이름 그리고 노력이 복합적으로 작용된다고 보아야 한다.

十二인연법에 의하면 인생은 누구나 다 전생에 지은 업보에 따라 금생에 행복할 수도 있고 불행할 수도 있다는 것을 말해주고 있다. 그러나 지은 죄가 많아 아무리 기구한 팔자를 지니고 태어났더라도 부단히 노력하면서 마음을 닦아나가면 하늘이 나를 도와줄 것이다.

이상으로 오늘에까지 전해져 내려오는 운명의 세계에 대하여 필자 나름대로 이해하기 쉽게 설명해 보았다 시나 소설을 쓰는 작가라면 좀더 쉽고 재미있게 설명할 수도 있었을 것이다

운명의 세계는 우주의 원리와 대자연의 법칙을 자연의 일부인 우리 인간에게 그대로 적용하였기 때문에 논리적으로는 이해되는 점도 있지만 어째서 인간이 태어나는 그 순간에 운명이 결정되느냐 하는 것이고 어떻게 하여 사주팔자라는 운명의 공식을 만들어냈느냐 하는 것이 의문으로 남는다.

그러나 실제로 운명풀이를 해보면 상당히 맞다고 생각되는 점도 있지만 대운 세운 월운 일진 등 점점 깊이 들어갈수록 판단이 어려워진다는 것을 알 수 있다. 인간의 운명을 과학적으로 설명할 수 있느냐 없느냐 신빙성이 있느냐 없느냐 또한 운명이 맞느냐 틀리느냐 하는 것은 각자의 판단에 맡기고 신빙성이 있으면 있는대로 없으면 없는 대로 맞다고 판단되면 맞는 대로 연구해 보기 바란다.

코스모스 & 미스테리

지은이 백 창 훈
펴낸이 손 영 일

찍은날 1999년 12월 15일
펴낸날 1999년 12월 20일

펴낸곳 전파과학사
       서울시 서대문구 연희2동 92-18
등 록 1956. 7. 23 제10-89호
전 화 333-8877, 8855
팩 스 334-8092

ISBN 89-7044-207-3 03440